これで合格！

# やさしく教える LPIC レベル1 基礎講座

赤星リナ［著］

［本書のサポートサイト］

本書の内容に関する追加情報や練習用CentOSを提供します。

https://book.mynavi.jp/supportsite/detail/9784839953201.html

## はじめに

LinuxやLPICの学習をはじめるなら、少し発想を変える必要があるかもしれません。

スマホやコンピュータを使うとき、中の仕組みや動きを考えながら操作することはまずありません。使いやすく用意されたメニューやアイコンをクリックすれば大抵のことは実行できます。
これは「サービスを使う側」の立場で作業しているからです。

Linuxは「サービスを提供する側」でよく使われます。
そのための作業は、アイコンやメニューを選んで実行することでもできますが、コマンドで命令するほうがより細かく思った通りの指示を出すことができます。操作のたびにマウスをクリックすることなく、自動的に作業させることも可能です。

LPIC受験を考えてはみたものの「なんだか難しい」と感じるのは、使う側の立場とは違ってしまうからかもしれません。

発想を変え、試験の内容に沿ってはじめから学習するのではなく、わかりやすいところからおおまかな仕組みやイメージをつかむといいでしょう。
実際に操作し、知識や経験を積み重ねていけば、LPIC受験に必要な力を無理なく備えることができます。

ぜひ与えられた機能を使うだけの立場から、サービスを提供できる立場になり、コンピュータを使いこなす有能なマスターを目指しましょう。
本書がそのためのきっかけになれば幸いです。

最後になりましたが、本書をチェックしてくださった福田竜郎先生、編集作業で力を尽くしてくださった朝岳健二さん、担当してくださった時松孝平さん、そしてお世話になったみなさまに深く感謝申し上げます。

2016年10月　赤星リナ

# 本書の目標と使い方

LPIC試験は人気が高く、未経験の人でも多数合格しています。
しかし、試験範囲を本格的に勉強し始めると、基礎知識が不足しているためにとまどったり、挫折してしまうことも多いようです。
そこで、本書ではわかりやすいところから必要な基礎知識を学習し、徐々に考え方や操作に慣れることができるようにしています。
Linuxに関する基礎知識を学習することで、LPICレベル1試験に対応できる力をつけることが目標です。

## ● LPIC試験の概要と評価

LPIC(エルピック:Linux Professional Institute Certification)試験とは、「LPI」(Linux Professional Institute)が実施する世界共通のLinux技術者認定制度です。試験の内容は特定のメーカーやディストリビューションなどに依存せず、公平な立場でLinuxに対する知識や技術力を評価しています。
世界最大規模のLinux試験でもあり、200国以上の人が受験しています。
2016年5月の時点では、50万人以上が受験し、13万人以上の認定者がいます。
日本だけでもすでに累計で28万人(2016年8月現在)が受験し、10万人以上の認定者がいます。

国内では大手企業や組織の基幹システムなど、7割近くの企業でLinuxが利用されていますが、その割には技術者が少ないことが問題になっています。そのせいかエンジニアに人気で、ある調査では「取得したい資格」や「昇給や転職につながった資格」として1位に選ばれました。
実際に取得した人の満足度も高く、9割近くが「仕事に有利」「就職・転職に有利」「人事査定の評価につながる」などと答えています。
まったくの未経験から受験し、合格後に転職した人も多数います。
就職活動に役立つ場合も多いようです。

## LPIC試験のレベル

LPICにはレベル1から3まで3つのレベルがあります。

LPIC レベル1に求められる内容は「サーバの構築や運用・保守ができること」、レベル2では「ネットワークを含む、コンピュータシステムの構築、運用・保守ができること」、レベル3になると「Linux、Windows、Unixが混在するシステム、セキュリティレベルの高いシステム、クラウドコンピュータシステムなどの設計や構築・運用管理ができる専門家レベルの技術力を持つこと」が求められます。

## LPICレベル1について

LPIC レベル1試験は101と102試験に分かれています。正式な名称は

101試験：LPI Level1 Exam 101
102試験：LPI Level1 Exam 102

で、両方の試験に合格するとレベル1（LPIC-1）を取得できます。
現在のバージョンは4.0です。

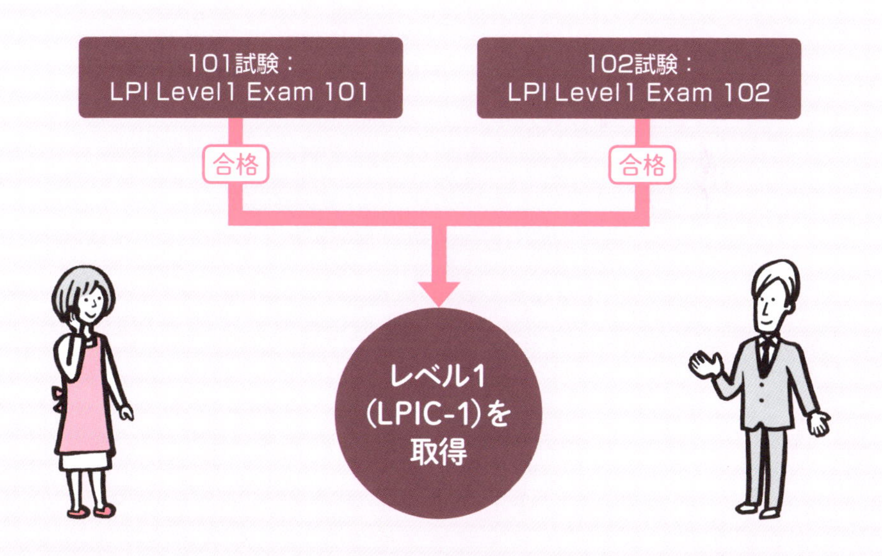

## 101試験範囲

主題101：システムアーキテクチャ

- 101.1　ハードウェア設定の決定と構成
- 101.2　システムのブート
- 101.3　ランレベルブートターゲットの変更とシステムのシャットダウンまたはリブート

主題102：Linuxのインストールとパッケージ管理

- 102.1　ハードディスクのレイアウト設計
- 102.2　ブートマネージャのインストール
- 102.3　共有ライブラリの管理
- 102.4　Debianパッケージ管理の使用
- 102.5　RPMおよびYUMパッケージ管理の使用

主題103：GNUとUnixのコマンド

- 103.1　コマンドラインの操作
- 103.2　フィルタを使ったテキストストリームの処理
- 103.3　基本的なファイル管理の実行
- 103.4　ストリーム、パイプ、リダイレクトの使用
- 103.5　プロセスの生成、監視、終了
- 103.6　プロセスの実行優先度の変更
- 103.7　正規表現を使用したテキストファイルの検索
- 103.8　viを使った基本的なファイル編集の実行

主題104：デバイス、Linuxファイルシステム、ファイルシステム階層標準

- 104.1　パーティションとファイルシステムの作成
- 104.2　ファイルシステムの整合性の保守
- 104.3　ファイルシステムのマウントとアンマウントの制御
- 104.4　ディスククォータの管理
- 104.5　ファイルのパーミッションと所有者の管理
- 104.6　ハードリンクとシンボリックリンクの作成・変更
- 104.7　システムファイルの確認と適切な位置へのファイルの配置

## 102試験範囲

主題105：シェル、スクリプト、およびデータ管理

- 105.1　シェル環境のカスタマイズと使用
- 105.2　簡単なスクリプトのカスタマイズまたは作成
- 105.3　SQLデータ管理

主題106：ユーザインターフェイスとデスクトップ

- 106.1　X11のインストールと設定
- 106.2　ディスプレイマネージャの設定
- 106.3　アクセシビリティ

主題107：管理業務

- 107.1　ユーザアカウント、グループアカウント、および関連するシステムファイルの管理
- 107.2　ジョブスケジューリングによるシステム管理業務の自動化
- 107.3　ローカライゼーションと国際化

主題108：重要なシステムサービス

- 108.1　システム時刻の保守
- 108.2　システムのログ
- 108.3　メール転送エージェント（MTA）の基本
- 108.4　プリンタと印刷の管理

主題109：ネットワークの基礎

- 109.1　インターネットプロトコルの基礎
- 109.2　基本的なネットワーク構成
- 109.3　基本的なネットワークの問題解決
- 109.4　クライアント側のDNS設定

主題110：セキュリティ

- 110.1　セキュリティ管理業務の実施
- 110.2　ホストのセキュリティ設定
- 110.3　暗号化によるデータの保護

## 試験についての詳細

| 受験の前提条件 | なし |
|---|---|
| 受験費用 | 1試験あたり15,000円（税別） |
| 問題数 | 約60問 |
| 試験時間 | 90分 |
| 試験実施方式 | コンピュータベースドテスト（CBT） |
| 日時・会場 | 日時・会場を全国各地から自由に選択可能<br>「ピアソンVUE」テストセンターに申し込む |
| 試験の形式 | 大半はマウスによる選択方式<br>キーボード入力問題も多少出題される |
| その他 | レベル1の取得には101試験と102試験の2試験に合格する必要がある<br>受験する順番は問われないが、認定には101試験と102試験を5年以内に合格する必要がある |

▼LPI-Japan　http://www.lpi.or.jp

LPI-Japanの公式サイト。ここで試験範囲の詳しい情報や書籍、学校の情報などがわかります。

## LPIC合格までの学習方法

### 1）まず本を読み、概要をつかむこと

実際にLinuxを操作してみるのが一番ですが、最初は本を読んでだいたいの全体像をつかむことも大切です。まず、本文を通して読んで概要をつかみましょう。

### 2）実際に操作すること

試験には記述式の問題も出題されます。コマンドやオプションなど、細かい内容を覚えておかないと対応できません。本を読むだけでなく、実際に操作して試行錯誤することが大切なのです。
本書では手順を詳しく説明しています。うまく動かないときは、大文字や小文字、スペースの有無、コマンド名などに間違いがないか、丁寧に確認してみてください。

### 3）基本となるコマンドやオプションは覚えること

新しい言葉を覚えるのと同様、新しいコマンドやオプションはひとつひとつ覚えなければなりません。自分のできる範囲で少しずつ勉強し、理解したコマンドはその日のうちに覚えるようにしましょう。
はじめはジグソーパズルのピースのように、バラバラで何が何だかわからなくても、ピースが埋まってくるとどんな図案かわかってきます。コマンドや概要も何度も繰り返して読み、操作して覚えましょう。記憶のピースがたまってくると、コツがつかめてさらに覚えられるようになります。

### 4）注意！本書ではすべての内容を紹介していません

本書で紹介しているのはLPICレベル1に関する入門知識です。これをきっかけに書籍やインターネット、学校などで学習しましょう。ある程度の基礎知識があれば、書籍やインターネットだけでも学習可能です。わからないところはインターネットで質問してみるのもいいでしょう。
学校で学習するのは費用はかかりますが、疑問点などもすぐ解決することができるため、より合格しやすいでしょう。
学習の期間の目安としては1～3カ月です。

# Contents


はじめに …… 003
本書の目標と使い方 …… 004

## 第1章 知っておくと理解が進む基礎知識

Linuxってどんなもの? …… 014
Linuxを学ぶ前のポイント …… 022
Linuxを起動してみよう …… 026
実際にコマンドを使ってみよう …… 036

## 第2章 ファイルとディレクトリの関係

ファイルとディレクトリを理解する …… 046
ルートディレクトリとホームディレクトリ …… 050
ディレクトリの場所を指定するには …… 054
ディレクトリ操作のきほんを覚えよう …… 060
ファイルの作成・移動・コピーを行う …… 074

## 第3章 エディタでテキストファイルを編集

viエディタを使ってみよう …… 084
viエディタの編集機能を活用する …… 098
テキスト入力に便利な操作を覚えておく …… 106

## 第4章 シェルとカーネルのきほん

シェルの役割を理解しておこう …… 114

第5章 テキストファイルの表示と検索

テキストファイルの表示・マニュアルの参照 …… 124
ファイルやテキストの検索を実行 …… 140

第6章 リダイレクトとパイプの使い方

リダイレクトとパイプの有効な活用法 …… 154

第7章 シェル変数とコマンドの扱い

シェル変数と環境変数の違いを理解 …… 162
エイリアスと環境設定ファイルの使い方 …… 180

第8章 ファイルのリンク・圧縮・アクセス権

iノード・ハードリンク・シンボリックリンク …… 186
ファイルの圧縮・解凍・アーカイブの使い方 …… 192
パーミッションの変更でアクセス権を設定 …… 199

第9章 ユーザーとグループを管理する

ユーザーとグループに関する操作 …… 208
所有者と所有グループの管理 …… 224

第10章 ファイルシステムと起動のしくみ

主要なディレクトリとファイルシステム …… 230
Linuxが起動するまでの流れを理解 …… 248

## 第11章 プロセスやジョブの切り替え

プロセスの確認と命令の出し方 …… 254
ジョブの確認と切り替え方法 …… 264

## 第12章 インストールやパッケージを理解

インストールとパッケージ管理 …… 274

## 第13章 ネットワークの世界について知る

ネットワークのきほんとコマンドを確認 …… 296

ふろく Linuxの学習環境を構築しよう …… 310
索引 …… 316

確認問題

020 025 034 044 049 053 059
072 082 096 104 111 121 138
151 160 178 184 191 198 206
223 228 246 252 263 271 293

# 第1章

# 知っておくと理解が進む基礎知識

Linuxの特徴を知ったら、実際にコマンドを使うまでを学習しましょう。

Linuxってどんなもの? ▶ Linuxを学ぶ前のポイント ▶ Linuxを起動してみよう ▶ 実際にコマンドを使ってみよう

# Linuxってどんなもの？

【KeyWord】OS カーネル シェル デバイスドライバ アプリケーション オープンソースソフトウェア サーバ クライアント ディストリビューション CUI GUI

【ここで学習すること】Linux（リナックス）はWindowsと同じくOSのなかまです。Windowsはマイクロソフトが提供するものしかありませんが、Linuxは用途に応じてさまざまなものを選ぶことができます。

## Linuxは OSの1つ

「Linux」とは、OS（Operating System）と呼ばれるプログラムの1つです。
身近なコンピュータ上で動くOSの主な役目は、ブラウザやメール、ゲームやワープロなどのアプリケーションソフトウェアを動かすことです。
「Windows」や「macOS※1」「Android」もOSです※2。

### ▼OSの役割

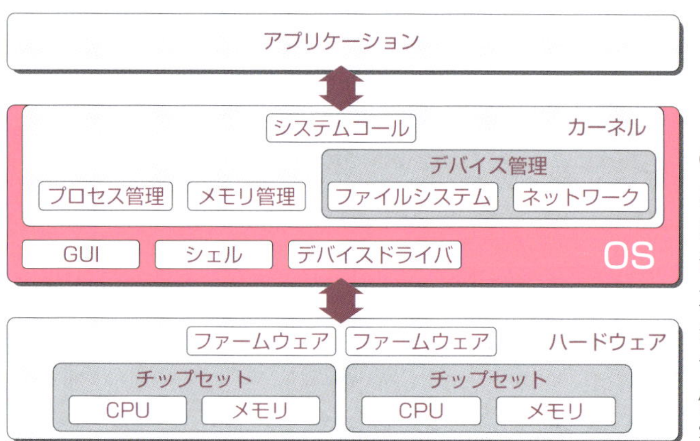


OSは、ハードウェアとアプリケーションソフトの間に位置します。画面に文字を表示したり、データを保存したりするなど、みんなで使う共通の機能を実行してくれます。

## Linuxの大きな役割

通常、ネットワークにはさまざまなコンピュータがつながっています。こうしたマシンを利用することで、調べ物や買い物、音楽や映像、友人との会話などを楽しむことができます。

さまざまなサービスを提供するコンピュータを「サーバ(Server)」、サービスを要求するコンピュータを「クライアント(Client)」といいます。Linuxは一般的なOSの役割も果たしますが、主にサーバ用のOSとして利用されています。サーバ用OSは、多くのユーザーのリクエストに対応できる能力や信頼性が求められます。Linuxは無償で利用できることや、多くの組織や企業で利用されてきたノウハウの蓄積もあり、サーバ用OSとして世界中で利用されています。

▼ サーバとクライアント

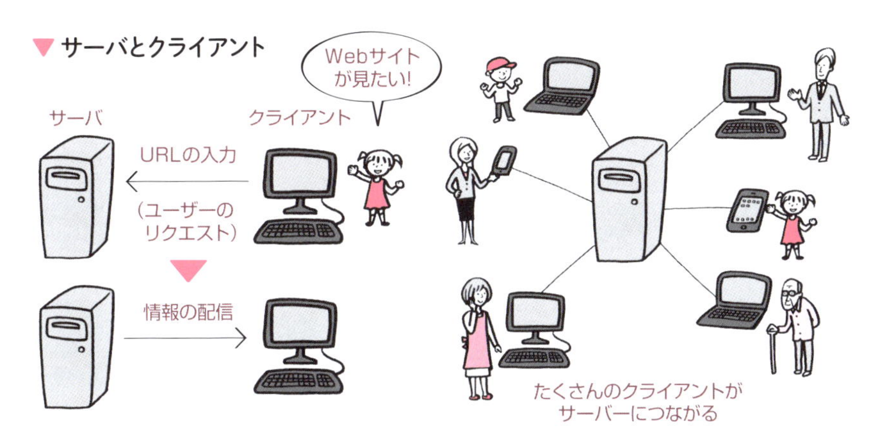


サーバは、クライアントのリクエストに応じてさまざまなレスポンスを返します。

### 参考 クライアントとサーバ

クライアントやサーバを利用するにあたり、そういった名前の専用のマシンが必要なわけではありません。1台のマシンで複数のサーバ機能を持たせることもできますし、クライアントをサーバとして動かしたり、サーバがクライアントになって別のサーバにリクエストを出すこともできます。

※1:Mac用のOSです。2016年6月に正式名称が「OS X」から「macOS」に変わりました。
※2:macOSはUNIXベースで開発されており、AndroidにはLinuxが使われています。

## OSの構成

OSの心臓部ともいえるプログラムを「カーネル(Kernel)」といいます※1。そのほか、ユーザーからのリクエスト(コマンド)を受け取ってカーネルに引き渡す役割を持つシェル(Shell)、周辺機器を接続する通訳のような役割を持つデバイスドライバなど、OSはさまざまなプログラムから成り立っています。

### カーネルとシェル

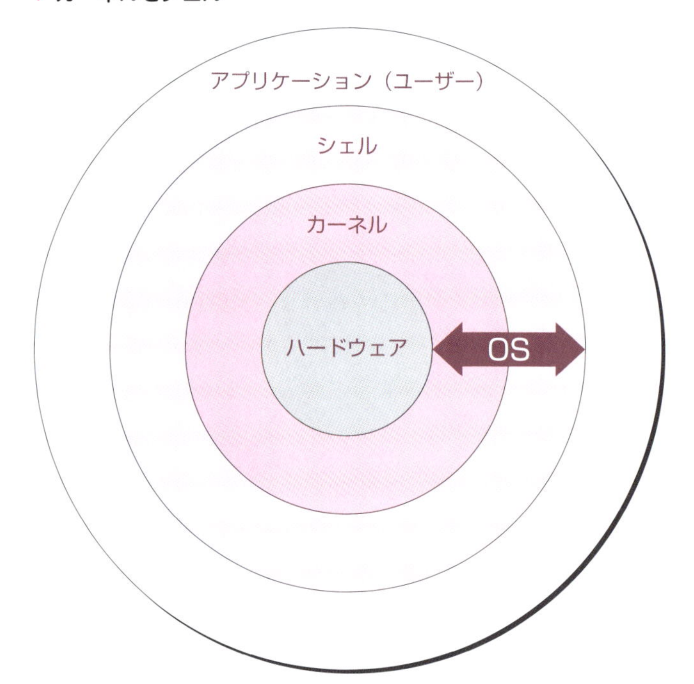


OSの中心となるプログラムがカーネルです。カーネルは人間の言葉が理解できません。人間の言葉を翻訳し、ユーザーからの命令をカーネルに伝えるのがシェルです。

※1:厳密には、LinuxはOSのコアともいえるカーネルのことを指します。

## ディストリビューションとは

一般的なOSは、プログラムの組み合わせを変えることはできませんが、Linuxは好きなものに変えることができます。OSの中心となるカーネルと、それ以外のプログラムを組み合わせ、OSとして製品化したものを「ディストリビューション」といいます。

Linuxには多くのディストリビューションが存在しますが、大きく分けて2つの系統に分類することができます。それぞれベースとなるものの名前を取ってRed Hat(RPM:Redhat Package Manager)系、Debian系といいます。

それ以外のプログラムには、インストールに必要なプログラムのインストーラ、周辺装置をつなぐときに必要なデバイスドライバ、シェル、オンラインマニュアル、アプリケーションプログラムなどがあります。

### ▼主なディストリビューション

| | |
|---|---|
| Red Hat(RPM)系 | Fedora(フェドラ)、CentOS(セントオーエス)、Red Hat Enterprise Linux(レッドハット・エンタープライズ・リナックス:RHEL)、Vine Linux(ヴァイン・リナックス)等 |
| Debian系 | Debian GNU/Linux(デビアン・グニュー・リナックス)、Ubuntu(ウブントゥ)、KNOPPIX(クノーピクス)等 |

用途に応じてさまざまなディストリビューションが存在するため、メールやウェブなどのサーバ分野から家電に組み込まれた小さなシステムまで、古いPCから最新のスマートフォンやスーパーコンピュータまでと、幅広くいろいろな場所で利用されています。

## CUIとGUI

OSの見た目は2つに分類することができます。

1つめはマウスでアイコンをクリックするなどして、ファイルやフォルダを操作するGUI（Graphical User Interface）です。WindowsやmacOSはもちろん、Linuxも「X Window System」によってGUI環境を実現しています。

もう1つはキーボードからコマンドを入力することで操作するCUI（Character User Interface）です。

LinuxはGUIで動かすことができますが、一般的にはCUIで操作します。コマンドで操作できるようになると、環境設定や問題発生時の対応など、複雑な処理が行えるようになり、一連の作業を自動化することも可能です。

LPIC対策では、さまざまなコマンドの使い方や機能について勉強します。

▼CUIの画面

```
[renshu@localhost ~]$ ps
  PID TTY          TIME CMD
 2495 tty1     00:00:00 bash
 2516 tty1     00:00:00 ps
[renshu@localhost ~]$ cal
    October 2016
Su Mo Tu We Th Fr Sa
                   1
 2  3  4  5  6  7  8
 9 10 11 12 13 14 15
16 17 18 19 20 21 22
23 24 25 26 27 28 29
30 31
[renshu@localhost ~]$ _
```

コンソールからコマンドを入力して操作するのがCUIです。

Column

### 見知らぬ国のお城がPCなら有能な執事がLinuxのイメージ!?

正しく命令すれば何でもやってくれる万能執事がLinuxです。この城（マシン）の主人になれるように、がんばって執事への命令＝コマンドを覚えましょう。

## LinuxとUNIXの関係性

LinuxはUNIX（ユニックス）というOSを参考にして作られたもので、Linus B. Torvalds（リーナス・ベネディクト・トーバルズ）氏が新しくLinuxカーネルを開発しました。このプログラム（ソースコード）は1991年10月に公開され、多くの人が機能を追加したり、プログラムを修正したりすることで普及し、発展してきたのです※1。なお、ソースコードとは、プログラマが書いた元となるプログラムのことを指します。
このように、ソースコードが公開され、著作権を考慮しつつ、誰でもソフトウェアを改造したり、無料で配布したり、自由に販売したりできるプログラムを「オープンソースソフトウェア」といいます※2。

## GNUプロジェクトとは？

Linuxを使っていると、ときどき耳にする「GNUプロジェクト」。このGNU（グヌー、グニュー）とは「GNU's Not Unix!」の略で※3、UNIXのようなフリーのOSを開発するプロジェクトの名前です。GNUプロジェクトはFSF（Free Software Foundation：フリーソフトウェア財団）が中心となって開発が進められています。FSFは、著作権が保護されていつつも、ソフトウェアを使う人が好きなように改造したり、それを無料でも有償でも再配布できるフリーソフトウェアの普及を目指しています。

---

※1：LinuxはUnix系OSともいわれますが、実際はUNIXとは別物です。
※2：似たような言葉の「フリーソフトウェア」は無料で利用することができますが、すべてのソースコードが公開されているわけではありません。
※3：「GNUはUNIXではない」という意味になります。

## Q ここまでの確認問題

【問1】

さまざまなサービスを提供するコンピュータを何といいますか。

A. クライアント

B. ユーザー

C. サーバ

D. ディストリビューション

【問2】

OSの中心となるプログラムを何といいますか。

A. アプリケーション

B. カーネル

C. ハードウェア

D. シェル

【問3】

以下の中でLinuxのディストリビューションでないものを挙げてください。

A. KNOPPIX

B. GNU

C. Fedora

D. CentOS

【問4】

ソースコードが公開され、著作権を考慮しつつ誰でも改造・無料配布できるプログラムを何といいますか。

A. オープンソースソフトウェア

B. フリーソフトウェア

C. FSF

D. GNUプロジェクト

## 確認問題の答え

【問1の答え】

C. **サーバ**

……サーバとクライアントの役割はセットで覚えましょう。

→P.15参照

【問2の答え】

B. **カーネル**

……ハードウェアとシェルの仲立ちをするのがカーネルです。

→P.16参照

【問3の答え】

B. **GNU**

……GNUはUNIXのようなOSを開発するプロジェクト名です。

→P.17参照

【問4の答え】

A. **オープンソースソフトウェア**

……似たような言葉に「フリーソフトウェア」がありますが、しっかり区別しましょう。

→P.19参照

はじめてLinuxに触れる人には、なじみのない言葉ばかりです。いずれもよく使われるキーワードなので、少しずつ慣れていきましょう!

# Linuxを学ぶ前のポイント

【KeyWord】 ドライブ名 ディレクトリ 拡張子 外部コマンド 内部コマンド 一般ユーザー スーパーユーザー root

【ここで学習すること】 LinuxというOSの特徴と、Windowsと比べて異なる部分を確認していきます。

## Linuxの特徴的な部分

皆さんにとって「Linuxを学ぶ」ということは、あまりなじみのない国の言葉を学ぶようなものでしょう。Windowsと似ているところもありますが、見慣れない言語(OS)でのはじめて触れるルールに、違和感を持ってしまうかもしれません。
そこで、Windowsとの違いや気を付けておくべきポイントをまとめておきましょう。事前に知っておくと役立つはずです。

### ドライブ名はありません

Windowsのようにドライブ名を指定することはありません。すべて「ディレクトリ」として扱います。ディレクトリとは、WindowsやmacOSのフォルダと同じようなものです。
また、PCに何らかの機器を接続したら「マウント」という操作でディレクトリとして認識させます(現在はこの操作をしなくても自動的に認識する機能が搭載されているのが

一般的です)。「アンマウント」するとオフになります。
ファイルやディレクトリに関しては2章で扱います。

## 大文字と小文字は区別されます

ファイル名やコマンドを指定するときに、大文字と小文字は全く別の物として扱われます。たとえば「test」と「Test」というファイル名では異なるファイルとして区別されます。
コマンドやコマンドとともに使うオプションも、大文字と小文字は区別されます。

## 拡張子でファイルを区別しません

Windowsではテキストファイルならファイル名の後ろに「.txt」、Wordならファイル名の後ろに「.docx」といった拡張子が付いており、この拡張子でファイルを分類することができます。しかしLinuxには拡張子でファイルを区別するという考え方はありません。拡張子を使うこともありますが、それはあくまでファイル名の一部という扱いです。

## コマンドには外部コマンドと内部コマンドがある

マウスでアイコンをクリックするなどして操作するGUIとは異なり、CUIはキーボードからコマンドを入力してOSに命令します。コマンドには、あらかじめ組み込まれている「内部コマンド」と、実行ファイルとして個別に保存されている「外部コマンド」があります。
コマンド名を入力した際にエラーが発生する原因は、入力ミス以外に、外部コマンドの実行ファイルの場所がわからない場合がほとんどです。この場合、コマンドファイルが入っている場所をパス(path：小道という意味)で教えてあげれば使えるようになります。
パスやフォルダについては2章でもう少し詳しく説明します。

## 何でもできる(?)「root」ユーザー

Linuxは1台のコンピュータを複数のユーザーで同時に使用することができるマルチユーザーシステムです。

ユーザーアカウントには、システムの設定やユーザー管理などの特別な権限を持つ管理者ユーザーの「スーパーユーザー」(superuser)と、設定や管理などを行わない「一般ユーザー」、システムの実行などで利用される「システムユーザー※1」があります。

スーパーユーザーは名前の通り、いろいろなことができる権限を持っており、「root(ルート)」というユーザー名を使います。

「root」ユーザーで通常の作業を行うこともできますが、操作ミスなどで意図せず重要なファイルを消してしまう可能性も出てきます。Linuxを勉強するときや、普通の用途で利用する場合は一般ユーザーで操作しましょう。

ユーザーアカウントに関しては9章で詳しく説明していきます。

※1:システムユーザーは用途が限定されるため、ログインには使いません。

## Q ここまでの確認問題

【問1】

Linuxではドライブをどのように扱うでしょうか。

A. コマンド　B. シェル
C. ファイル　D. ディレクトリ

【問2】

あらかじめ組み込まれているコマンドを何というでしょうか。

A. 内部コマンド　B. 外部コマンド
C. 実行ファイル　D. マウント

【問3】

管理者ユーザーが使うユーザー名を何というでしょうか。

A. superuser　B. root
C. systemuser　D. administrator

## 確認問題の答え

【問1の答え】 D. **ディレクトリ**

……Linuxでは各種ドライブをディレクトリとして扱います。

→P.22参照

【問2の答え】 A. **内部コマンド**

……実行ファイルとして用意されたコマンドを「外部コマンド」といいます。

→P.23参照

【問3の答え】 B. **root**

……管理者ユーザーは「スーパーユーザー（superuser）」と呼ばれ、rootはそのユーザー名です。

→P.24参照

# Linuxを起動してみよう

【KeyWord】 ログオン ログオフ ユーザーアカウント パスワード プロンプト コマンド オプション 変数 root cal shutdown

【ここで学習すること】Linuxを起動して簡単なコマンドを入力し、基本的なルールを確認します。

## 起動と終了

Linuxは同時に複数の人で利用することができる「マルチユーザーOS」です。使用するときは、誰が使っているのかわかるように「ユーザー名」と「パスワード」を入力します。この操作を「ログイン」といい、成功するとプロンプト(29ページ参照)が表示されます。

本書では「VirtualBox」という仮想化ソフト上でCentOSを動作させた環境を例に解説を進めます。インストール方法については巻末の付録(310ページ)を参照してください。

まずはVirtualBoxを起動します。

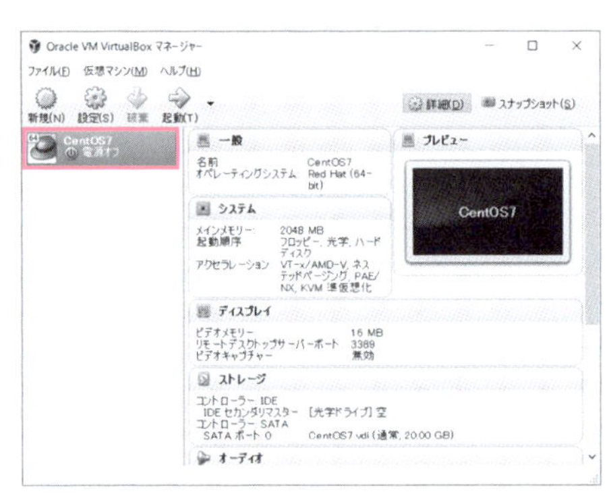


VirtualBoxを起動します。リストからCentOSを選択し、Linuxを起動しましょう。

## ログイン方法

CentOSの起動には、インストール時に登録したユーザーアカウントを使います。Windowsのような GUI画面が表示された場合と、カーソルが点滅したCUI画面が表示された場合の2通りの方法を解説しましょう。

### 1) Windowsのような画面が表示されたら

GUI画面が表示されたら、ユーザー名を選び、パスワードを入力します。[Sign In]ボタンをクリックしてログインしましょう。

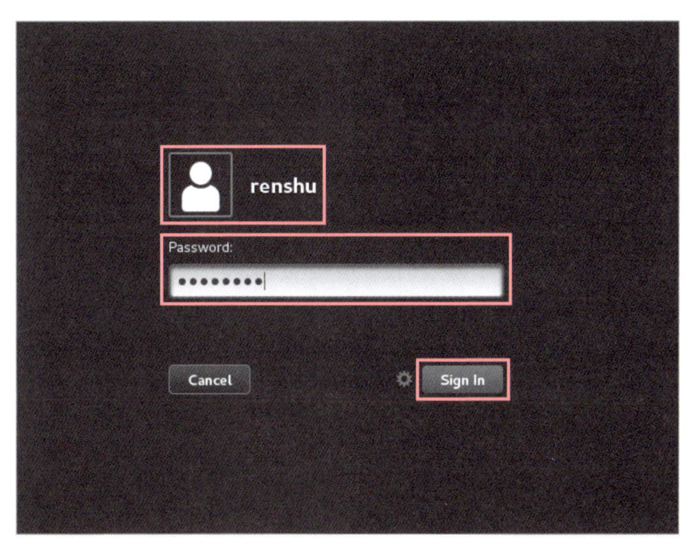


ユーザー名を選び、パスワードを入力したら[Sign In]ボタンをクリックします。

※1：ユーザーアカウントはあとから追加・変更することもできます（212ページ参照）。

正しくログインできるとウィンドウが開きます。メニューから[アプリケーション]→[お気に入り](または[ユーティリティ])を選び、[端末]を選択します。するとコマンド入力ができる端末画面が表示されます。

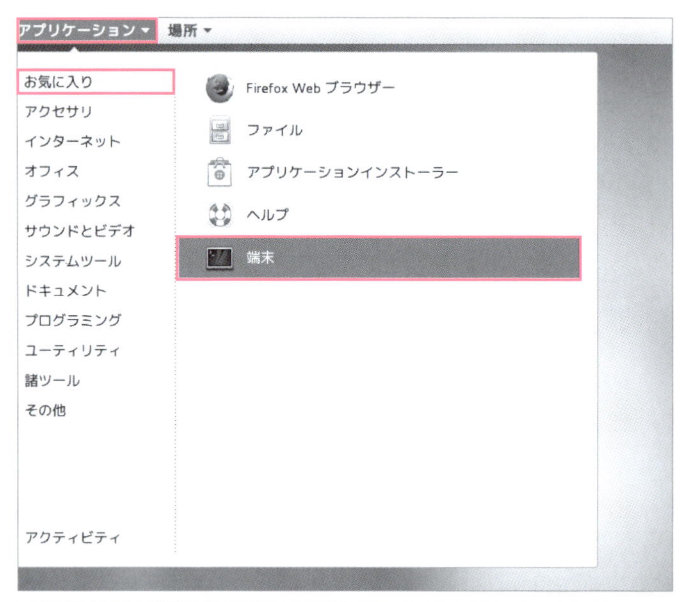


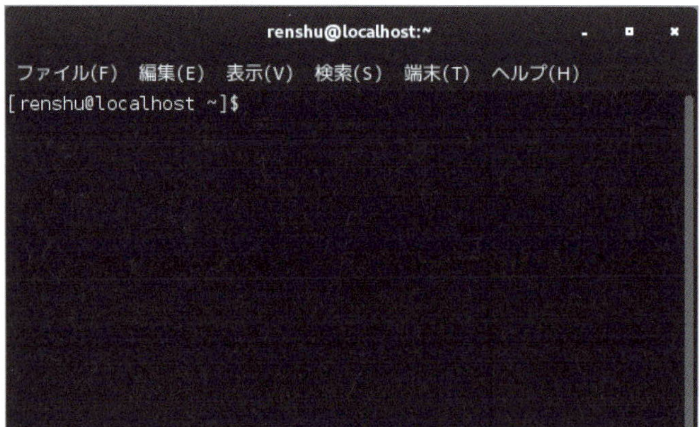


[アプリケーション]メニューの[お気に入り](または[ユーティリティ])から[端末]をクリックすると、端末のウィンドウが開きます。

## 2) カーソルが点滅した画面が表示されたら

CUI画面が表示されたらユーザー名を入力します。巻末付録を参考にインストールした場合、

ユーザー名 ………………… renshu
パスワード ………………… lpic5555

でログインします。

```
localhost login: _
```

```
login: renshu [Enter]
```

続いてパスワードを入力して[Enter]キーを押しましょう。

```
localhost login: renshu
Password: _
```

```
Password:
```

なお、パスワードを入力しても画面には何も表示されません。カーソルが動くこともありません。

ログインできると下のようなプロンプトが表示されます。

```
[renshu@localhost ~]$ _
```

正しくログインできましたか？

## ● プロンプト

「プロンプト」(prompt)とは、キーボードからのコマンドを「受け付けます」という意味です。ここからコマンドを入力し、Linuxに指示を与えることができます。コマンドを入力する行のことを「コマンドライン」といいます。

```
[renshu@localhost ~]$ _
```

この文字列がプロンプトです。プロンプトが表示されると、
コマンドを入力できます。

プロンプトの最後の記号が「$」の場合は一般ユーザー、「#」の場合は管理者ユーザー（root）であることを表しています。
画面ではこのような文字列が表示されていますが、

```
[renshu@localhost ~]$
```

これは下のような内容を表しています。

```
[ユーザー名@ホスト名　カレントディレクトリ名]$
```

プロンプトの表示内容はあとから変更することもできます。なお、本書では「$」または「#」でプロンプトを表しています。

## ログアウトする

作業を終了するときは「ログアウト」します。ログインしたままだと、別の人に勝手に使われてしまう恐れがあるので、使い終わったら必ずログアウトしましょう。
ログアウトには「exit」コマンドを使います。

```
[renshu@localhost ~]$ exit_
```

```
$ exit Enter
```

プロンプトのあとに「exit」と入力して Enter キーを押します。ログアウトに成功すると、ログイン画面が表示されます。

### Point ログアウトするショートカットキー

ログアウトする場合、Ctrl キーを押しながら D キーを押すことでも同じ操作ができます。

### Point 終了とログアウト

ログアウトと終了は違います。システムを終了し、コンピュータの電源を切る場合は「shutdown」というコマンドを使います。「shutdown」はrootユーザーでないと使えません（42ページ参照）。

### 参考 ログインができないときは?

ユーザー名やパスワードを間違えたら入力し直しましょう。
その際、大文字と小文字の区別は大丈夫ですか？
もし、どうしてもログインできない場合や、rootユーザーしか登録していない場合は、管理者ユーザーの「root」でログインし、次ページを参考にユーザーを新しく追加しましょう。

### 参考 ユーザーを追加する

ここでは「lina」という名前のユーザーを追加する方法を見てみます。
まずはrootユーザーでログインします。
プロンプトが表示されたら、

```
# useradd lina [Enter]
```

と入力して[Enter]キーを押します。ここでは「lina」という名前のユーザーを追加しています。
なお、ユーザーが追加できても画面は何も変わりません。
続いてパスワードも設定します。

```
# passwd lina [Enter]
```

上のように入力して[Enter]キーを押します。その際、コマンドを間違えないように入力してください。「passwd」です。

```
New password:
```

このあとに任意の7文字以上のパスワードを入力してください。

```
Retype new password:
```

もう一度同じパスワードを入力します。これで新しいユーザーアカウントが作成されました。

```
# exit
```

上のように入力してrootユーザーからログアウトします。
ログイン画面に戻るので、いま作ったユーザーでログインし直しましょう（ユーザーの追加や削除、アカウントの切り替えなどは9章で説明します）。

## 参考 ユーザーを追加する手順のまとめ

前ページで解説したユーザーを追加する際の流れを実際の画面で確認しておきましょう。

```
localhost login: root            ❶
Password:                        ❷
Last login: Thu Jul 21 12:05:11 on tty1
[root@localhost ~]# useradd lina ❸
[root@localhost ~]# passwd lina  ❹
Changing password for user lina. ❺
New password:                    ❻
Retype new password:             ❼
passwd: all authentication tokens updated successfully.
[root@localhost ~]# exit
```

❶ root Enter でログイン
❷「password:」の後ろにパスワードを入力
❸「useradd」コマンドで新しいユーザー名を追加
❹ #（プロンプト）の後ろに「useradd ユーザー名」を入力して Enter キー（OKなどのメッセージは表示されません）
❺「passwd」コマンドでパスワードの設定。#（プロンプト）の後ろに「passwd ユーザー名」と入力して Enter キー（「passwd」を間違えないように入力）
❻「New password:」の後ろに7文字以上でパスワードを入力して Enter キー
❼「Retype new password:」の後ろに同じパスワードを入力して Enter キー

## Q ここまでの確認問題

【問1】

プロンプトの最後の記号「$」は何を意味していますか。

A. 管理者ユーザー
B. ゲストユーザー
C. 制限付きユーザー
D. 一般ユーザー

【問2】

ログアウトするためのショートカットキーはどれでしょうか。

A. Ctrl + D キー
B. Shift + D キー
C. Ctrl + O キー
D. Shift + O キー

【問3】

ユーザーを追加するためのコマンドはどれでしょうか。

A. adduser
B. useradd
C. addusers
D. usersadd

【問4】

パスワードを設定するためのコマンドはどれでしょうか。

A. pw
B. pswd
C. passwd
D. password

## 確認問題の答え

【問1の答え】

D. **一般ユーザー**

……管理者ユーザーの場合は「#」になります。

→P.30参照

【問2の答え】

A. Ctrl + D **キー**

……「exit」コマンドでもログアウトが可能です。Linuxでの作業を終了するときはログアウトしましょう。

→P.31参照

【問3の答え】

B. useradd

……このコマンドを実行しても画面に変化がないので注意しましょう。

→P.32参照

【問4の答え】

C. passwd

……間違えやすいコマンド名なので、しっかりと覚えてください。

→P.32参照

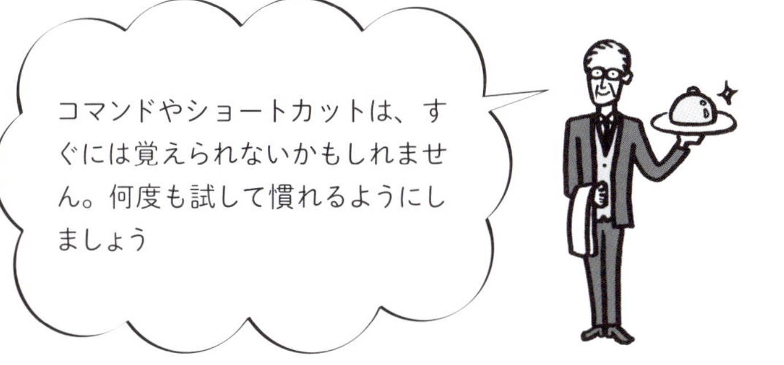

# 実際にコマンドを使ってみよう

【KeyWord】 コマンド 引数 オプション ls cal shutdown

【ここで学習すること】ログインできたら、簡単なコマンドを使い、Linuxに慣れることからはじめましょう。コマンドの基本的な構造も確認します。

## ▼ コマンド入力時の4つのルール

コマンドを入力するときには、以下の4つに気を付けましょう。

1）使うのは半角の英数字
2）大文字と小文字は別ものとして扱う（基本は小文字）
3）コマンドとオプションや引数の間は半角スペースを空ける
4）Enterキーでコマンドを実行

その際、コマンドは「引数（ひきすう）」や「オプション」を付けることで結果を変えることができます。
「引数」を指定すると、コマンドに文字列や数値を指示できます。また、「オプション」を指定すると、コマンドの基本機能に他の機能を追加できます。

## コマンドの基本ルール

コマンドの基本構造を先に確認しておきましょう。

### <基本：コマンドのみ>

プロンプト「$」「#」の後ろにコマンドを入力すると、基本的な機能を実行します。

```
$ コマンド Enter
```

下は実際にコマンドを入力した例です。ここでは「ls」というコマンドを実行してみました。

```
$ ls Enter
```

この「ls」(LiSt)はファイルやディレクトリを一覧表示するコマンドです。

### <条件変更：コマンド+引数>

コマンドは「引数」を使って文字列や数字を指定できる場合があります。コマンドと引数の間は半角スペースで空けます。

```
$ コマンド 引数 Enter
```

「ls」コマンドに「/home」という引数を追加してみました。

```
$ ls /home Enter
```

引数を使うことで、homeディレクトリの中にあるファイルを表示します。

今度は「cal」というコマンドの例も見てみましょう。引数は「2016」です。

```
$ cal 2016 Enter
```

「cal」はカレンダーを表示するコマンドです。引数で2016年のカレンダーを指定しています。

**<機能拡張：コマンド+オプション>**

コマンドには「オプション」を付けると機能を拡大できるものがあります。
コマンドとオプションの間も半角スペースを空けます。

```
$ コマンド オプション Enter
```

下は「ls」コマンドに「-a」というオプションを追加した例です。

```
$ ls -a Enter
```

これにより、非表示のファイルも含めてすべてのファイルを表示します。

**<組み合わせ：コマンド+オプション+引数>**

コマンドによってはオプションや引数を複数組み合わせて指定できます。

```
$ コマンド オプション 引数 Enter
```

```
$ ls -a /home Enter
```

この場合、ホームディレクトリにあるすべてのファイルを表示します。

**例外もあります**

コマンドの基本ルールは上記の4パターンですが、コマンドによってはこれに当てはまらない場合もあります。

## コマンドを入力してみる

それでは画面にカレンダーを表示してみましょう。カレンダーの表示には「cal」(CALendar)コマンドを使います。

▼コマンド解説

| cal | カレンダーの表示 |
|---|---|

**「cal」の書式**

```
$ cal [オプション][月][年]
```

**「cal」の主なオプション・書式**

| -m | 月曜はじまりに変更 |
|---|---|

### 1) コマンドだけ入力する

コマンドだけ入力して[Enter]キーを押します。

```
$ cal [Enter]
```

```
[renshu@localhost ~]$ cal
    October 2016
Su Mo Tu We Th Fr Sa
                   1
 2  3  4  5  6  7  8
 9 10 11 12 13 14 15
16 17 18 19 20 21 22
23 24 25 26 27 28 29
30 31
```

カレンダーが表示されます。

## 2) コマンドと引数

次はコマンドと引数を指定しましょう。2016年のカレンダーを表示します。

```
$ cal 2016 Enter
```

```
[renshu@localhost ~]$ cal 2016
                               2016

       January               February                 March
Su Mo Tu We Th Fr Sa   Su Mo Tu We Th Fr Sa   Su Mo Tu We Th Fr Sa
                1  2       1  2  3  4  5  6          1  2  3  4  5
 3  4  5  6  7  8  9    7  8  9 10 11 12 13    6  7  8  9 10 11 12
10 11 12 13 14 15 16   14 15 16 17 18 19 20   13 14 15 16 17 18 19
17 18 19 20 21 22 23   21 22 23 24 25 26 27   20 21 22 23 24 25 26
24 25 26 27 28 29 30   28 29                  27 28 29 30 31
31
        April                   May                   June
Su Mo Tu We Th Fr Sa   Su Mo Tu We Th Fr Sa   Su Mo Tu We Th Fr Sa
                1  2    1  2  3  4  5  6  7             1  2  3  4
 3  4  5  6  7  8  9    8  9 10 11 12 13 14    5  6  7  8  9 10 11
10 11 12 13 14 15 16   15 16 17 18 19 20 21   12 13 14 15 16 17 18
17 18 19 20 21 22 23   22 23 24 25 26 27 28   19 20 21 22 23 24 25
24 25 26 27 28 29 30   29 30 31               26 27 28 29 30

        July                  August                September
Su Mo Tu We Th Fr Sa   Su Mo Tu We Th Fr Sa   Su Mo Tu We Th Fr Sa
                1  2       1  2  3  4  5  6                1  2  3
 3  4  5  6  7  8  9    7  8  9 10 11 12 13    4  5  6  7  8  9 10
10 11 12 13 14 15 16   14 15 16 17 18 19 20   11 12 13 14 15 16 17
17 18 19 20 21 22 23   21 22 23 24 25 26 27   18 19 20 21 22 23 24
24 25 26 27 28 29 30   28 29 30 31            25 26 27 28 29 30
31
       October               November               December
Su Mo Tu We Th Fr Sa   Su Mo Tu We Th Fr Sa   Su Mo Tu We Th Fr Sa
                   1          1  2  3  4  5                1  2  3
 2  3  4  5  6  7  8    6  7  8  9 10 11 12    4  5  6  7  8  9 10
 9 10 11 12 13 14 15   13 14 15 16 17 18 19   11 12 13 14 15 16 17
16 17 18 19 20 21 22   20 21 22 23 24 25 26   18 19 20 21 22 23 24
23 24 25 26 27 28 29   27 28 29 30            25 26 27 28 29 30 31
30 31
```

2016年のカレンダー、12カ月分が表示されます。

### 3) コマンドとオプション

コマンドとオプションを指定します。ここでは「-m」オプションを付けるとどうなるか確認しましょう。

```
$ cal -m Enter
```

```
[renshu@localhost ~]$ cal -m
     July 2016
Mo Tu We Th Fr Sa Su
             1  2  3
 4  5  6  7  8  9 10
11 12 13 14 15 16 17
18 19 20 21 22 23 24
25 26 27 28 29 30 31
```

月曜日始まりのカレンダーになります。

### 4) コマンド・オプション・引数の組み合わせ

コマンドとオプション、引数を複数組み合わせてみます。

```
$ cal -m 10 2016 Enter
```

```
[renshu@localhost ~]$ cal -m 10 2016
    October 2016
Mo Tu We Th Fr Sa Su
                1  2
 3  4  5  6  7  8  9
10 11 12 13 14 15 16
17 18 19 20 21 22 23
24 25 26 27 28 29 30
31
```

「-m」で月曜始まり、「10」で表示月、「2016」で表示年を指定しました。

## rootユーザーになってshutdownで電源を切る

ログアウトではなく、電源を切ってシステムを終了するには「shutdown」というコマンドを使います。
Linuxはサーバ用OSとして利用されることが多いため、一般ユーザーでは勝手に電源を落とせないようになっています。電源を切ったり、再起動できるのはシステム管理者のrootユーザーだけです。

### ▼ コマンド解説

| shutdown | システムの終了・再起動 |
|---|---|

「shutdown」の書式

```
# shutdown [オプション] [時間]
```

「shutdown」の主なオプション・引数

| | |
|---|---|
| -h | システムを終了 |
| -R | システムを再起動 |
| now | 今すぐシステムを終了または再起動 |
| hh:ss | 時間を指定してシステムを終了または再起動 |
| +mins | 入力した数値(単位は分)の後にシステムを終了または再起動 |

オプション「-h」で終了、「-r」で再起動を指定できます。引数に「23:00」など時刻を指定したり、分単位で実行時間を指定することもできます。分単位の指定には「+3」(3分後)のように「+」の後ろに数値を分単位で指定します。

▼今すぐ終了するコマンド

```
# shutdown -h now Enter
```

```
[root@localhost renshu]# shutdown -h now
```

「now」を指定すると、Enterを押すと同時に終了します。

▼23:00に再起動するコマンド

```
# shutdown -r 23:00 Enter
```

「23：00」の形式で時間を指定して再起動を実行します。

▼3分後に終了するコマンド

```
# shutdown -h +3 Enter
```

「+3」と分（mins）単位で時間を指定してシステムを終了します。

## Q ここまでの確認問題

【問1】

コマンド入力のルールで間違っているのはどれでしょうか。

A. 主に半角の英数字を使う　B. 引数の間に半角スペースを入力
C. 大文字と小文字は区別　D. オプションで文字列や数値を指示

【問2】

ディレクトリ内のファイルを非表示のものも含めて表示するコマンドはどれでしょうか。

A. ls　B. ls /home
C. ls -h　D. ls -a

【問3】

2016年11月のカレンダーを月曜日始まりで表示するコマンドはどれでしょうか。

A. cal -m 11 2016　B. cal -m 2016 11
C. cal -s 11 2016　D. cal -s 2016 11

## A 確認問題の答え

【問1の答え】　D. **オプションで文字列や数値を指示**

……文字列や数値を指示するには「引数」を使います。

→P.36参照

【問2の答え】　D. **ls -a**

……よく使うコマンドなので、しっかりマスターしてください。

→P.38参照

【問3の答え】　A. **cal -m 11 2016**

……日曜日始まりのカレンダーを表示したい場合は「-m」オプションは付けません。

→P.41参照

# 第2章

# ファイルとディレクトリの関係

ファイルとディレクトリについて理解すると共に、関連するコマンドも学習します。

ファイルとディレクトリを理解する ▶ ルートディレクトリとホームディレクトリ ▶ ディレクトリの場所を指定するには ▶ ディレクトリ操作のきほんを覚えよう ▶ ファイルの作成・移動・コピーを行う

# ファイルとディレクトリを理解する

【KeyWord】 ファイル ディレクトリ テキストファイル バイナリファイル デバイスファイル ファイル名

【ここで学習すること】 ディレクトリとファイルの関係を理解し、関連するコマンドや用語、基本知識を整理しましょう。

## フォルダとディレクトリの関係

「ファイル」とは、さまざまなデータをハードディスクなどに保存したものです。これらのファイルをまとめて整理するための仕組みを「ディレクトリ」といいます。WindowsやmacOSの「フォルダ」と同じようなものです。

▼「ディレクトリ」は「フォルダ」と同じようなもの

ディレクトリ
（フォルダ）

ファイルを整理しておく入れ物がディレクトリです。ディレクトリの中にディレクトリを作ることもできます。

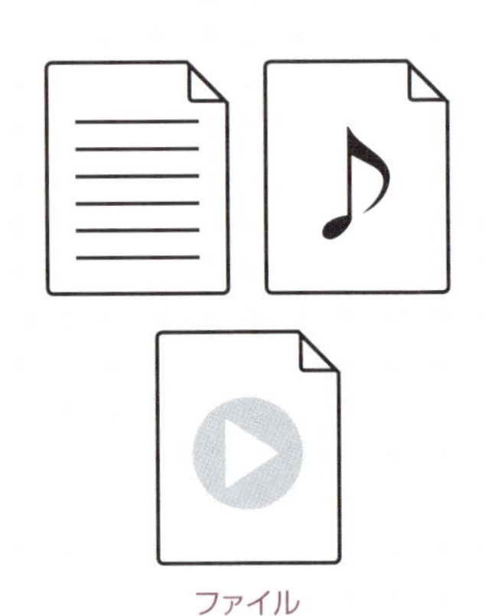

ファイル

## 通常ファイルとその他のファイル

Linuxには通常のファイルと、扱いが特殊なファイルが存在します。
通常ファイルは2つに分けられます。1つは人間が読み書きできる「テキストファイル」。もう1つは実行ファイルやプログラムなどからなり、開いても人間が理解できない文字や数字が並んでいる「バイナリファイル」です。
こうしたファイルの読み書きをコントロールするシステムを「ファイルシステム」といいます。ファイルシステムに関しては10章で説明します。
「ディレクトリ」の実体も特殊なファイルです。ディレクトリは複数のファイルを関連付けたファイルになります。
外付けのハードディスクやドライブなどの装置も特殊ファイルとして扱われます。外付け装置を認識できるように通訳するファイルを「デバイスファイル」といいます。Linuxにはドライブという考え方はありませんが、デバイスファイル経由で使えるようになるわけです。
こうしたものをファイルとして考える、というのは人間にとっては「？」かもしれませんが、Linuxからみるととても扱いやすい考え方なのです。

### ▼「Linux」にはさまざまなファイルが存在する

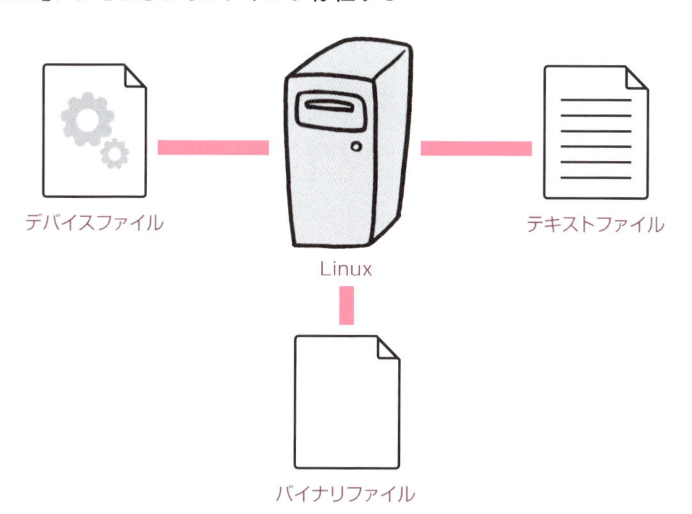


Linuxのファイルシステムは、人間が読み書き可能なテキストファイルだけでなく、バイナリファイルやデバイスファイルによって構成されています。

## ファイル名の基本ルール

ファイル名には、アルファベットの大文字や小文字、漢字やひらがな、数値、記号などを使うことができます。ただ、記号の中には特別な役割を持つものがあります。誤操作を防ぐためにも、ファイル名に使うのは「_（アンダーバー）」「-（ハイフン）」「.（ドット）」に留めておくのがオススメです。漢字やひらがなは、表示できない場合があるので使わない方向で考えましょう。
また、拡張子は必要ありませんが、ファイルを見分けやすいので、付けて保存してもかまいません。

### ▼ファイル名に関するルール

- アルファベット大文字・小文字（区別される）
- 数字
- 「_（アンダーバー）」「-（ハイフン）」「.（ドット）」
- ファイルを見分けるために名前に拡張子を付けてもいい

ファイル名に「.」を使う場合、以下のことに気を付けて使いましょう。

### ▼「.（ドット）」に関する注意事項

- ファイル名の先頭が「.（ドット）」で始まるファイルは非表示のファイルになる
- 「..」ドット2つで親ディレクトリという意味になる（51ページ参照）

## Q ここまでの確認問題

【問1】

Linuxが扱う通常ファイルのうち、人が読めないものを何というでしょうか。

A. テキストファイル　B. バイナリファイル
C. ディレクトリ　D. デバイスファイル

【問2】

ディレクトリの実体は何でしょうか。

A. フォルダ　B. ファイル
C. プログラム　D. ファイルシステム

【問3】

ファイル名に使えない記号を挙げてください。

A. .（ドット）　B. _（アンダーバー）
C. /（スラッシュ）　D. -（ハイフン）

## A 確認問題の答え

【問1の答え】 B. **バイナリファイル**

……通常ファイルはテキストファイルとバイナリファイルの2種類があります。

→P.47参照

【問3の答え】 B. **ファイル**

……ディレクトリの実体は特殊ファイルになります。

→P.47参照

【問3の答え】 C. **/（スラッシュ）**

……ファイル名で使える記号はよく覚えておきましょう。

→P.48参照

# ルートディレクトリとホームディレクトリ

【KeyWord】 ルートディレクトリ ホームディレクトリ 親ディレクトリ サブディレクトリ

【ここで学習すること】ディレクトリの構造を理解し、ホームディレクトリを確認します。

## ディレクトリを理解する

Linuxを動かすためにはさまざまなファイルが必要です。これらのファイルは分類され、各ディレクトリに保存されています。
Linuxでディレクトリを使いこなすには、

- ディレクトリのどこにいるのかを把握できるようにすること
- どのディレクトリにどんなファイルが入っているかを把握すること

が重要になります。

## ● ディレクトリの場所を理解する

入れ物の一番上、または外側を「/」(ルートディレクトリ)、現在自分のいる場所を「カレントディレクトリ」といいます。ディレクトリの中のディレクトリを「サブディレクトリ」、サブディレクトリから見た上の階層のディレクトリを「親ディレクトリ」といいます。

ディレクトリは、たとえば以下のような階層構造になっています。

### ▼ ディレクトリ構造の例

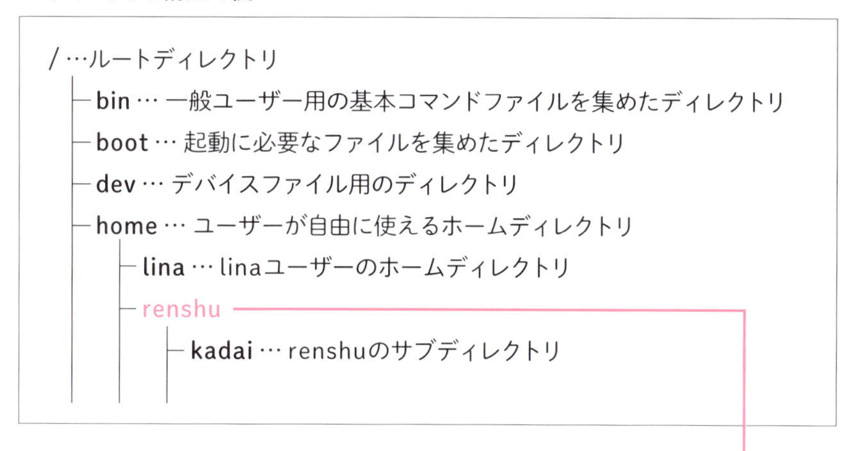


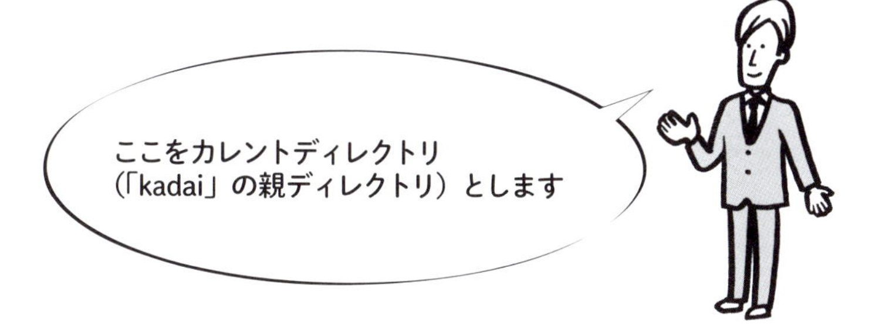


上の図では、現在作業をしているのが「renshu」ディレクトリとすると、そこが「カレントディレクトリ」になります。

その中のサブディレクトリが「kadai」です。

「kadai」からみると「renshu」は親ディレクトリにあたります。

ディレクトリ構造は下の図のように入れ物やダンジョンのようなイメージとして考えることもできます。

▼ディレクトリ構造のイメージ

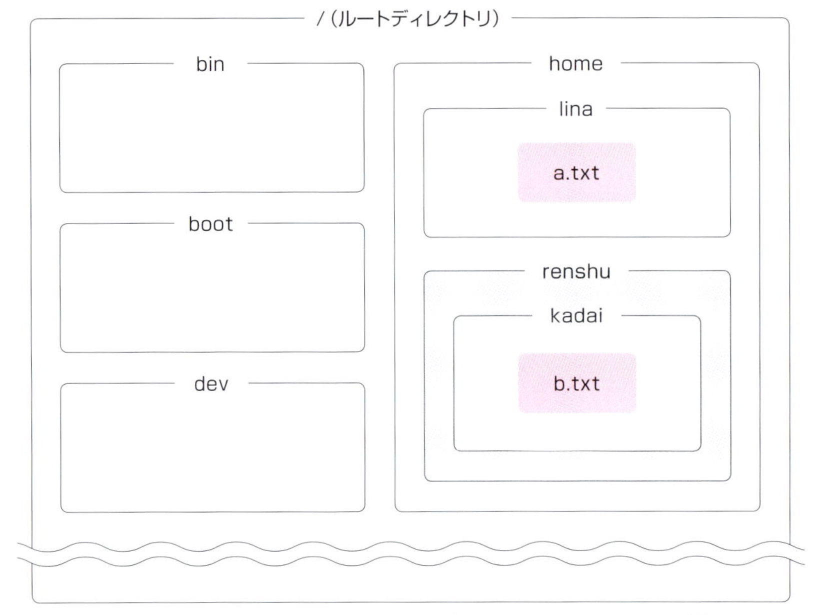


ディレクトリを移動すると、今いるディレクトリ（部屋）から外にでます。たとえば「renshu」ディレクトリから外に移動すると、その中にある「kadai」ディレクトリは見えなくなります。

## ● ホームディレクトリ

ユーザー名が付いたディレクトリを「ホームディレクトリ」といいます。renshuユーザーなら「/home/renshu」です。ユーザーはこのホームディレクトリ内ならサブディレクトリを作ったり、ファイルを保存したりと自由に作業することができます。ホームディレクトリの場所は「~（チルダ）」で表すこともできます。

▼ホームディレクトリの場所

```
/home/ユーザー名
```

## Q ここまでの確認問題

【問1】

先頭に書かれた「/」(スラッシュ)が示すディレクトリ名を答えてください。

A. ホームディレクトリ　B. 親ディレクトリ
C. カレントディレクトリ　D. ルートディレクトリ

【問2】

カレントディレクトリより上位のディレクトリを何といいますか。

A. ホームディレクトリ　B. 親ディレクトリ
C. サブディレクトリ　D. ルートディレクトリ

【問3】

「~」(チルダ)が示すディレクトリ名を答えてください。

A. ホームディレクトリ　B. サブディレクトリ
C. カレントディレクトリ　D. ルートディレクトリ

## A 確認問題の答え

【問1の答え】 **D. ルートディレクトリ**

……「/」はディレクトリの区切りにも使います。

→P.51参照

【問3の答え】 **B. 親ディレクトリ**

……カレントディレクトリ、親ディレクトリ、サブディレクトリの関係を理解しましょう。

→P.51参照

【問3の答え】 **A. ホームディレクトリ**

……これは相対パス(P.55参照)で使われる記号になります。

→P.52参照

# ディレクトリの場所を指定するには

【KeyWord】 パス 絶対パス 相対パス 「.」(ドット) 「~」(チルダ) カレントディレクトリ

【ここで学習すること】ディレクトリの位置と場所を指定する方法を整理しましょう。

## ▼ 絶対パスと相対パス

コマンドを実行するには、ディレクトリとファイルの場所を正確に指定しなければなりません。場所を指定するのに使うのが「パス(path)」です。
パスではディレクトリやファイルの区切りに「/」を使います。
パスの指定方法には、

- **絶対パス**：必ず「/」(ルート)から順に指定します
- **相対パス**：今いる場所を基準に指定します(その都度書き方が変わる)

の2つがあります。
コマンドでディレクトリを指定するときも、これらのやり方で指定します。

### ● パスの指定で使う記号

パスの指定時に使う記号を整理しておきましょう。
ディレクトリとディレクトリ、ディレクトリとファイルの区切りには「/」を使います。ただし先頭に「/」を書くと「ルートディレクトリ」を表します。この場合は絶対パスの指定でルートから順にディレクトリを示します。

▼ 絶対パス・相対パスで使う記号

- 「/」

▼ 相対パスで使う記号

- 「.」(ドット1文字) ……現在のディレクトリ(省略可)
- 「..」(ドット2文字) ……1つ上のディレクトリ
- 「~」(チルダ) ……ホームディレクトリ

## 書き方の違いを整理しよう

それでは、絶対パスと相対パスの違いを下の例で確認しましょう。
カレントディレクトリ(renshu)を絶対パスで書くと、

```
/ …ルートディレクトリ
└home … ユーザーのホームディレクトリ
  ├lina … linaユーザーのホームディレクトリ
  │ └a.txt
  └renshu……………………………カレントディレクトリ
    ├kadai … renshuのサブディレクトリ
    │ ├b.txt
```

```
/home/renshu
```

となります。

「a.txt」ファイルを絶対パスで書くと、

```
/ … ルートディレクトリ
└home … ユーザーのホームディレクトリ
  └lina … linaユーザーのホームディレクトリ
    └a.txt
  ├renshu
    ├kadai … renshuのサブディレクトリ
      ├b.txt
```

```
/home/lina/a.txt
```

カレントディレクトリからa.txtを相対パスで書くと、

```
/ … ルートディレクトリ
├home … ユーザーのホームディレクトリ
  └lina … linaユーザーのホームディレクトリ
    └a.txt
  └renshu ………………………… カレントディレクトリ
    ├kadai … renshuのサブディレクトリ
      ├b.txt
```

```
../lina/a.txt
```

となります。「..」は1つ上のディレクトリに移動という意味です。

「b.txt」ファイルを絶対パスで書くと、

```
/ … ルートディレクトリ
 └home … ユーザーのホームディレクトリ
   ├lina … linaユーザーのホームディレクトリ
   │ └a.txt
   └renshu
     └kadai … renshuのサブディレクトリ
       └b.txt
```

```
/home/renshu/kadai/b.txt
```

カレントディレクトリからb.txtを相対パスで書くと、

```
/ … ルートディレクトリ
 └home … ユーザーのホームディレクトリ
   ├lina … linaユーザーのホームディレクトリ
   │ └a.txt
   └renshu
     └kadai … renshuのサブディレクトリ
       └b.txt
```

```
kadai/b.txt
```

または

```
./kadai/b.txt
```

となります。下は省略せずに書いた場合で、「.」は現在のディレクトリを表します。

## Linuxの主なディレクトリ

今度は代表的なディレクトリの名前と簡単な役割を見ておきましょう。WindowsやmacOSでは、どのディレクトリにどのようなファイルが入っているかを意識することはあまりないかもしれませんが、Linuxではとても重要です。主要なディレクトリとその中にあるファイルは覚えておく必要があります。

### Linuxの主なディレクトリとその内容

```
/  …… ルートディレクトリ
├bin  ……一般ユーザー用の基本コマンド
├boot  ……起動に必要なファイル
├dev  ……デバイスファイル
├etc  ……システムの設定ファイルなど
├home  ……ユーザーのホームディレクトリ
├lib  ……共有ライブラリ
├media  ……外付け周辺装置（HDDやCD-ROMなど）
├proc  ……システムに関連する情報
├root  ……rootユーザー用ホームディレクトリ
├sbin  ……システム管理者用基本コマンド
├tmp  ……一時保管用のディレクトリ
├usr  ……プログラムなど
└var  ……システムログなど、変化するファイル
```

## Q ここまでの確認問題

【問1】

「lina」ユーザーのホームディレクトリを絶対パスで記してください。

【問2】

カレントディレクトリが/home/renshuの場合、/home/linaを相対パスで記してください。

【問3】

カレントディレクトリが/home/renshuの場合、サブディレクトリ「kadai」内にある「b.txt」を相対パスで記してください。

## A 確認問題の答え

【問1の答え】 /home/lina

……絶対パスはルートディレクトリを起点に記述します。 →P.55参照

【問3の答え】 ../lina

……「..」(ドット2つ)で1つ上のディレクトリに上がることを表しています。 →P.56参照

【問3の答え】 kadai/b.txt または ./kadai/b.txt

……左側を省略せずに書く場合、右側のように現在のディレクトリを表す「.」を先頭に入れます。 →P.57参照

# ディレクトリ操作のきほんを覚えよう

【KeyWord】 ディレクトリ操作 pwd mkdir rmdir rm -r ls cd mv cp

【ここで学習すること】コマンドを使ってディレクトリの移動や確認、新規ディレクトリの作成などを実行します。

## ▼ ディレクトリ操作に使うコマンド

ファイルとディレクトリの関係をだいたい理解したところで、実際にコマンドを入力してみましょう。
ディレクトリの指定には絶対パスも相対パスもどちらでも使えます。
ここでは

1）現在の場所（カレントディレクトリ）を確認（pwd）
2）ディレクトリを作成（mkdir）と削除（rmdir、rm -r）
3）ディレクトリやファイルの確認（ls）
4）ディレクトリの移動（cd）

といったコマンドについて解説していきます。

## 現在の場所を確認します

カレントディレクトリを知りたい場合は、プロンプトが表示されたら「pwd」(Print Working Directory)コマンドを入力します。

### ▼コマンド解説

| pwd | カレントディレクトリの表示 |
|---|---|

| 「pwd」の書式 |
|---|
| $ pwd |

### ▼今いるディレクトリを確認するコマンド

```
$ pwd Enter
/home/renshu
```

```
[renshu@localhost ~]$ pwd
/home/renshu
```

このコマンドだけで現在のディレクトリがわかります。

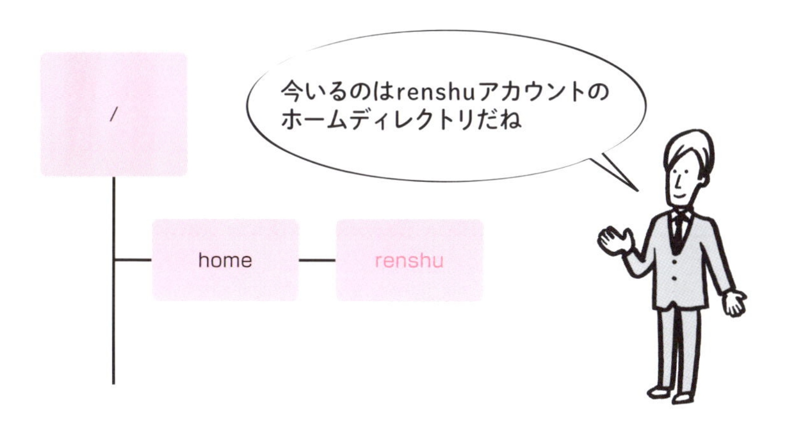

## ● ディレクトリを作成する

新しいディレクトリを作りたい場合は、「mkdir」(MaKe DIRectories) というコマンドを使います。

▼ コマンド解説

| mkdir | ディレクトリを作成する |
|---|---|

| 「mkdir」の書式 |
|---|
| $ mkdir [オプション] [ディレクトリ] |

| 「mkdir」の主なオプション・引数 | |
|---|---|
| -p | 親ディレクトリとサブディレクトリを同時に作成(Parents) |

▼ カレントディレクトリからサブディレクトリを作成するコマンド

```
$ mkdir kadai Enter
```

カレントディレクトリから相対パスで「kadai」サブディレクトリを作成しています。Enterキーを押しても何もメッセージは表示されません。

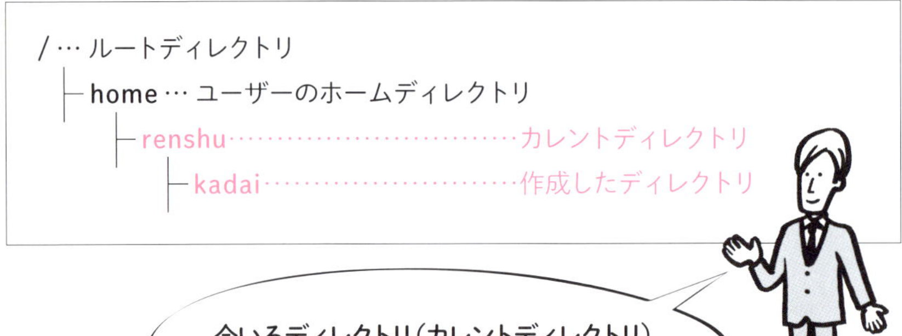

▼ 親ディレクトリとサブディレクトリを同時に作成するコマンド

```
$ mkdir -p kadai2/no1 Enter
```

```
/ … ルートディレクトリ
├home……………………………………ユーザーのホームディレクトリ
  ├renshu………カレントディレクトリ(「kadai」の親ディレクトリ)
    ├kadai…………………………「renshu」のサブディレクトリ
    ├kadai2………………………「renshu」のサブディレクトリ
      ├no1………………………「kadai2」のサブディレクトリ
```

「no1」ディレクトリを作るには「kadai2」ディレクトリが先に存在しないといけません。「-p」オプションなら、親子関係のディレクトリを同時に作成できます。

## ● ディレクトリを削除する

ディレクトリを削除したい場合は、空のディレクトリを削除する「rmdir」(ReMove empty DIRctories)コマンドと、ファイルやサブディレクトリ入りのディレクトリを削除する「rm -r」コマンドの2つの方法があります。
まずは「rmdir」コマンドを使ってみましょう。

▼ コマンド解説

| rmdir | 空のディレクトリを削除する |
|---|---|

**「rmdir」の書式**

$ rmdir [オプション] [ディレクトリ]

| 「rmdir」の主なオプション・引数 | |
|---|---|
| -p | 空の親ディレクトリとサブディレクトリを同時に削除 |

### ▼ カレントディレクトリから空のサブディレクトリを削除するコマンド

```
$ rmdir kadai3 Enter
```

```
/ … ルートディレクトリ
 ├home
   ├renshu……カレントディレクトリ(「kadai3」の親ディレクトリ)
     ├kadai
     ├kadai2
     │ └no1
     ├kadai3……「kadai3」ディレクトリ が削除される
     ├kadai5
       ├no5
```

カレントディレクトリの「kadai3」サブディレクトリを削除します。

### ▼ 空の親ディレクトリとサブディレクトリを同時に削除するコマンド

```
$ rmdir -p kadai5/no5 Enter
```

```
/ … ルートディレクトリ
 ├home
   ├renshu……カレントディレクトリ(「kadai5」の親ディレクトリ)
     ├kadai
     ├kadai2
     │ └no1
     ├kadai3
     ├kadai5……
       ├no5……「kadai5」ディレクトリと「no5」ディレクトリがまとめて削除される
```

「mkdir」コマンドと同様、「rmdir」コマンドも「-p」オプションで親子関係のディレクトリを同時に削除することができます。

## 空でないディレクトリの削除

ファイルやサブディレクトリが入ったディレクトリを削除する場合は「rm」コマンドにオプションの「-r」を付けて実行します。

▼コマンド解説

| rm | ファイルやディレクトリを削除 |
|---|---|

| 「rm」の書式(ディレクトリの削除に使用するもの) |
|---|
| $ rm [オプション] [ディレクトリ] |

| 「rm」の主なオプション(ディレクトリの削除に使用するもの) | |
|---|---|
| -r | 空でない親ディレクトリとサブディレクトリを再帰的に削除 |
| -i | ファイルを削除する前に確認メッセージを表示させる |

Point **再帰的とは**

再帰的は「自分で自分を呼び出す」「説明や命令の中で同じものがまた出てくる」といった意味で、Linuxではときどき出てくる言い回しです。たとえばディレクトリを削除する際、そのディレクトリ内のファイルひとつひとつに対して処理を行いますが、サブディレクトリがあればさらにその中のひとつひとつに対して処理を行い、またサブディレクトリがあればさらに……と説明することになります。これでは際限がないので「再帰的に処理」のように表現するわけです。

▼指定したディレクトリを中身（ファイルやサブディレクトリ）ごと削除するコマンド

```
$ rm -r kadai5 Enter
```

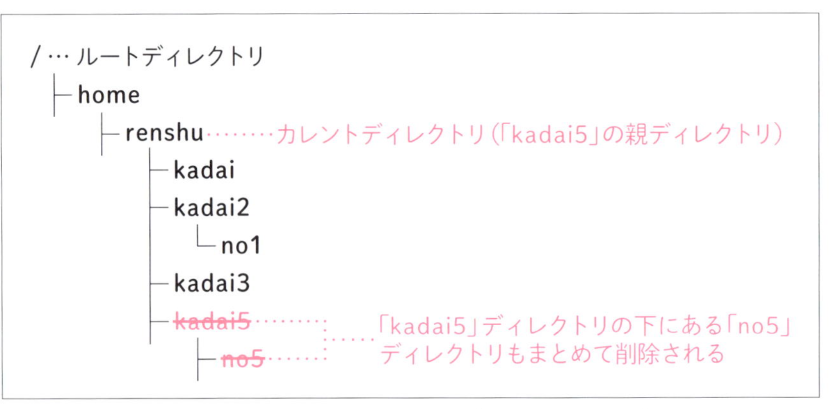


「rm」コマンドはファイルの削除にも使います。「-r」オプションを付けると空でないディレクトリを削除できます（ファイルの削除については81ページで説明します）。

### 参考 「rmdir」と「rm -r」

「rmdir」コマンドは空のディレクトリだけ削除します。「rm -r」コマンドはサブディレクトリやデータごと削除できます。

```
$ rmdir kadai5/no5 Enter
```

「no5」ディレクトリだけ削除されます。

```
$ rm -r kadai5 Enter
```

「-r」オプションは空でないディレクトリを削除するので、「kadai5」の下にあるサブディレクトリ（「no5」）やファイルを含めてすべて削除されます。

### Point 「rm -r」コマンドはキケンなコマンド？

「rm」コマンドに「-r」オプションを付けると、指定したディレクトリにデータが入っていてもいきなりすべて消えてしまうのでとてもキケンです。「-i」オプションを付けると確認のメッセージが表示されるので、必要なファイルを間違って削除するミスを軽減できます。

## ファイルやディレクトリを表示する

ディレクトリが作成できたかを確認してみましょう。ファイルやディレクトリを一覧表示するには「ls」(LiSt)コマンドを使います。

▼コマンド解説

| ls | ファイルやディレクトリを一覧表示 |
|---|---|

「ls」の書式

$ ls [オプション] [パス(ディレクトリやファイル名)]

「ls」の主なオプション その1

| オプション | 説明 |
|---|---|
| -a | 隠しファイルも含めてすべてのファイルを表示 |
| -l | ファイルの詳細情報を表示 |

▼カレントディレクトリにサブディレクトリができているかを確認するコマンド

```
$ ls Enter
```

```
[renshu@localhost ~]$ ls
kadai  kadai2
```

「ls」コマンドのみを入力すると、カレントディレクトリ内のサブディレクトリが表示されます。

▼カレントディレクトリのすべてのディレクトリやファイルを確認するコマンド

```
$ ls -a Enter
```

```
[renshu@localhost ~]$ ls -a
.  ..  .bash_history  .bash_logout  .bash_profile  .bashrc  kadai  kadai2
```

「.」(ドット)で始まる非表示ファイルが確認できます。

### ▼カレントディレクトリの詳細情報を確認するコマンド

```
$ ls -l Enter
```

```
[renshu@localhost ~]$ ls -l
total 0
drwxrwxr-x. 2 renshu renshu  6 Jul 22 12:13 kadai
drwxrwxr-x. 3 renshu renshu 16 Jul 22 12:38 kadai2
```

作成日時やアクセス権などが表示されます。

### 「ls」コマンドのその他のオプション

詳しい説明をしていない用語もありますが、「ls」コマンドのその他のオプションについて簡単に整理しておきます。

| 「ls」の主なオプション その2 | |
|---|---|
| -A | 隠しファイルを表示。ただしカレントディレクトリと親ディレクトリは表示しない |
| -R | サブディレクトリの内容も再帰的に表示 |
| -r | 逆順で表示 |
| -t | 更新時間順に表示 |
| -s | サイズ順に表示 |
| -F | ファイルの種類を表示（ディレクトリは/、実行ファイルは*、シンボリックリンクは@） |
| -i | iノード（Indexノード：ファイルの属性や管理情報などを保存したもの）番号を表示 |
| -h | ファイルサイズを単位付きで表示 |

## 別のディレクトリに移動する

カレントディレクトリを変更するには「cd」(Change Directory)コマンドを使います。ディレクトリはショートカット記号で表記することもできます。

### コマンド解説

| cd | 別のディレクトリに移動する |
|---|---|

**「cd」の書式**

$ cd [オプション] [ディレクトリ(ショートカット記号)]

**「cd」コマンドで利用できるディレクトリのショートカット記号**

| 記号 | 説明 |
|---|---|
| .. | 親ディレクトリに移動 |
| ~/ | ホームディレクトリに移動 |
| - | 1つ前のカレントディレクトリに移動 |

### 「renshu」から「home」ディレクトリに移動するコマンド

```
<相対パス>
$ cd .. Enter
<絶対パス>
$ cd /home Enter
```

```
/ … ルートディレクトリ
 ├home ←
   ├renshu ●
```

絶対パスはルートディレクトリから、相対パスは現在地(カレントディレクトリ)から指定するので簡単に指定できます。ショートカット記号の「..」は1つ上の親ディレクトリを表します。

▼「home」ディレクトリから「kadai2」の「no1」ディレクトリに移動するコマンド

```
<相対パス>
$ cd renshu/kadai2/no1 [Enter]
<絶対パス>
$ cd /home/renshu/kadai2/no1 [Enter]
```

```
/ … ルートディレクトリ
├home ●──────────┐
  ├renshu          │
    ├kadai         │
    ├kadai2        │
      ├no1 ←───────┘
```

カレントディレクトリが「home」なので、相対パスでは直接サブフォルダ名を書きます。

▼「no1」ディレクトリから「kadai」ディレクトリへ移動するコマンド

```
<相対パス>
$ cd ../../kadai [Enter]
<絶対パス>
$ cd /home/renshu/kadai [Enter]
```

```
/ … ルートディレクトリ
├home
  ├renshu
    ├kadai ←──────┐
    ├kadai2        │
      ├no1 ●───────┘
```

相対パスで指定する場合、「..」で1つ上の「kadai2」ディレクトリに移動します。「renshu」ディレクトリから「kadai」ディレクトリを指定します。

### 参考 迷子になったら……

自分がどのディレクトリにいるかわからなくなったら、このコマンドでホームディレクトリに戻れます。

```
$ cd Enter
<相対パス>
$ cd ~/ Enter
<絶対パス>
$ cd /home/renshu/ Enter
```

ホームディレクトリに移動するには、以下のやり方でも移動できます。

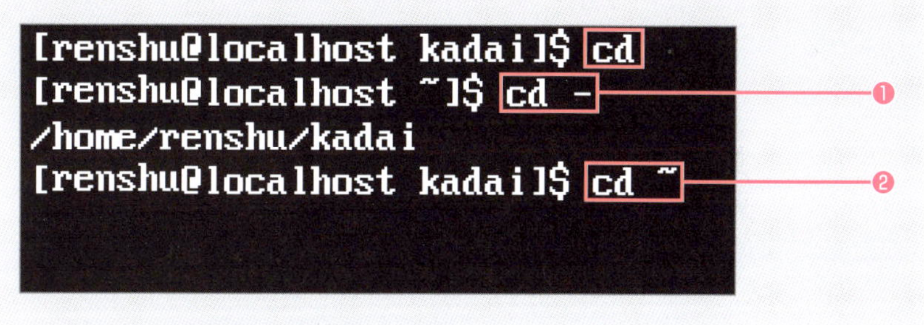


❶「cd -」で1つ前のディレクトリに移動
❷「cd ~」だけでもホームディレクトリに移動します

## ここまでの確認問題

【問1】

カレントディレクトリを確認するコマンドはどれでしょうか。

A. pwd　B. mkdir
C. ls　D. cd

【問2】

サブディレクトリ「kadai3」を削除するコマンドを記述してください。

【問3】

サブディレクトリ「kadai5」を中身ごと削除するコマンドを記述してください。

【問4】

カレントディレクトリ内にあるファイルやディレクトリを表示するコマンドはどれでしょうか。

A. ls　B. ls -a
C. ls -l　D. ls -r

【問5】

サブディレクトリ「renshu」→「kadai2」→「no1」に移動するコマンドを相対パスで記述してください。

## 確認問題の答え

【問1の答え】

A. pwd

……自分が今どのディレクトリにいるか迷ったら、このコマンドを使いましょう。

→P.61参照

【問2の答え】

rmdir kadai5

……空のディレクトリを削除するには「rmdir」コマンドを使います。

→P.63参照

【問3の答え】

rm -r kadai5

……ディレクトリを中身ごと削除するには「rm -r」コマンドを使います。

→P.65参照

【問4の答え】

A. ls

……このコマンドはよく使うので、しっかりマスターしましょう。

→P.67参照

【問5の答え】

cd renshu/kadai2/no1

……ディレクトリの移動もきちんと覚えておきたいコマンドです。

→P.70参照

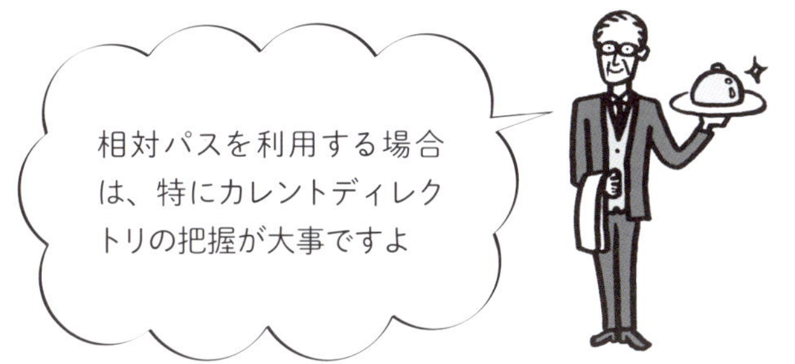

# ファイルの作成・移動・コピーを行う

【KeyWord】 ファイルの作成 ファイルのコピー ファイルの移動 名前の変更 touch cp mv

【ここで学習すること】ファイルの作成やコピー、移動、名前の変更など、ファイルとディレクトリに関する基本操作を覚えます。

## ファイルの基本操作（移動・コピー・削除）

ディレクトリの次は、ファイルに関するコマンドを体験してみましょう。
ここでは

1）練習用に空のファイルを作成する（touch）
2）ファイルのコピー（cp）
3）ファイルの移動（mv）
4）ファイル名の変更（mv）
5）ファイルの削除（rm）

といったコマンドについて解説していきます。

## 空のファイルを作成する

まずは練習用に空のファイルを作成しましょう。新しいファイルを作成するには「touch」コマンドを使用します。本来はファイルの時刻(タイムスタンプ)を変更するコマンドなのですが、新規のファイル名を入力することでファイルを作成することもできます。

▼コマンド解説

| touch | 空の新規ファイルを作成 |
|---|---|

「touch」の書式

<空の新規ファイルを作成する>
$ touch [新規のファイル名]
<ファイルのアクセス時刻を現時刻にする>
$ touch [既存のファイル名]

▼ホームディレクトリに「q1」ファイルを作成するコマンド

```
$ touch q1 Enter
```

```
[renshu@localhost ~]$ touch q1
[renshu@localhost ~]$ ls
kadai  kadai2  q1
```

ファイルを作成したら「ls」コマンドでファイルを確認しましょう。

## ファイルやディレクトリのコピー

ファイルやディレクトリのコピーには「cp」(CoPy)コマンドを使います。

### ▼コマンド解説

| cp | ファイルやディレクトリをコピーする |
|---|---|

**「cp」の書式**

$ cp [オプション] [コピー元のファイル名(ディレクトリ名)] [コピー先のファイル名(ディレクトリ名)]

| 「cp」の主なオプション | |
|---|---|
| -r | ディレクトリを中身ごとコピーする |
| -i | ファイルを上書きする前に確認しながらコピー |
| -p | ファイルの情報(属性)を変更せずコピー |

### ▼「q1」ファイルを「q2」という名前でコピーするコマンド

```
$ cp q1 q2 Enter
```

「q1」ファイルを「q2」というファイル名でコピーします。

▼「q1」ファイルを「kadai」ディレクトリにコピーするコマンド

```
$ cp q1 kadai Enter
```

```
/… ルートディレクトリ
├home
  ├renshu
    ├q1
    ├kadai
      ├q1
```

「q1」ファイルが「kadai」ディレクトリにコピーされます※1。

▼「kadai2」ディレクトリ全体を「kadai22」ディレクトリとしてコピーするコマンド

```
$ cp -r kadai2 kadai22 Enter
```

```
/… ルートディレクトリ
├home
  ├renshu
    ├q1
    ├kadai
    ├kadai2
    │ └no1
    ├kadai22
      └no1
```

「kadai2」ディレクトリを中身(「no1」ファイル)ごとすべて「kadai22」という名前でコピーします。「kadai22」ディレクトリが作成されます。

※1：上記のコマンドを実行すると「kadai」という名前でコピーされそうですが、すでに「kadai」というディレクトリが存在します。そのため「q1」というファイル名のまま「kadai」ディレクトリにコピーされます。

### 参考 もう一度コマンドを実行するとどうなる?

P.77で「kadai2」ディレクトリ全体を「kadai22」ディレクトリとしてコピーしましたが、同じ「$ cp -r kadai2 kadai22」コマンドをもう一度実行するとどうなるか試してみましょう。「-r」オプションを使ったコピーの使い方が見えてきます。

```
$ cp -r kadai2 kadai22 Enter
$ cp -r kadai2 kadai22 Enter
```

```
/ … ルートディレクトリ
├home
  ├renshu
    ├q1
    ├kadai
    ├kadai2
    │ └no1
    ├kadai22
      ├no1
      ├kadai2
        ├no1
```



❶ 1回目のコマンド実行で「kadai22」ディレクトリが作成される
❷ 2回目のコマンド実行で「kadai22」の中に「kadai2」ディレクトリがコピーされる

### Point 「cp」と「mv」は上書き注意

「cp」(コピー)や「mv」(移動) コマンドを実行する際、コピー先や移動先に同じ名前のファイルがあると問答無用で上書きされます。

## ファイルやディレクトリの移動と名前変更

ファイルやディレクトリの移動には「mv」（MoVe）コマンドを使います。
同じディレクトリでファイル名だけ指定すると名前変更になります。
ディレクトリの場合は移動先のディレクトリ名があればディレクトリの移動、なければ名前変更になります。

### ▼ コマンド解説

| mv | ファイルやディレクトリの移動・名前変更 |
|---|---|

**「mv」の書式**

<ファイルの移動>
$ mv［オプション］［ファイル名］［移動先のディレクトリ名］
<ファイルの名前を変更>
$ mv［オプション］［ファイル名］［新しいファイル名］
<空のディレクトリに移動>
$ mv［オプション］［ディレクトリ名］［すでにあるディレクトリ名］
<ディレクトリの名前を変更>
$ mv［オプション］［ディレクトリ名］［存在しないディレクトリ名］

**「mv」の主なオプション**

| オプション | 説明 |
|---|---|
| -I | 上書き前に確認メッセージを表示する（interactive） |
| -f | 確認せずに上書きする（force） |

**Point 同じディレクトリでの「mv」はファイル名変更**

「mv」を使った「mv test1 test2」というコマンドは、「test1」ファイルから「test2」ファイルに名前を変更することを意味します。

▼「q1」ファイルを「kadai2」ディレクトリに移動するコマンド

```
$ mv q1 kadai2 [Enter]
```

```
/ … ルートディレクトリ
 ├home
   ├renshu
     ├q1 ●───┐
     ├kadai   │
     ├kadai2  │
       ├q1 ←─┘
```

「q1」ファイルは「kadai2」ディレクトリに移動します。

▼「q1」ファイルの名前を「q3」ファイルに変更するコマンド

```
$ mv q1 q3 [Enter]
```

```
/ … ルートディレクトリ
 ├home
   ├renshu
     ├q1 ●───┐
     ├q3 ←───┘
```

「q1」ファイルが新しい名前「q3」に変更されます。

▼「kadai」ディレクトリの名前を「kadai1」ディレクトリに変更するコマンド

```
$ mv kadai kadai1 [Enter]
```

ファイルと同様、ディレクトリの名前も変更することができます。

▼「kadai1」ディレクトリを「kadai3」ディレクトリに移動するコマンド

```
$ mv kadai1 kadai3 Enter
```

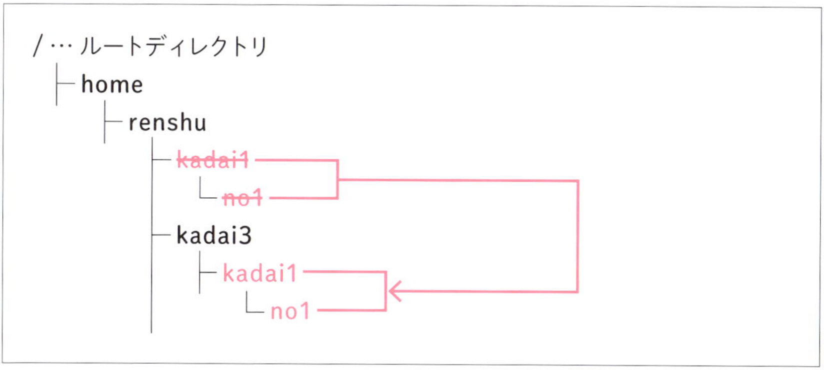

```
/ … ルートディレクトリ
├home
  ├renshu
    ├kadai1
    │ └no1
    ├kadai3
      ├kadai1
        └no1
```

すでにあるディレクトリを移動先に指定した場合、そのディレクトリ（ここでは「kadai3」）が空ならディレクトリ（ここでは「kadai1」）を移動できます。

## ● ファイルを削除する

ファイルの削除には「rm」（ReMove）コマンドを使います。コマンドの詳細については、ディレクトリの削除を解説した65ページを参照してください。ファイルの削除には「-r」オプションは必要ありません。

▼「q3」ファイルを削除するコマンド

```
$ rm q3 Enter
```

```
/ … ルートディレクトリ
├home
  ├renshu
    ├q3
```

「-i」オプションを付けると、削除する前に確認メッセージが表示されます。

## Q ここまでの確認問題

【問1】

「abc」という名前のファイルを作成するコマンドを記述してください。

【問2】

「abc」というファイルを「def」という名前でコピーするコマンドを記述してください。

【問3】

「abc」というファイルをサブディレクトリ「kadai2」に移動するコマンドを記述してください。

## A 確認問題の答え

【問1の答え】 touch abc

……既に「abc」ファイルがある場合はアクセス時刻が現在時刻に変更されます。 →P.75参照

【問2の答え】 cp abc def

……もし「def」というディレクトリが存在する場合は、このディレクトリ内に「abc」のままコピーされます。 →P.76参照

【問3の答え】 mv abc kadai2

……もし「kadai2」ディレクトリが存在しない場合は、「abc」が「kadai2」という名前に変わります。 →P.80参照

# 第3章

# エディタでテキストファイルを編集

テキストファイルを編集するには「vi」と呼ばれるエディタを使います。

# viエディタを使ってみよう

【KeyWord】 エディタ vi vim コマンドモード 入力モード

【ここで学習すること】テキストファイルを編集するために使う「エディタ」の基本的な使い方を覚えましょう。

## ▼ Linuxにおけるエディタの役割とは？

設定ファイルや、コマンドを組み合わせたプログラム（シェルスクリプトといいます）は、テキストファイルで作られています。こうしたファイルを編集するために必要なのが「エディタ」です（Windowsの「メモ帳」にあたります）。
現在、LinuxではUNIX標準の「vi（ヴィーアイ：Visual editor）」を改良した「vim（ヴィム：Vi IMproved）」が標準的に使われています。CentOSでは、「vi」コマンドでvimが呼び出される設定になっていますし、Fedoraなど他のLinuxもvimを呼び出しています（ここからviもvimも「viエディタ」として扱われるのが一般的です）。シンプルで軽いviは、ほとんどのシステムに入っています。ここで基本を学習し、操作に慣れましょう。

```
                VIM - Vi IMproved

                 version 7.4.160
             by Bram Moolenaar et al.
         Modified by <bugzilla@redhat.com>
    Vim is open source and freely distributable

              Sponsor Vim development!
  type  :help sponsor<Enter>     for information

  type  :q<Enter>                to exit
  type  :help<Enter>  or  <F1>   for on-line help
  type  :help version7<Enter>    for version info
```

Linux標準のエディタといえる「viエディタ」の使い方をマスターしましょう。

## viエディタについて

Windowsではマウスをクリックして直観的に作業できますが、viはすべてキーボードだけで操作します。viの初版が作られた1976年ごろは、エディタというとテキストファイルを1行単位で編集する「ラインエディタ」が中心でした。viはラインエディタの機能をベースに複数行編集可能で多機能になり、当時としては使いやすいものでした。
現在のviも基本的な使い方はあまり変わっていないので、WindowsのGUIに慣れたユーザーには「使いづらい」と感じられるかもしれません。しかし、キーボードだけの操作に慣れると、マウスに手を伸ばすよりずっと効率よく作業できるようになります。viの基本操作はLPICにも出題されるので、がんばってマスターしていきましょう。

### モーダルエディタとモードレスエディタ

viエディタはコマンドモードと編集（文字入力）モードの切り替えが必要なエディタで、「モーダル（modal）エディタ」と呼ばれています。切り替えの必要のないエディタを「モードレス（modless）エディタ」といいます。LinuxやUNIXでよく使われるエディタに「Emacs（イーマックス）」があります。Emacsはモードレスで一般的にviより使いやすいといわれていますが、どのシステムにも入っているわけではありません。

エディタには「モーダルエディタ」と
「モードレスエディタ」の2種類があるんだね

## viエディタの基本的な使い方

viには2つのモードがあります。覚えなければいけないキーはたくさんありますが、ここでは

1）viの起動（「vi」コマンド）と終了（保存せずに強制終了「:q!」）
2）インサートモードとコマンドモードの切り替え（Escキーとiキー）
3）文字入力に便利なキーを確認
4）いくつかの終了方法（保存せず終了「:q」、保存して終了「:wq」など）

の4つをチェックしていきます。viを起動して最初に覚えてほしいコマンドは[Esc]、[i]、[:q!]、[:wq]の4つです。

### viの起動

起動には「vi」コマンドを使います。引数にファイル名を指定すると、ファイルを開いて起動することができます。

▼コマンド解説

| vi | viエディタを起動しテキストファイルを編集する |
| --- | --- |

「vi」の書式

$ vi [オプション] [ファイル名]

「vi」の主なオプション

| -b | バイナリモードで編集する |
| --- | --- |
| -R | 読み取り専用でテキストファイルを開く |

### ▼ viエディタを起動するコマンド

```
$ vi [Enter]
```

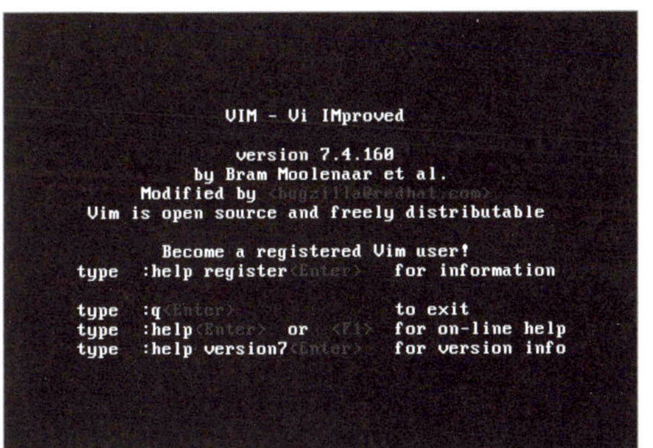


viエディタが起動すると、この画面が表示されます。

### ▼ ファイル名を指定してviエディタを起動するコマンド

```
$ vi test.txt [Enter]
```

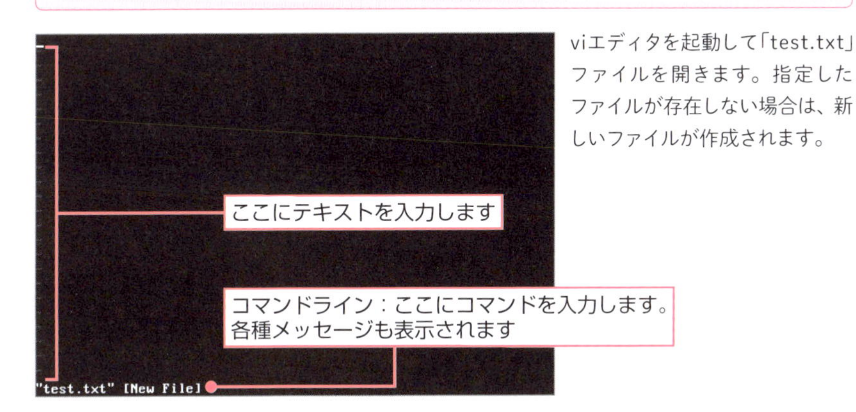


viエディタを起動して「test.txt」ファイルを開きます。指定したファイルが存在しない場合は、新しいファイルが作成されます。

### Point 読み取り専用モードでファイルを開く

```
$ vi -R test.txt [Enter]
```

ファイルを指定してviエディタを開く際、「-R」オプションを付けると読み取り専用で開くことができます。編集してはいけないファイルを開く場合に使えます。

## viの終了（保存せずに強制終了）

viで編集した内容を保存せずに強制終了するには、以下の手順でコマンドモードからコマンドを入力します。

▼viエディタで終了するためのコマンド

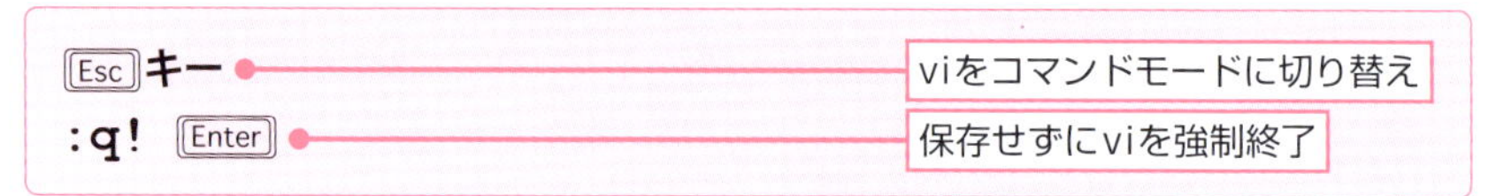


そのほかの終了方法については、94ページで説明します。

## モードの切り替え方法

viエディタには、命令を入力するときの「コマンドモード」※1と、文字を入力するときの「入力モード（挿入モード）」があります。
このモードの切り替えには次のキーを使います。

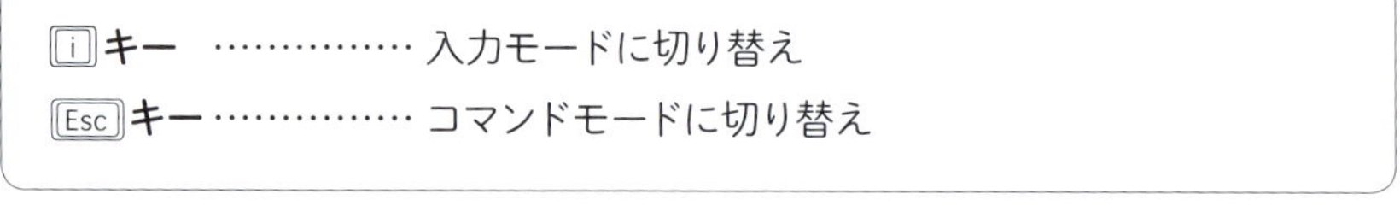


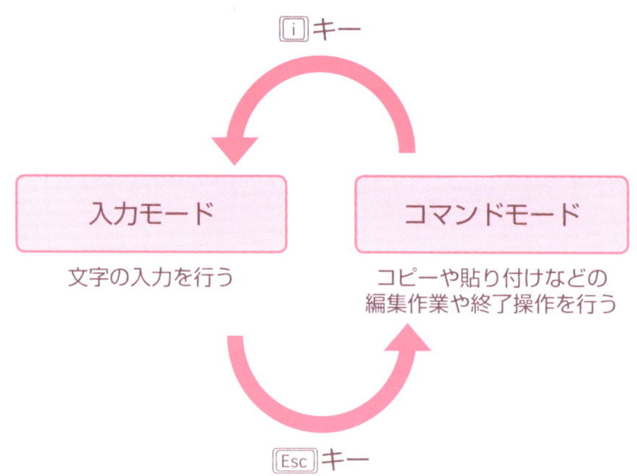


※1：終了や保存、検索や置換に使うモードを「Exモード（コマンドラインモード）」ともいいます。

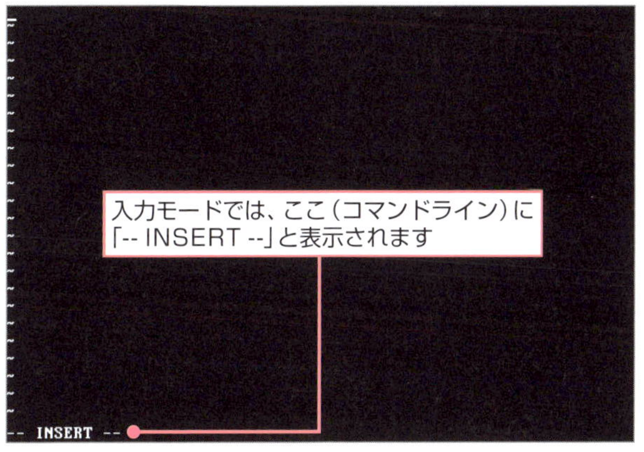


入力モードにするとコマンドラインに「-- INSERT --」や「-- 挿入 --」などと表示されます。うまくキー操作が行えないときはEscキーでいったんコマンドモードに戻しましょう。

## ● 文字の入力を試す

それでは、実際にviエディタを起動し、文字を入力してみましょう。viエディタの起動直後はコマンドモードになっているので、iキーを押して入力モードに変更します。

▼ viエディタを起動して入力モードに変更

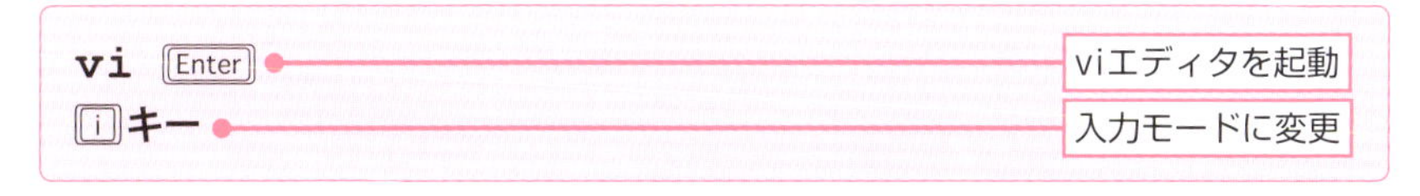


続けて以下のような文字を入力してみます。間違えてもかまいません。

▼ 試しに文字を入力

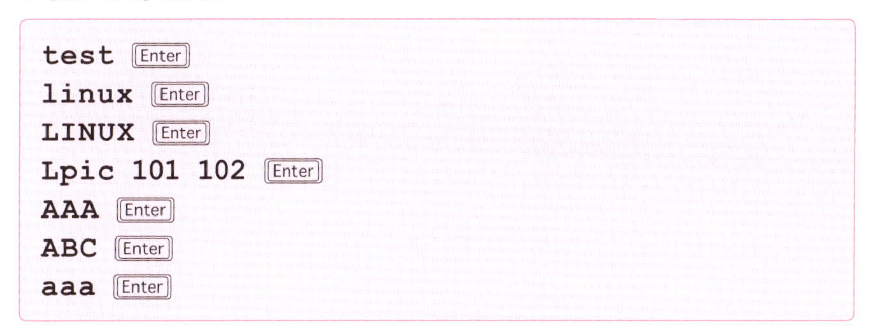

文字の入力中、何かおかしいと思ったら[Esc]キーでコマンドモードに移り、もう一度[i]キーを押して入力モードに戻りましょう。

## 入力モードへの切り替えコマンドを覚える

入力モードに切り替えるコマンドは[i]キーが一般的ですが[A]キーや[O]キーでも入力モードに切り替えることができます。ここでは文字の入力に便利なコマンドを整理していきます。

**[i]キー** ………現在のカーソル位置の左に文字を入力(Insert)
**[a]キー** ………現在のカーソル位置の右に文字を入力(Append)
**[I]キー** ………カーソルのある行頭に文字を入力
**[A]キー** ………カーソルのある行末に文字を入力
**[o]キー** ………カーソルの下に行を挿入して、そこに入力(Open)
**[O]キー** ………カーソルの上に行を挿入して、そこに入力

▼ i キーで入力モードに切り替えて文字を入力

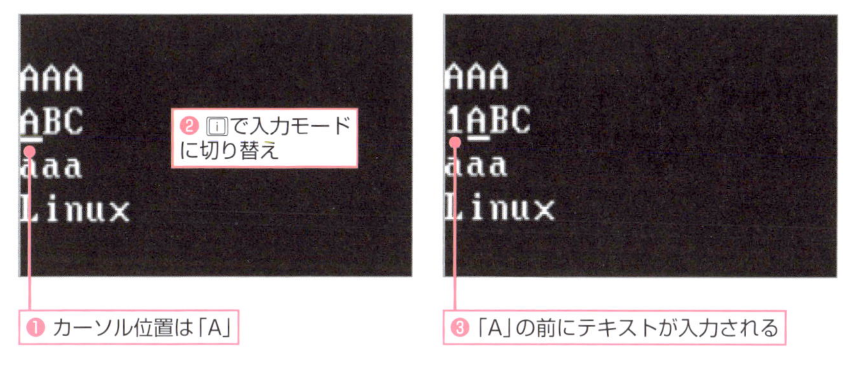


▼ a キーで入力モードに切り替えて文字を入力

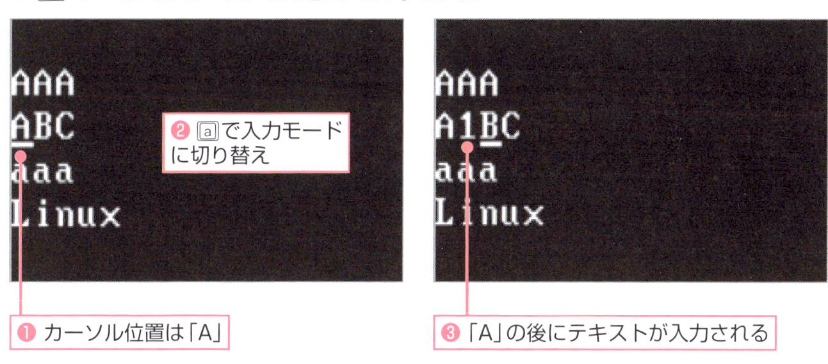


▼ Shift + i キー（ I ）で入力モードに切り替えて文字を入力

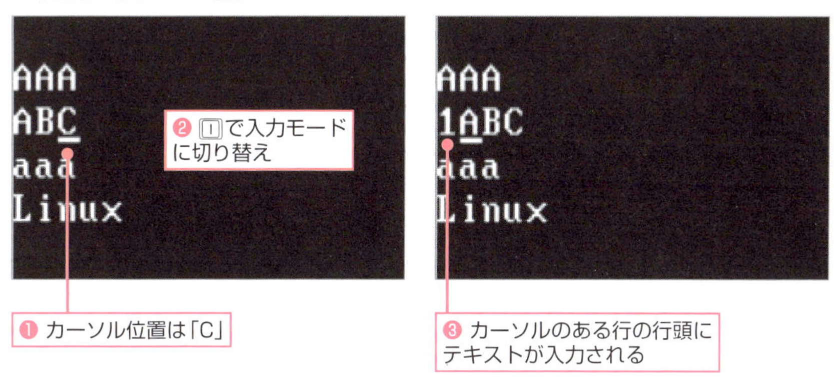

▼ [Shift]+[a]キー（[A]）で入力モードに切り替えて文字を入力

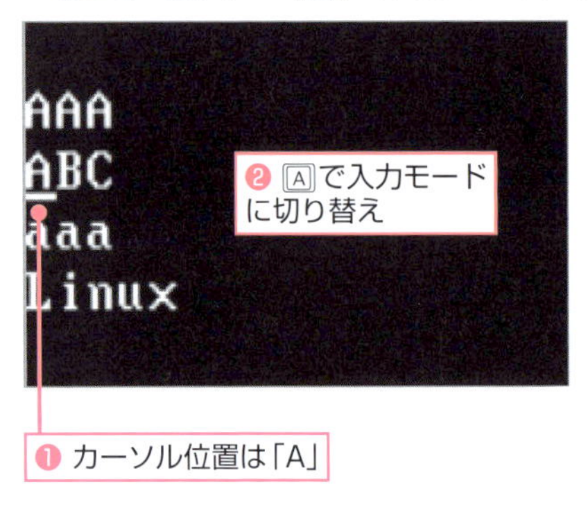


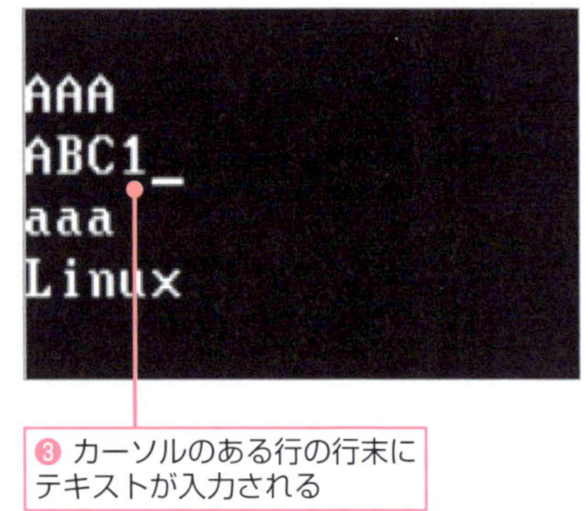


▼ [o]キーで入力モードに切り替えて文字を入力

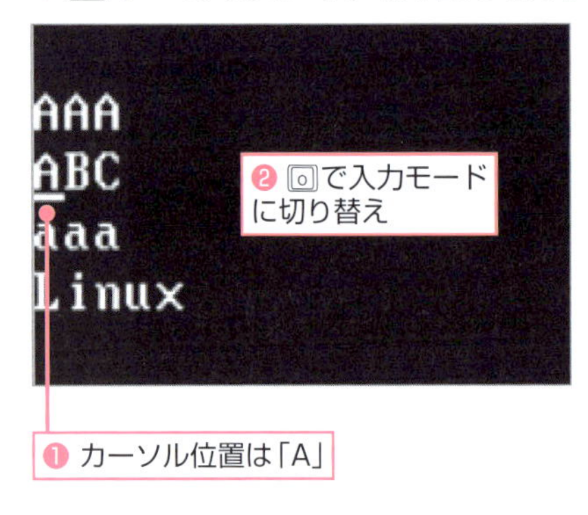

▼ [Shift]+[o]キー（[O]）で入力モードに切り替えて文字を入力

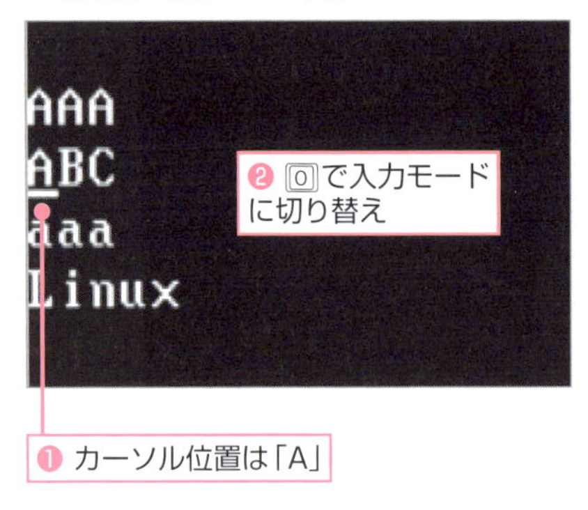


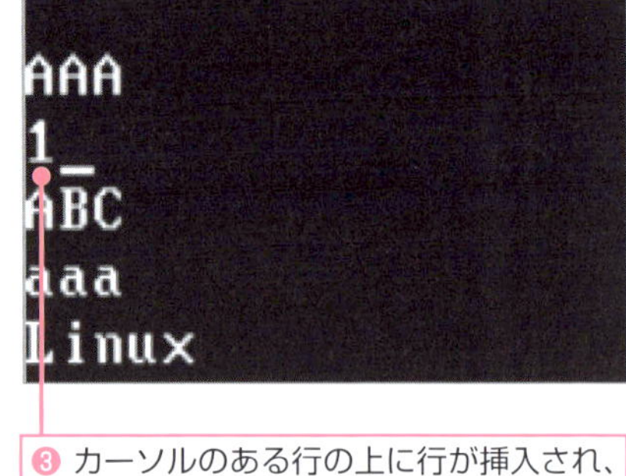

## 文字入力に便利なカーソルの移動操作

カーソルを移動するためには矢印キーを使うのが一般的かもしれませんが、viエディタなら矢印キーまで手を伸ばさずとも[h][j][k][l]キーで移動させることができます。
[Esc]キーでコマンドモードに切り替え、[h][j][k][l]キーでカーソルを上下左右に移動させてみましょう。

[←]または[h]キー ………… カーソルを左に移動
[↓]または[j]キー ………… カーソルを下に移動
[↑]または[k]キー ………… カーソルを上に移動
[→]または[l]キー ………… カーソルを右に移動

## カーソル移動に使えるviエディタのコマンド

viエディタでは、カーソル移動に便利なコマンドやショートカットキーが多数用意されています。コマンドモードで試してみてください。

### ▼カーソル移動に使えるコマンドとショートカットキー

[0]（ゼロ）キー …………… 現在の行の先頭へ移動
[$]キー …………………… 現在の行の末尾へ移動
[Shift]＋[g]キー（[G]） …… 最終行へ移動
[g][g]キー ………………… 先頭行へ移動
(n)[Shift]＋[g]キー（[G]） … n行目に移動
[Shift]＋[h]キー（[H]） …… 画面の一番上に移動
[Shift]＋[l]キー（[L]） …… 画面の一番下に移動
[Ctrl]＋[f]キー …………… ファイルの前方向に1画面ずつスクロール
[Ctrl]＋[b]キー …………… ファイルの後方向に1画面ずつスクロール

## viエディタのさまざまな終了方法

P.88では編集した内容を保存せずにviエディタを強制終了する方法を紹介しましたが、その他の終了方法や、編集したファイルの保存方法も覚えておきましょう。

### ▼ファイルの保存とエディタの終了関連のコマンド一覧

「:w」……………………… ファイルを保存
「:w（ファイル名）」…… ファイル名を指定して保存
「:q!」 ………………… ファイルを保存せず強制終了
「:q」……………………… ファイルを保存せず終了
（内容を変更すると終了できません）
「:wq」または「ZZ」…… ファイルを保存して終了

### ▼viエディタで編集したファイルを保存するコマンド

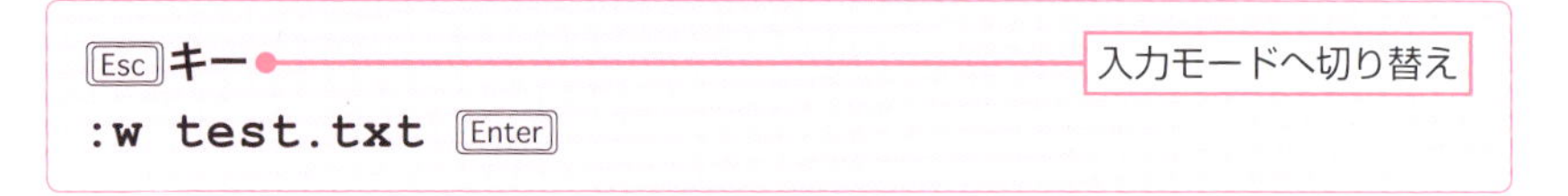


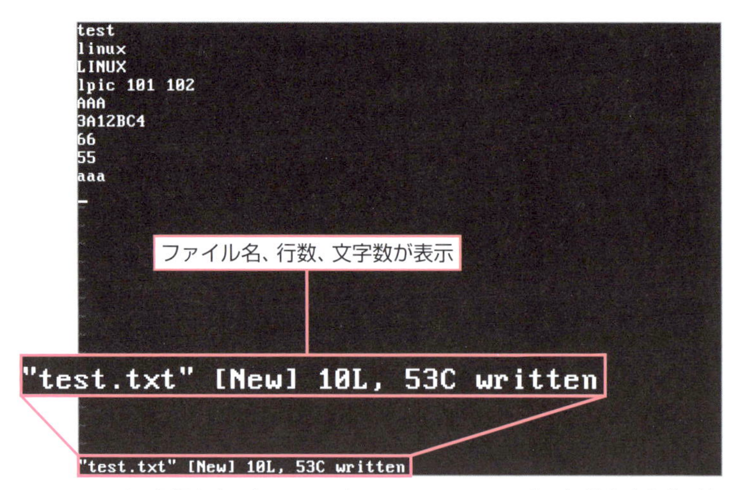


ファイルを保存すると、コマンドラインにはファイル名、行数と文字数が表示されます。

```
test
linux
LINUX
lpic 101 102
AAA
3A12BC4
66
55
aaa
_
E32: No file name
```

ファイル名を指定しないとエラーが表示

保存する際にファイル名を指定しないとエラーが表示されます。

### ▼ viエディタでファイルを保存して終了するコマンド

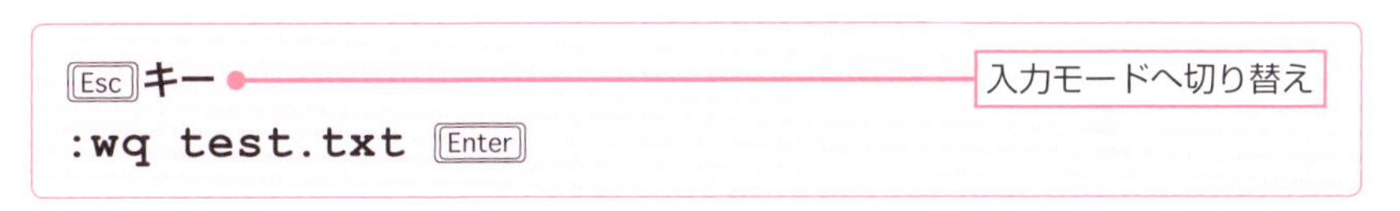


新しく作成したファイルを保存して終了するには、「：wq」コマンドを使います。

### ▼ ファイル名を指定済みのファイルを保存するコマンド

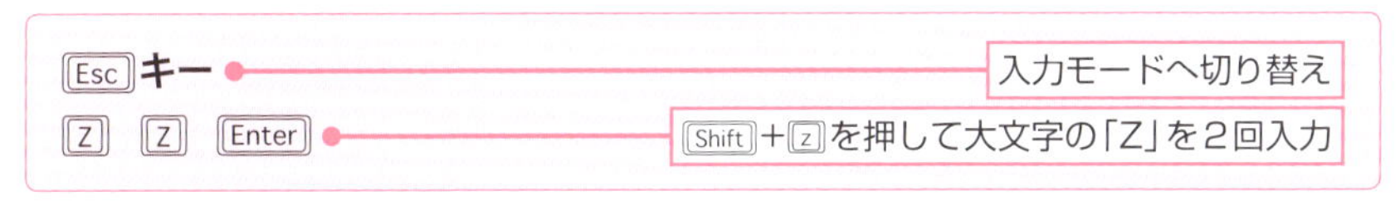


すでにファイル名が付いていれば、コマンドモードで「ZZ」と入力することにより保存して終了することが可能です。

## Q ここまでの確認問題

【問1】

viエディタはコマンドモードと編集モードを切り替えて使いますが、こうしたエディタを何といいますか。

A. ラインエディタ

B. レジストリエディタ

C. モードレスエディタ

D. モーダルエディタ

【問2】

viエディタで文字入力モードに切り替えるのに使わないキーはどれでしょうか。

A. [a]キー

B. [i]キー

C. [o]キー

D. [v]キー

【問3】

viエディタでカーソルを現在の行の末尾に移動するキーはどれでしょうか。

A. [0]キー

B. [$]キー

C. [G]キー

D. [H]キー

【問4】

viエディタでファイルを保存せず強制終了するコマンドはどれでしょうか。

A. :w

B. :q!

C. :q

D. :wq

## 確認問題の答え



【問1の答え】

D. **モーダルエディタ**

……モードを切り替えずに使えるエディタを「モードレスエディタ」といいます。

→P.85参照

【問2の答え】

D. [v] **キー**

……文字入力モードに切り替えるキーは複数ありますが、まずは[i]キーを覚えましょう。

→P.90参照

【問3の答え】

B. [$] **キー**

……カーソル移動に使えるキーをマスターすると、効率よく文字入力が行えます。

→P.93参照

【問4の答え】

B. :q!

……ファイルの保存とエディタの終了に使うコマンドは、しっかりマスターしてください。

→P.94参照

viエディタの操作には、なかなか慣れることができないかもしれません。使いこなせるとキーボードだけで素早い操作が可能になります

# viエディタの編集機能を活用する

【KeyWord】 カット　コピー　貼り付け（ペースト）　元に戻す（アンドゥ）　行単位で編集　単語単位で編集

【ここで学習すること】 文字のカット、コピーなどの編集機能を確認してテキスト編集をスムーズに行えるようにします。

## 基本的な編集機能を使ってみましょう

viエディタには、他のエディタと同じようにカット、コピー、貼り付け（ペースト）、元に戻す（アンドゥ）などの編集機能が搭載されています。
ここでは、

1）文字のカット（「x」と「X」）
2）貼り付け（「p」と「P」）
3）元に戻す（「U」）
4）行のカットと行のコピー（「dd」と「yy」）
5）単語のカットと単語のコピー（「dw」と「yw」）

の5つを解説していきます。コマンドの詳細については、次ページの一覧表を確認してください。

## ▼ 覚えておきたい編集作業のコマンド一覧

**＜文字単位＞**

[x] ………………… カーソル上の1文字カット（「5x」でカーソルから右に5文字カット）

[Shift]+[x]（[X]）… カーソルの左側を1文字カット（「5X」でカーソル左から5文字カット）

[p] ………………… カーソルの右側に貼り付け（文字）、カーソルの下に貼り付け（行）

[Shift]+[p]（[P]）… カーソルの左側に貼り付け（文字）、カーソルの上に貼り付け（行）（「2p」「5P」などと指定すると数字の回数分貼り付けられます）

**＜行単位＞**

[d][d] … 行単位でカット（「5dd」だとカーソルから5行分カット）

[y][y] … 行単位でコピー （「5yy」だとカーソルから5行分コピー）

**＜単語単位＞**

[d][w] … 単語単位でカット（「5dw」だとカーソルから5単語カット）

[y][w] … 単語単位でコピー （「5yw」だとカーソルから5単語コピー）

**＜元に戻す・繰り返し＞**

[u] …………… 元に戻す（undo）

[Ctrl]+[r] …… 直前の操作の取り消し（redo）

[.] …………… 直前の操作を繰り返し

## ▼ カーソル上の1文字を切り取り

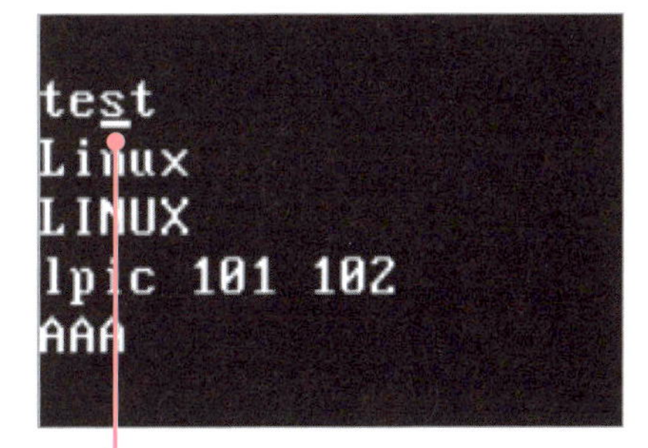


```
tet
Linux
LINUX
lpic 101 102
AAA
```

❶ カーソル位置を「s」に移動

❷ [x]キーを押す

❸ カーソル位置にあった「s」の文字がカットされた

▼カーソルの左側1文字を切り取り

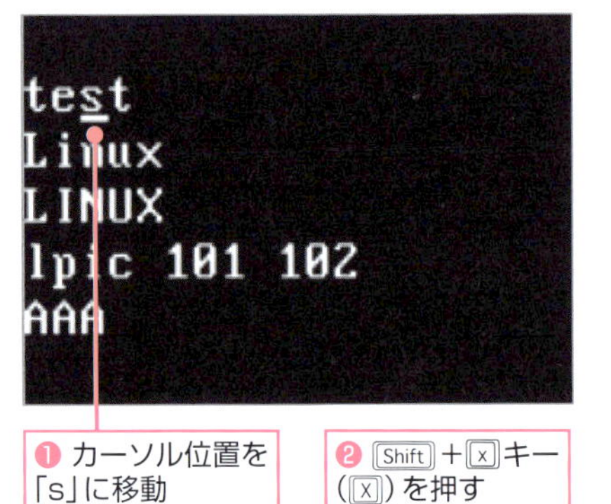


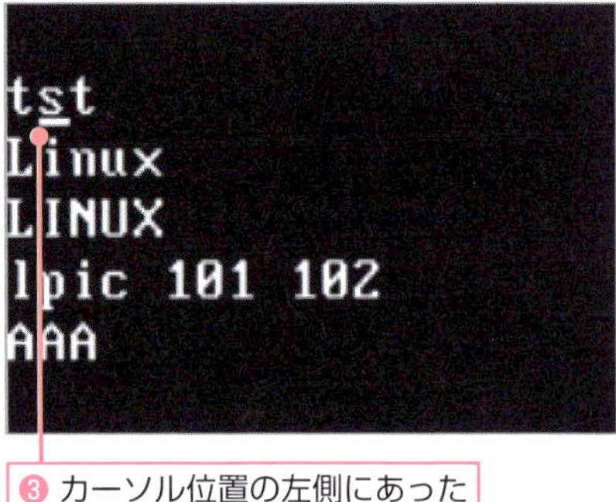


❶ カーソル位置を「s」に移動

❷ [Shift]＋[x]キー（[X]）を押す

❸ カーソル位置の左側にあった「e」の文字がカットされた

▼カット操作を元に戻す

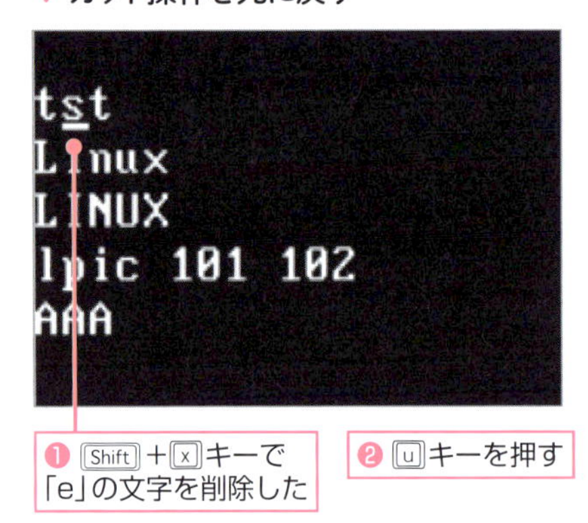


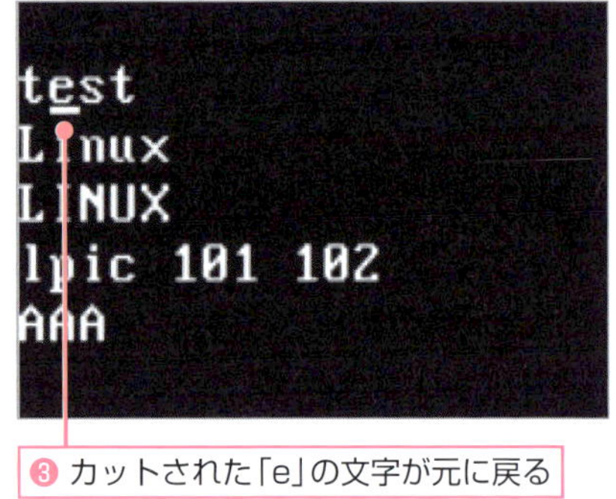


❶ [Shift]＋[x]キーで「e」の文字を削除した

❷ [u]キーを押す

❸ カットされた「e」の文字が元に戻る

▼カーソルの右側に文字を貼り付け

test
Linux
LeINUX
lpic 101 102
AAA

❶「LINUX」の「L」の文字にカーソル位置を移動

❷ [p]キーを押す

❸ カーソル位置の右側にカット（またはコピー）した文字が貼り付けられた

▼ カーソルの左側に文字を貼り付け

```
test
Linux
LeINUX
lpic 101 102
AAA
```

```
test
Linux
LeeINUX
lpic 101 102
AAA
```

❶ カーソル位置は「e」

❷ Shift＋pキー（P）を押す

❸ カーソル位置の左側にカット（またはコピー）した文字が貼り付けられた

▼ 行をカットする

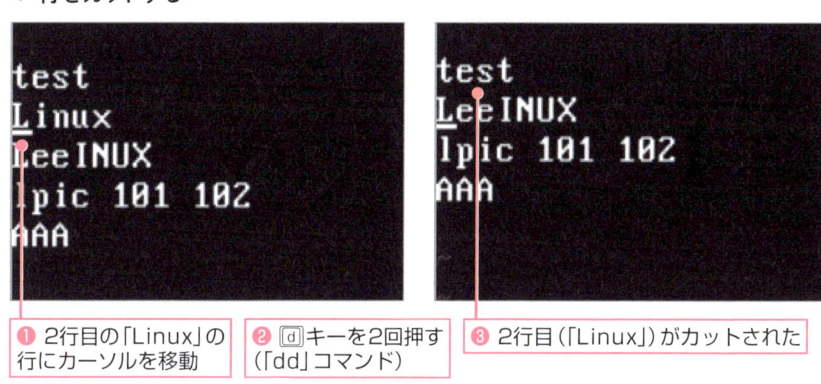


❶ 2行目の「Linux」の行にカーソルを移動

❷ dキーを2回押す（「dd」コマンド）

❸ 2行目（「Linux」）がカットされた

▼ カットした行を貼り付ける

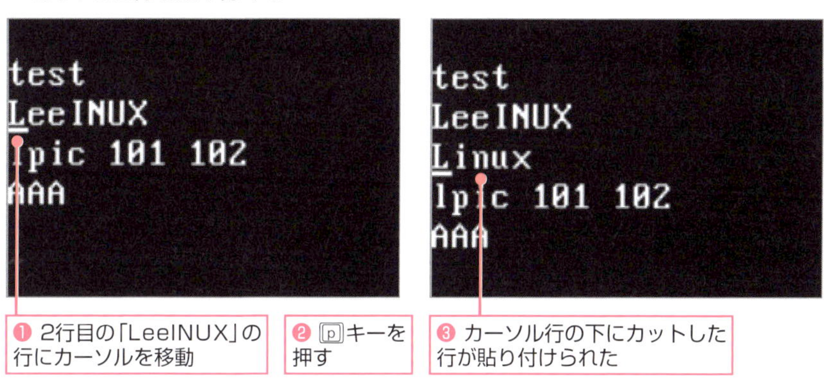


❶ 2行目の「LeeINUX」の行にカーソルを移動

❷ pキーを押す

❸ カーソル行の下にカットした行が貼り付けられた

▼ 複数の行をまとめてコピーする

❶ 1行目にカーソルを合わせる

❷ 3yyキー（「3yy」コマンド）を押す

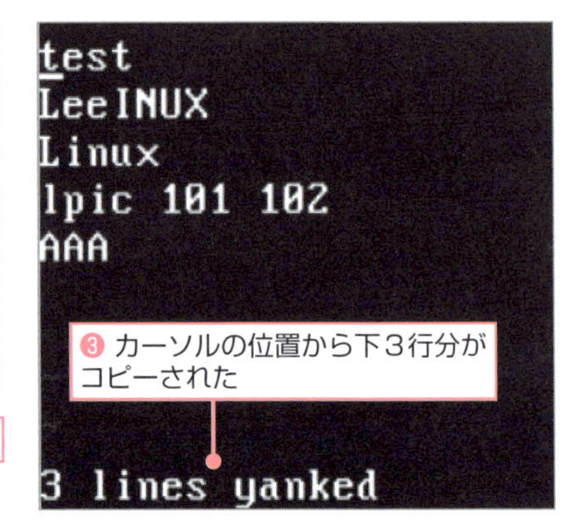


▼ 複数の行をまとめて貼り付ける

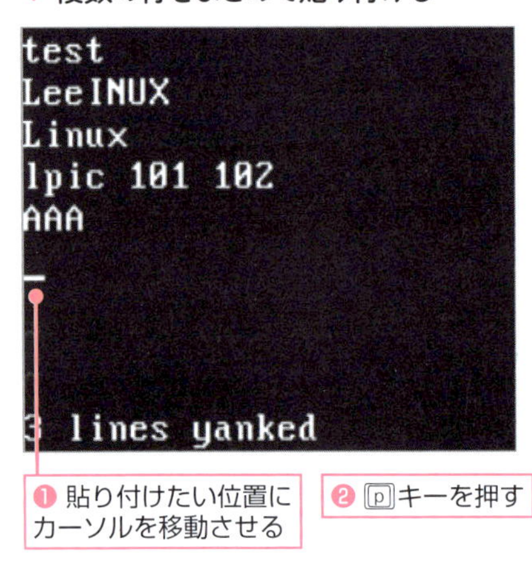


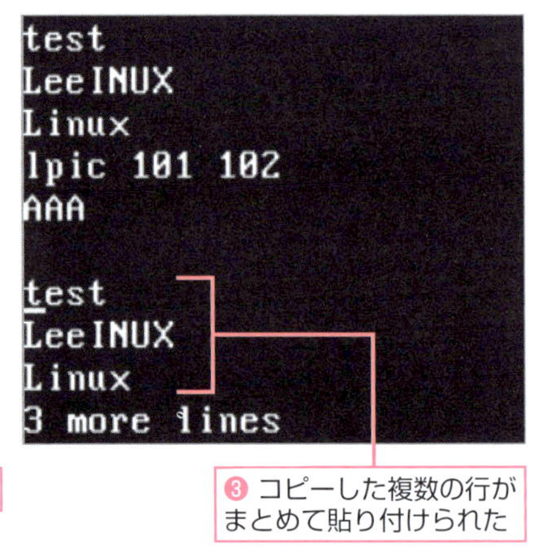


▼ 単語単位でカットする

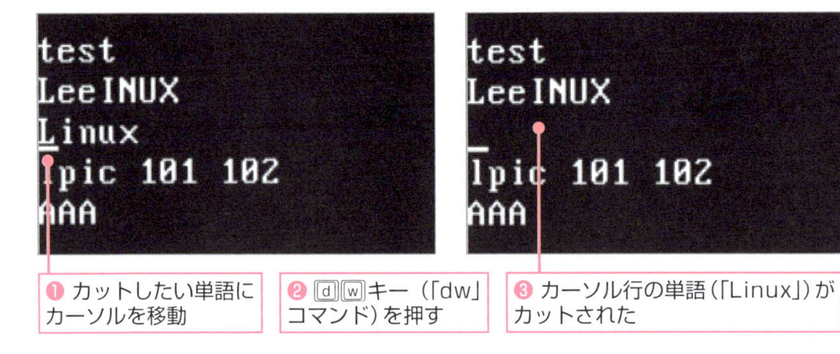

▼ 同じ単語を複数回貼り付ける

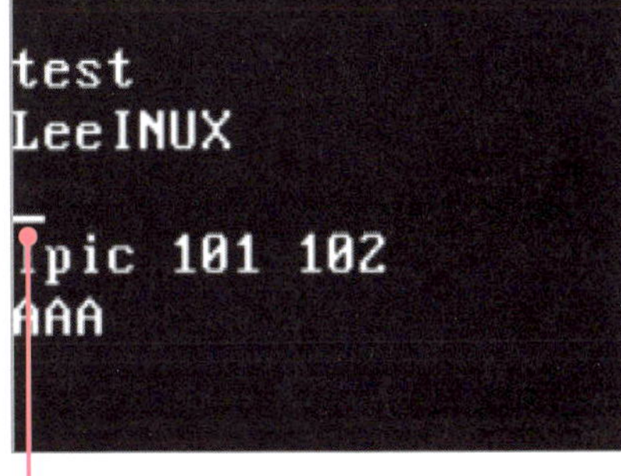


```
test
LeeINUX
LinuxLinux
lpic 101 102
AAA
```

❶ 単語を貼り付けたい行にカーソルを合わせる

❷ 2 p キー（「2p」コマンド）を押す

❸ カットした単語が2回貼り付けられた

▼ 複数の単語をまとめてコピー&貼り付け

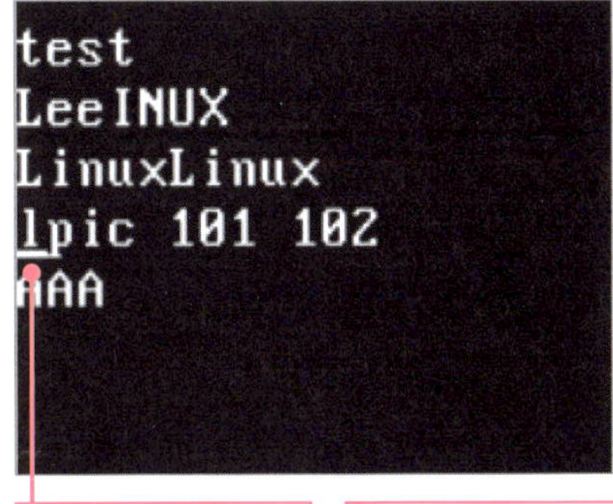


```
test
LeeINUX
LinuxLinux
lpic 101 102
AAA
lpic 101_
```

❶ 複数の単語をコピーしたい行にカーソルを合わせる

❷ 2 y w キー（「2yw」コマンド）を押す

❸ 貼り付けたい行にカーソルを移動して p キーを押すと、コピーした2つの単語（「lpic 101」）が貼り付けられる

### 参考 カーソルを基準に削除する

ここまで紹介してきたコマンド以外に、カーソルを基準に削除するキーがあります。

▼ 現在のカーソル位置を基準にした削除コマンド

Shift + d キー（D） …… カーソルから行の最後まで削除
d G キー …………………… カーソルから最終行までを削除
d H キー …………………… 1行目からカーソルのある行までを削除

## Q ここまでの確認問題

【問1】

viエディタでカーソル上の1文字をカットするキーはどれでしょうか。

A. [x]キー
B. [X]キー
C. [y]キー
D. [Y]キー

【問2】

行った操作を元に戻すキーはどれでしょうか。

A. [s]キー
B. [t]キー
C. [u]キー
D. [v]キー

【問3】

カーソルの行をカットするキー操作はどれでしょうか。

A. [d][w]キー
B. [y][W]キー
C. [d][d]キー
D. [y][y]キー

【問4】

カーソル位置から3行ぶんをまとめてコピーするキー操作はどれでしょうか。

A. [3][d][d]キー
B. [3][d][w]キー
C. [3][y][W]キー
D. [3][y][y]キー

## 確認問題の答え

【問1の答え】

A. [x]キー

……[Shift]＋[x]キーでカーソルの左側の文字をカットできます。

→P.99参照

【問2の答え】

C. [u]キー

……[Ctrl]＋[r]キーで元に戻した操作を再実行、[.]キーで直前の操作を繰り返せます。

→P.100参照

【問3の答え】

C. [d][d]キー

…… [5][d][d]のように入力すると、カーソル位置から5行ぶんカットできます。

→P.101参照

【問4の答え】

D. [3][y][y]キー

……単語単位でコピーしたい場合は[3][y][w]のように入力します。

→P.102参照

# テキスト入力に便利な操作を覚えておく

【KeyWord】 検索 置換 行番号表示

【ここで学習すること】検索や置換、行番号の表示など、viエディタが搭載している便利な機能を活用する方法を覚えましょう。

## 検索・置換と行番号の表示

viエディタの起動方法から文字の入力、編集作業を解説してきましたが、テキストファイルを編集する際に便利な機能も使いこなせるようになりましょう。
ここでは

- カーソル位置から下方向に検索
- 同じ方向に検索を継続
- 逆方向に検索を継続
- 特定のテキストの置換
- 行番号の表示と非表示

といった機能を解説していきます。検索・置換機能を活用すれば文字の修正作業が効率化されますし、行番号を表示させると、どこが何行目なのかが一目瞭然になります。

## 検索機能を使ってみる

調べたい単語は、viエディタのコマンドモードで「/」や「?」の後に単語を入力することで検索できます。検索に使うコマンドには、

「/」+(検索したいキーワード)……カーソルから後ろ方向に検索
「?」+(検索したいキーワード)……カーソルより前方向に検索
「n」……………………………………同じ方向に検索を継続
「N」……………………………………逆方向に検索を継続

といったものがあります。

▼「Linux」の文字を検索する

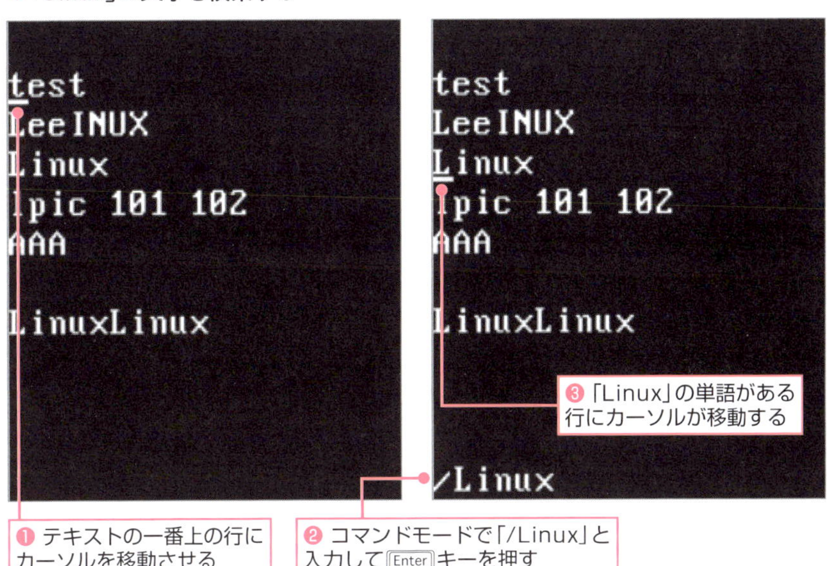

▼下方向・上方向へ検索を続ける

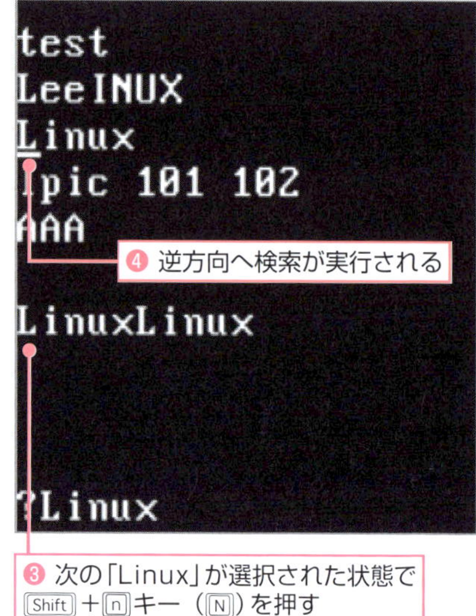


## 置換機能を使ってみる

特定の単語を別の単語に置き換える置換機能も便利です。以下のようなコマンドを活用すれば、効率的にテキストの編集が行えるはずです。

「：s/A/B/」………カーソルのある行で最初に一致するAだけをBに置換
「：s/A/B/g」………カーソルのある行で一致するAをすべてBに置換
「：s/A/B/gc」……文字列AをすべてBに確認しながら置換

▼行内の文字を別の文字に置換

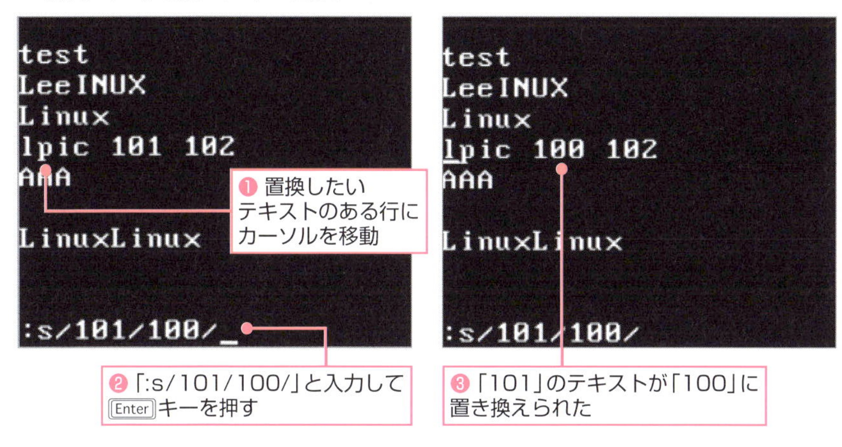


▼行内の文字を別の文字に置換（確認メッセージを表示）

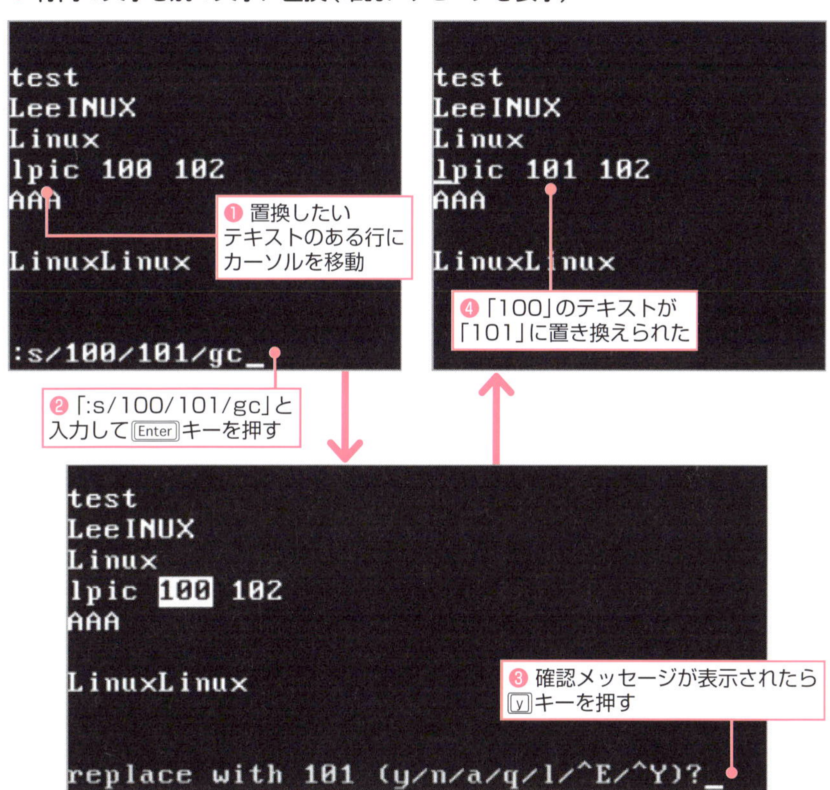

## 行番号の表示・非表示を切り替える

viエディタでは、テキストに行番号を表示できます。テキストが何行目に書かれているかを確認したい場合などに役立ちます。行番号を表示したい場合はコマンドモードにし、「:set number」(:set nuでも可) と入力して Enter キーを押します。非表示にする場合は「:set nonumber」(:set nonu) を実行します。

### ▼ 行番号を表示するコマンド

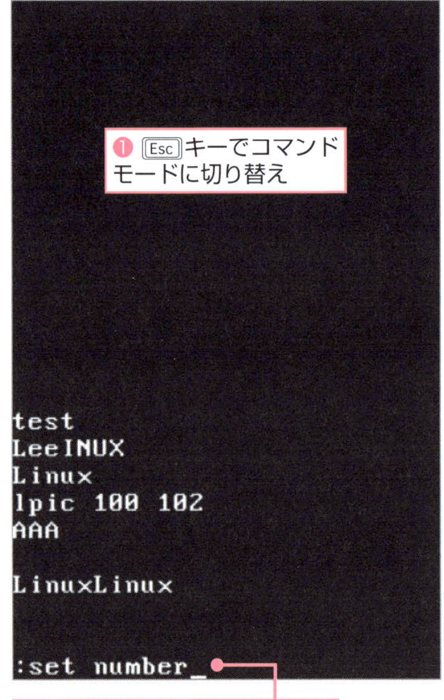


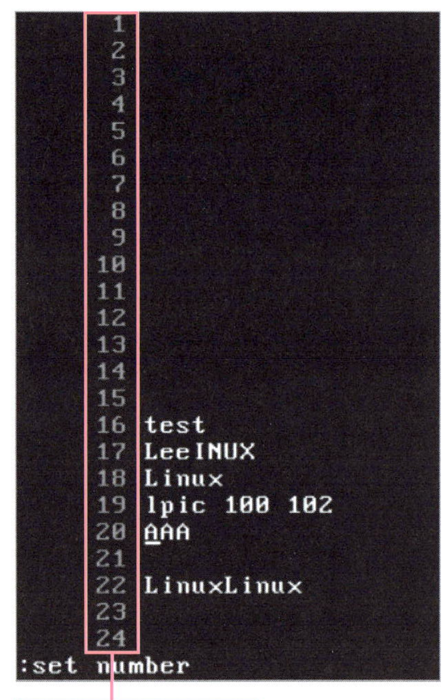


### 参考 viエディタにもっと慣れよう!

Linuxにはviエディタの操作を勉強するツール「vimtutor」が入っています。「vimtutor」コマンドを実行してもで起動しない場合はインストールしてください。CentOSでは「vim-enhanced」パッケージに入っています。パッケージのインストールは12章を参照してください。

## Q ここまでの確認問題

【問1】

viエディタで開かれたファイル内で「Linux」という文字を検索する際のコマンドを記述してください。

【問2】

「Linux」という文字を検索する際に、カーソルより前方向を検索したい場合のコマンドを記述してください。

【問3】

さらに検索を継続したい場合のキー操作はどれでしょうか。

A. [k]キー　B. [l]キー　C. [m]キー　D. [n]キー

【問4】

カーソルがある行で、すべての「A」を「B」に置換する際のコマンドを記述してください。

【問5】

確認しながら、すべての「A」を「B」に置換する際のコマンドを記述してください。

【問6】

行番号を表示するコマンドを記述してください。

## A 確認問題の答え

【問1の答え】

/Linux

……これでカーソル位置より後ろ方向に検索します。

→P.107参照

【問2の答え】

?Linux

……「?」を使うとカーソル位置より前方向に検索します。

→P.107参照

【問3の答え】

D. [n]キー

……[Shift]＋[n]キーを使うと、逆方向に検索を継続します。

→P.108参照

【問4の答え】

：s/A/B/g

……カーソルのある行で最初に一致する「A」のみ置換するには「：s/A/B/」と入力します。

→P.108参照

【問5の答え】

：s/A/B/gc

……確認メッセージが表示された際は[y]キーを押しましょう。

→P.109参照

【問6の答え】

:set number

……行番号を非表示にする場合は「:set nonumber」と入力します。

→P.110参照

# 第4章

# シェルとカーネルのきほん

シェルはカーネルと人の間を取り持つ機能です。その役割を知っておきましょう。

# シェルの役割を理解しておこう

【KeyWord】 シェル カーネル bash 入力補完 history ワイルドカード

【ここで学習すること】シェルとカーネルの関係を確認し、入力時に便利な機能を覚えます。

## シェルとカーネルの関係を理解する

ユーザーがコマンドを入力すると、それに対応した命令が「カーネル(Kernel)」に伝えられ、実行結果が表示されます。カーネルはLinuxの本体プログラムで、ユーザーはこの機能を使ってさまざまな作業を行うことができます。ただし、ユーザーとカーネルは直接対話できません。そこで、カーネルとユーザーの間に「シェル(shell)」が入り、ユーザーからのコマンドを解釈し、カーネルにコマンドを伝えて実行し、結果を表示してくれるわけです。
まずは、カーネルがLinuxの本体プログラムで、シェルはユーザーとカーネルの間にいる通訳のような存在であることを理解しましょう。
Linuxで標準的に使われるシェルは「bash」(Bourne Again SHell)というものですが、別のシェルに変更することもできます。
LPICではbashについて出題されます。

Linuxの本体が「カーネル」で、
カーネルとユーザーの間にあるのが
「シェル」なのか！

▼ シェルとカーネルの関係

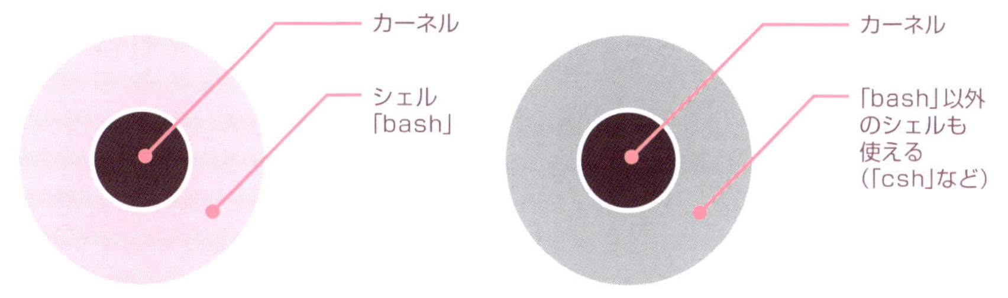


シェルは好みに応じて好きなものに変えることができます。「bash」以外に「sh」(Bourne SHell)や「csh」(C Shell)、「tcsh」「ksh」などがあります。

## 現在使用中のシェルを確認する方法

```
$ ps [Enter]
```

```
[renshu@localhost ~]$ ps
  PID TTY          TIME CMD
 2300 tty1     00:00:00 bash
 2319 tty1     00:00:00 ps
[renshu@localhost ~]$ _
```

❶「ps」コマンドを実行
❷ 使用しているシェルが表示

今使っているシェルや動いているプロセス(プログラム)を確認するには、「ps」コマンドを使用します。プロセスについては11章で詳しく説明します。

## シェルでできること

シェルには多くの便利な機能があります。代表的なものに

- 入力を補助する機能
- コマンドを実行するときに文字の代わりとなる記号が使える
- 結果を画面だけでなく、ファイルなど別の出力先に変えられる「リダイレクト」機能
- 複数のコマンドを続けて実行できる「パイプ」機能

などがあります。本章では、入力を補助する機能とワイルドカード(文字の代わりとなる記号)について説明します(リダイレクトとパイプについては6章参照)。

## 入力を助ける便利なキー

シェル(bash)には、入力を補助する便利なキーがいくつか用意されていますが、中でもよく使うものは

- 今まで入力したコマンドを表示してくれる[↑]や[↓]キー
- コマンド名やファイル名を途中まで入力すると続きを補完する[Tab]キー

などです。

### 過去のコマンドを再利用

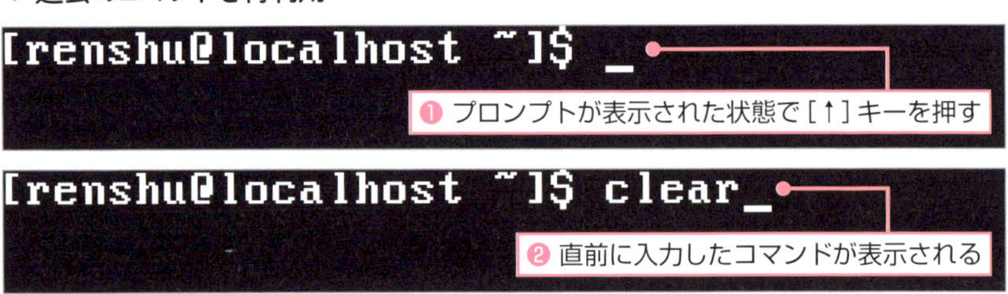


プロンプトが表示された状態で[↑]や[↓]キーを押すと、今まで入力したコマンドを表示することができます。

### 今までのコマンドを一覧表示させる「history」コマンド

```
$ history [Enter]
```

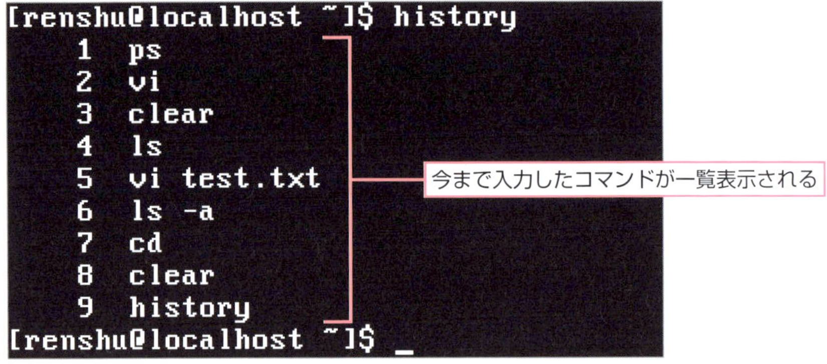


「history」コマンドを実行すると、今まで入力したコマンドが順に表示されます。

### ▼「history」の一覧からコマンドを再利用

```
[renshu@localhost ~]$ history
    1  ps
    2  vi
    3  clear
    4  ls
    5  vi test.txt
    6  ls -a
    7  cd
    8  clear
    9  history
[renshu@localhost ~]$ !6
ls -a
       .bash_history  .bash_logout  .bash_profile  .bashrc  .swo  .swp
[renshu@localhost ~]$ _
```

❶ このコマンドを再実行したい
❷「!6」と入力して[Enter]キーを押す
❸ コマンドが再実行された

「history」コマンドで表示されたコマンドを再利用したい場合は、「!(利用したいコマンド左の番号)」を入力して[Enter]キーを押します。

### ▼ コマンドやファイル名を自動で入力する

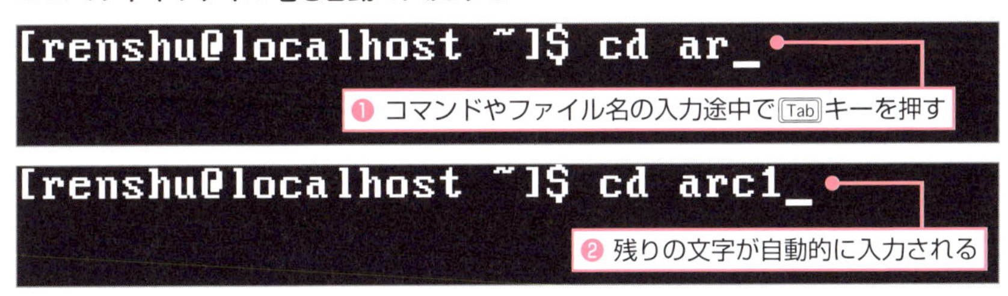


コマンドやファイル名を入力している途中で[Tab]キーを押すと、残りの文字が自動的に表示されます(候補がなければ表示されません)。

### ▼ 入力候補を一覧表示させる

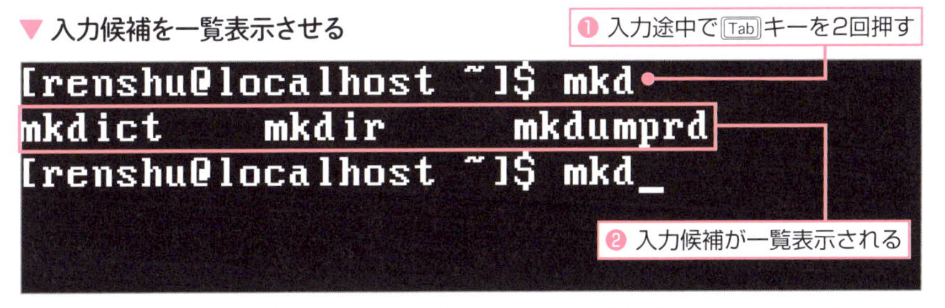


コマンドやファイル名を入力している途中で[Tab]キーを2回押すと、候補になるコマンドが一覧表示されます。

### 参考 まだまだある処理に関するキー

このほかにも、処理に関するショートカットキーが用意されています。知っていると便利なキーをいくつか紹介しましょう。

**▼シェルの処理に関するショートカットキー**

|  |  |
| --- | --- |
| Ctrl + C キー | ……コマンドの実行を中止 |
| Ctrl + D キー | ……ログアウト(文字の上で押すとカーソル部分を1文字削除) |
| Ctrl + L キー | ……画面のクリア(clearコマンドでも同じことができます) |

## ワイルドカード(特殊文字)を活用する

コマンドを実行するためには、複数のファイルをまとめて指定しなければならないこともあります。こんなときにファイル名を1つずつ指定するのは大変です。そこで活躍するのがワイルドカードです。

よく使うのは「?」(クエスチョンマーク)と「*」(アスタリスク)です。

「?」は1文字分、「*」は1文字以上の文字を指定できます。

特殊な文字には以下のようなものがあります。

**「*」…1文字以上の文字を表す**
例:「*.txt」→test.txt、abc.txtなどがあてはまる

**「?」…1文字を表す**
例:「?.txt」→ 1.txt、a.txtなど。abc.txt のように1文字でない場合は×

**「[]」…[ ] 内から1文字ずつ**
例:「a[bcd]」→ab、ac、adが当てはまる。1文字なので abcは不可

**「{}」…{} 内からカンマ( , ) で区切られた文字列**
例:「data{1,old}」→data1、dataoldなどが当てはまる

**「\」…*,?,[], {} を普通の記号として扱いたい場合に「\」を前に入れる**
例:「test\[1\]」→test[1]など

▼「*」を活用する

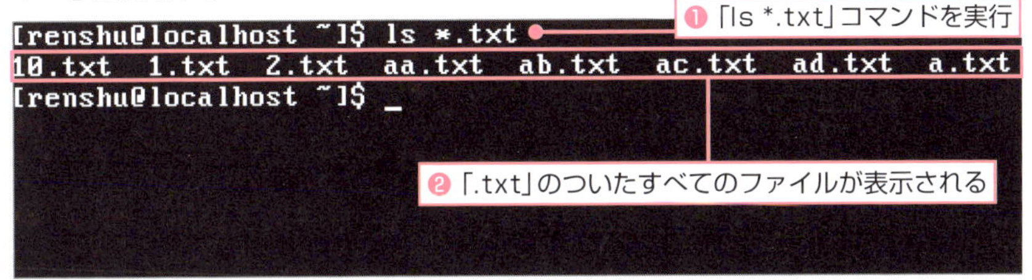


「*」(アスタリスク)を使うと、1文字以上のすべての文字が当てはまります。画面のように「*.txt」と指定すると、「.txt」の付いたすべてのファイルが表示されます。

▼「?」で1文字だけを指定

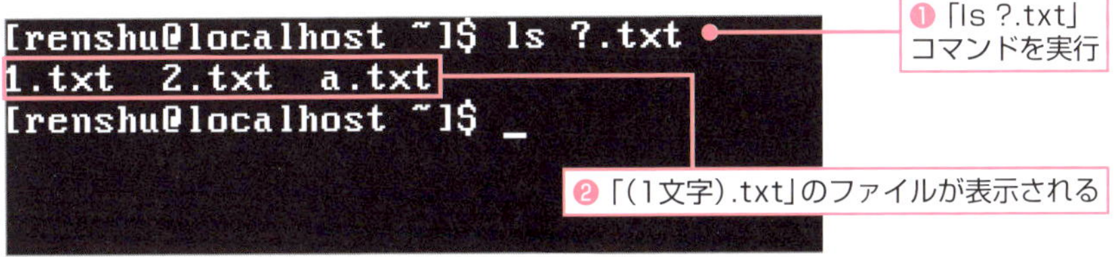

1文字別の文字に置き換えたいときは「?」を使います。画面のように「?.txt」と指定すると、「(1文字).txt」のファイルが表示されます。

▼「??」で2文字のファイルを指定

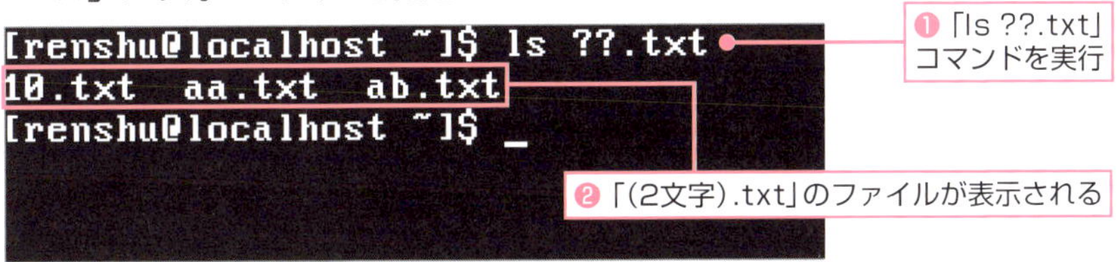


ファイル名が2文字で「.txt」で終わるファイルを探したいときは「??」のように「?」を2つ指定します。

▼「[]」で指定した1文字のうちどれかが当てはまるようにする

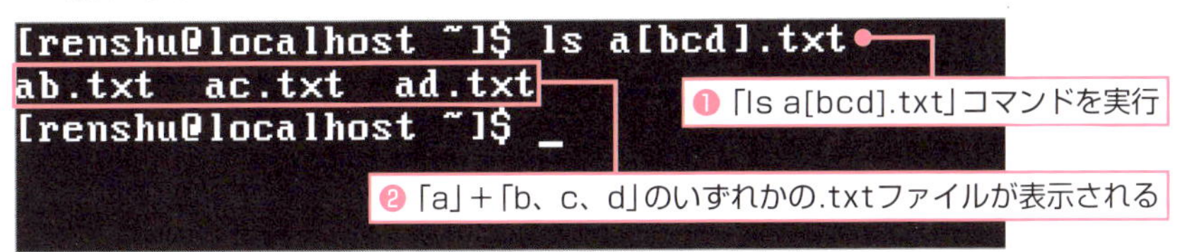


「[]」(大カッコ)で囲むと、その中の1文字だけならどれでも当てはめることができます。「a[bcd]」なら「ab」「ac」「ad」が当てはまります。

### ▼「{}」で指定した文字列のうちどれかが当てはまるようにする

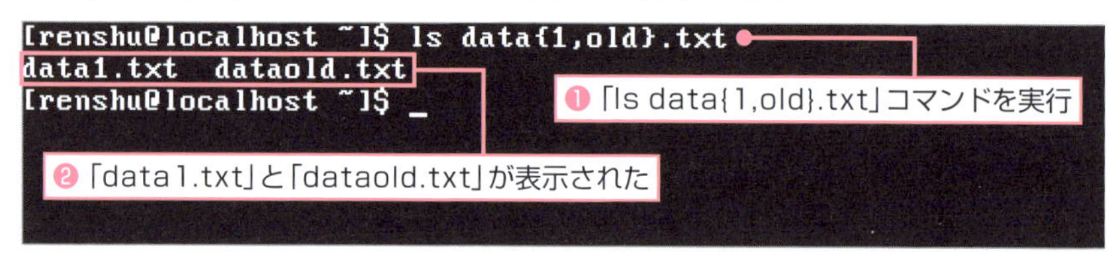


「{}」(中カッコ)に文字列を「,」(カンマ)で区切って入れると、その文字列のどれでも当てはめることができます。

### ▼特殊な意味をもつ記号を普通の文字として扱う

```
[renshu@localhost ~]$ ls test[*].txt                           ①
ls: cannot access test[*].txt: No such file or directory       ②
[renshu@localhost ~]$ ls test\[*\].txt                          ③
test[100].txt  test[1].txt  test[abc].txt                      ④
[renshu@localhost ~]$ _
```

特殊な意味を持つ記号を普通の文字として使いたい場合は「＼」(バックスラッシュ。日本語のキーボードだと「¥」)を使います。画面のように「＼」を使わないとエラーとなるケースもあります。

❶「ls test[*].txt」コマンドを実行
❷「[」や「]」が特殊記号と認識されたためエラーが表示される
❸「ls test＼[*＼].txt」コマンドを実行
❹「[」「]」が普通の文字として認識され、「test [(任意の文字列)] .txt」に当てはまるファイルが表示された

## Q ここまでの確認問題

【問1】

ユーザーからのコマンドを解釈し、Linuxの本体プログラムに伝える役割を何というでしょうか。

A. デバイスドライバ　B. カーネル
C. ファイルシステム　D. シェル

【問2】

Linuxで使われる最も標準的なシェルの名前は何でしょうか。

A. bash　B. csh
C. ksh　D. sh

【問3】

使用中のシェルを確認するコマンドを記述してください。

【問4】

今まで使用したコマンドを一覧表示するコマンドを記述してください。

【問5】

ワイルドカード「*」の正しい説明はどれでしょうか。

A. 1文字を表す　B. 2文字を表す
C. 1文字以上の文字を表す　D. 2文字以上の文字を表す

## 確認問題の答え

【問1の答え】

D. **シェル**

……Linuxの本体プログラムは「カーネル」といいます。

→P.114参照

【問2の答え】

A. bash

……シェルは変更可能ですが、LPICでは「bash」について出題されます。

→P.114参照

【問3の答え】

ps

……使用中のシェルのほか、起動中のプログラムなども確認できます。

→P.115参照

【問4の答え】

history

……表示されたコマンドを再利用して実行することもできます。

→P.116参照

【問5の答え】

C. **1文字以上の文字を表す**

…… 「?」で1文字を表せます。2文字を表したい場合は「??」にします。

→P.118参照

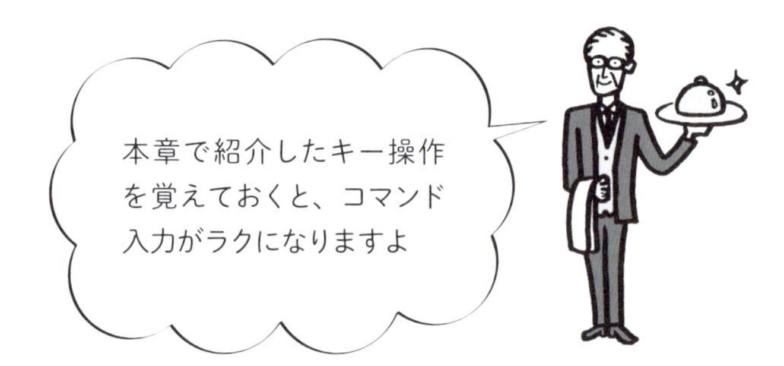

第5章

# テキストファイルの表示と検索

ファイルやマニュアルの閲覧方法、ファイルやテキストの検索方法を説明しましょう。

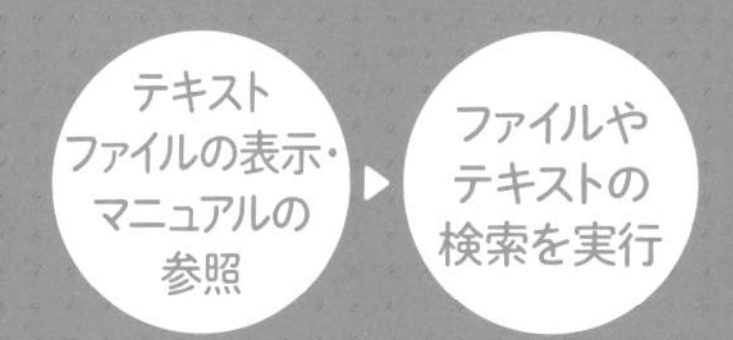

# テキストファイルの表示・マニュアルの参照

【KeyWord】 マニュアル cat less head tail sort wc man

【ここで学習すること】 テキストファイルを表示するコマンドを試します。また「man」コマンドでマニュアルを表示し、自分でコマンドを調べられるようにします。

## テキストファイルを表示するには

設定ファイルやスクリプトなど、Linuxではテキストファイルを活用する場面がたくさんあります。ここではテキストファイルを扱うための基本コマンドを学習しましょう。

ここでは、

「cat」 ………………… テキストファイルの表示
「less」………………… ページ単位で表示
「head」 ……………… ファイルの先頭から指定行表示
「tail」 ………………… ファイルの後ろから指定行表示
「sort」………………… ファイル内のデータを行単位で並べ替え
「wc」 ………………… ファイルの詳細を確認

の6つのコマンドを使って、ファイルの表示を実行していきます。

## ファイルの内容を表示する

ファイルの内容を表示するには「cat」(concatenate)コマンドを使います。

### ▼コマンド解説

| cat | テキストファイルの内容を表示する |
|---|---|

「cat」の書式

$ cat [オプション] [ファイル名]

「cat」の主なオプション

| オプション | 説明 |
|---|---|
| -b | 行番号を付けて表示(空白の行は含めない) |
| -n | 行番号を付けて表示(すべての行に番号を付ける) |
| -s | 連続した空白の行を1行にまとめて表示 |

### ▼「test.txt」ファイルの内容を表示

```
$ cat test.txt [Enter]
```

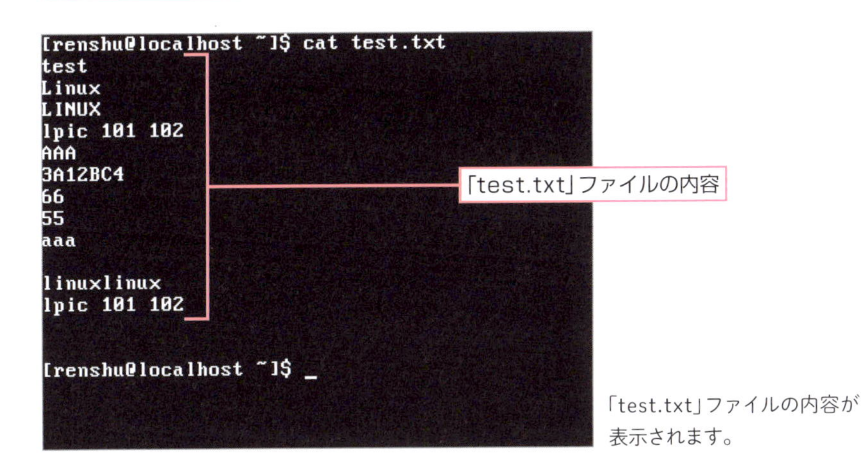

```
[renshu@localhost ~]$ cat test.txt
test
Linux
LINUX
lpic 101 102
AAA
3A12BC4
66
55
aaa

linuxlinux
lpic 101 102


[renshu@localhost ~]$ _
```



「test.txt」ファイルの内容が表示されます。

▼行番号を付けて「test.txt」ファイルを表示

```
$ cat -n test.txt [Enter]
```

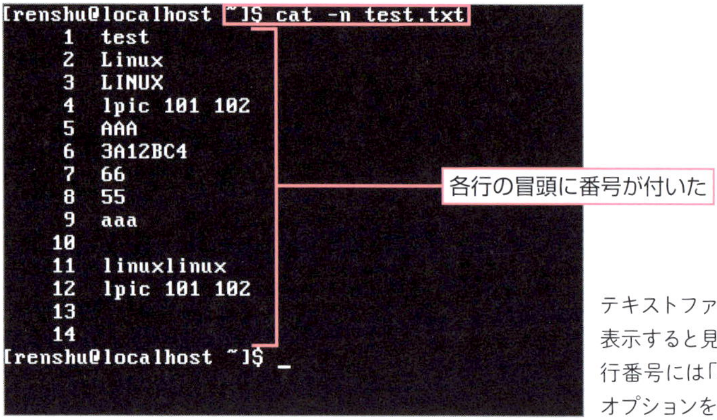

```
[renshu@localhost ~]$ cat -n test.txt
     1  test
     2  Linux
     3  LINUX
     4  lpic 101 102
     5  AAA
     6  3A12BC4
     7  66
     8  55
     9  aaa
    10
    11  linuxlinux
    12  lpic 101 102
    13
    14
[renshu@localhost ~]$ _
```

各行の冒頭に番号が付いた

テキストファイルに行番号を表示すると見やすくなります。行番号には「-n」(--number)オプションを使います。

**Point** 大きなサイズのファイルを開くには

「cat」コマンドで大きいファイルを表示すると、テキストが途中で止まらず勝手にスクロールされてしまいます。大きいファイルを表示する場合は、次に解説する「less」コマンドを使いましょう。

## ● ページ単位で表示する(ページャ)

指定したファイルを1ページずつ表示するコマンドが「less」です。1つの画面に収まりきらない大量のテキストが入ったファイルを開く場合は、「cat」ではなく「less」を使いましょう。

▼コマンド解説

| less | テキストファイルをページ単位で表示する |
| --- | --- |

| 「less」の書式 |
| --- |
| $ less [オプション] [ファイル名] |

▼「/etc」ディレクトリの「passwd」ファイルを表示

```
$ less /etc/passwd [Enter]
```

[b]キーで前画面を表示

```
[renshu@localhost ~]$ less /etc/passwd
root:x:0:0:root:/root:/bin/bash
bin:x:1:1:bin:/bin:/sbin/nologin
daemon:x:2:2:daemon:/sbin:/sbin/nologin
adm:x:3:4:adm:/var/adm:/sbin/nologin
lp:x:4:7:lp:/var/spool/lpd:/sbin/nologin
sync:x:5:0:sync:/sbin:/bin/sync
shutdown:x:6:0:shutdown:/sbin:/sbin/shutdown
halt:x:7:0:halt:/sbin:/sbin/halt
mail:x:8:12:mail:/var/spool/mail:/sbin/nologin
operator:x:11:0:operator:/root:/sbin/nologin
games:x:12:100:games:/usr/games:/sbin/nologin
ftp:x:14:50:FTP User:/var/ftp:/sbin/nologin
nobody:x:99:99:Nobody:/:/sbin/nologin
avahi-autoipd:x:170:170:Avahi IPv4LL Stack:/var/lib/avahi-autoipd:/sbin/nologin
systemd-bus-proxy:x:999:997:systemd Bus Proxy:/:/sbin/nologin
systemd-network:x:998:996:systemd Network Management:/:/sbin/nologin
dbus:x:81:81:System message bus:/:/sbin/nologin
polkitd:x:997:995:User for polkitd:/:/sbin/nologin
tss:x:59:59:Account used by the trousers package to sandbox the tcsd daemon:/dev
/null:/sbin/nologin
postfix:x:89:89::/var/spool/postfix:/sbin/nologin
sshd:x:74:74:Privilege-separated SSH:/var/empty/sshd:/sbin/nologin
renshu:x:1000:1000:renshu:/home/renshu:/bin/bash
/etc/passwd
```

[f]キーまたは[ ]キーで次画面を表示

ここでは、「/etc」ディレクトリの「passwd」ファイルを開いてみました。[b]キーで前の画面に戻り、[f]キーまたは[ ]キーで次の画面を表示します。[q]キーでコマンドプロンプトに戻ります。ページ表示に使うキーは下の表にまとめていますので確認してください。

▼「less」コマンドでページを表示する主なキー

| キー | 動作 |
|---|---|
| [↓]または[Enter]キー | 1行すすむ |
| [↑]キー | 1行戻る |
| [f]または[ ]キー | 次の画面を表示 |
| [b]キー | 前画面を表示 |
| [q]キー | 終了してコマンドプロンプトに戻る |

## 参考 「less」コマンドで使えるその他のキー操作

「less」コマンドはページを表示するだけでなく、文字の検索もできます。
操作で使うキーはviと同じで

/（検索文字列）…… 下方向に文字を検索
?（検索文字列）…… 上方向に文字を検索

などがあります。

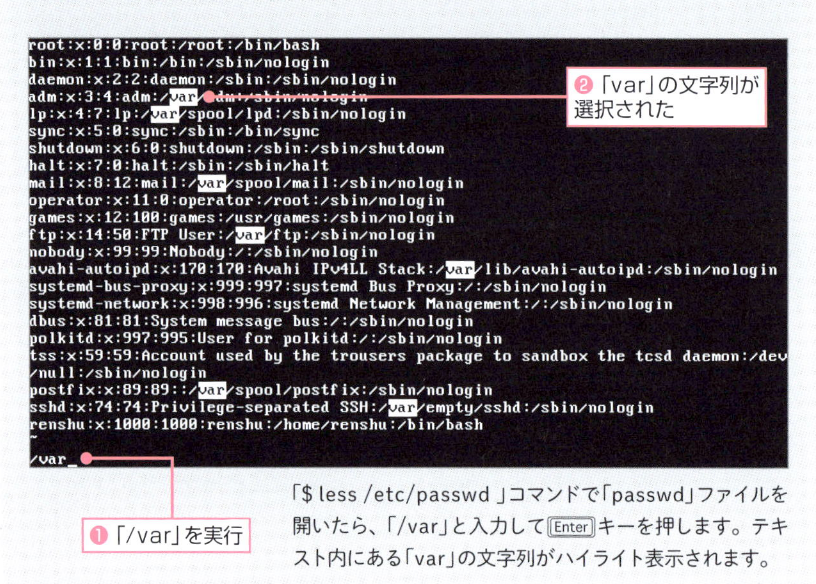


「$ less /etc/passwd 」コマンドで「passwd」ファイルを開いたら、「/var」と入力して Enter キーを押します。テキスト内にある「var」の文字列がハイライト表示されます。

### Point 「more」コマンドもある

ファイルの内容をページ単位で表示するページャは、「less」以外に「more」があります。ただし「less」のほうが「more」より多機能なので、基本的には「less」を使うのがオススメです。「less」は「more」と「vi」をベースにしています。

### 参考 ファイルの種類を調べたいときのコマンド

ファイルの種類を知りたいときは「file」コマンドで調べられます。設定ファイルなのか、プログラムファイルなのか、ディレクトリなのかわからないときは、このコマンドで調べられます。「file」コマンドの詳しい使い方は197ページで解説します。

```
[renshu@localhost ~]$ file /etc/passwd
/etc/passwd: ASCII text
[renshu@localhost ~]$ file ./kadai
./kadai: directory
[renshu@localhost ~]$ _
```

テキストファイル
ディレクトリ

1行目で調べた「passwd」はファイル、3行目で調べた「kadai」はディレクトリなのがわかります。

## ● ファイルの先頭と末尾の表示

ファイルの先頭だけ見たい場合は「head」コマンドが便利です。ファイル名を指定すると先頭から10行分表示します。表示行数はオプションで変更できます。

▼コマンド解説

| head | ファイルの先頭部分を表示する |
|---|---|

「head」の書式

$ head [オプション] [ファイル名]

| 「head」の主なオプション | |
|---|---|
| -n [行数] | 先頭から指定した行数分を表示。「-(行数)」でもOK |

▼「yum.conf」設定ファイルの先頭10行だけ表示

```
$ head /etc/yum.conf Enter
```

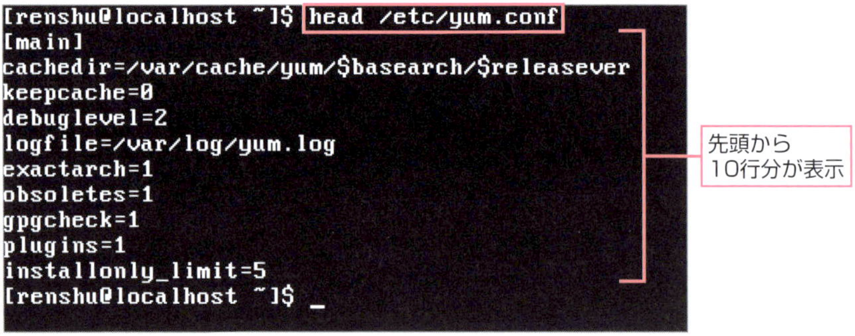

```
[renshu@localhost ~]$ head /etc/yum.conf
[main]
cachedir=/var/cache/yum/$basearch/$releasever
keepcache=0
debuglevel=2
logfile=/var/log/yum.log
exactarch=1
obsoletes=1
gpgcheck=1
plugins=1
installonly_limit=5
[renshu@localhost ~]$ _
```

先頭から10行分が表示

「etc」ディレクトリ内にある「yum.conf」ファイルの先頭10行分を表示します。

▼「yum.conf」設定ファイルの先頭5行だけ表示

```
$ head -n 5 /etc/yum.conf Enter
```

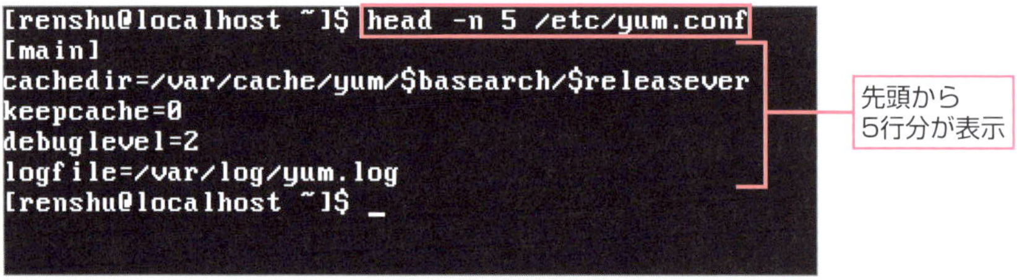

```
[renshu@localhost ~]$ head -n 5 /etc/yum.conf
[main]
cachedir=/var/cache/yum/$basearch/$releasever
keepcache=0
debuglevel=2
logfile=/var/log/yum.log
[renshu@localhost ~]$ _
```

先頭から5行分が表示

「-n」オプションで行数を指定(この例では5行)することで、表示する行数を変更できます。

ファイルの末尾を表示するには「tail」コマンドを使います。ファイル名を指定すると末尾から10行分表示します。「head」と同様、表示行数はオプションで変更できます。

▼コマンド解説

| tail | ファイルの末尾部分を表示する |
|---|---|

| 「tail」の書式 |
|---|
| $ tail [オプション] [ファイル名] |

| 「tail」の主なオプション | |
|---|---|
| -n [行数] | 末尾から指定した行数分を表示。「-(行数)」でもOK |

### ▼「yum.conf」設定ファイルの末尾10行だけ表示

```
$ tail /etc/yum.conf Enter
```

```
[renshu@localhost ~]$ tail /etc/yum.conf
# download the new metadata and "pay" for it by yum not having correct
# information.
#  It is esp. important, to have correct metadata, for distributions like
# Fedora which don't keep old packages around. If you don't like this checking
# interupting your command line usage, it's much better to have something
# manually check the metadata once an hour (yum-updatesd will do this).
# metadata_expire=90m

# PUT YOUR REPOS HERE OR IN separate files named file.repo
# in /etc/yum.repos.d
[renshu@localhost ~]$ _
```

末尾から10行分が表示

「etc」ディレクトリ内にある「yum.conf」ファイルの末尾10行分を表示します。

### ▼「yum.conf」設定ファイルの末尾5行だけ表示

```
$ tail -5 /etc/yum.conf Enter
```

```
[renshu@localhost ~]$ tail -5 /etc/yum.conf
# manually check the metadata once an hour (yum-updatesd will do this).
# metadata_expire=90m

# PUT YOUR REPOS HERE OR IN separate files named file.repo
# in /etc/yum.repos.d
[renshu@localhost ~]$ _
```

末尾から5行分が表示

「-n」オプションでは、「-(行数)」で直接数値を入力することでも行数を設定できます。ここでは「-5」を指定して末尾5行分を表示させています。

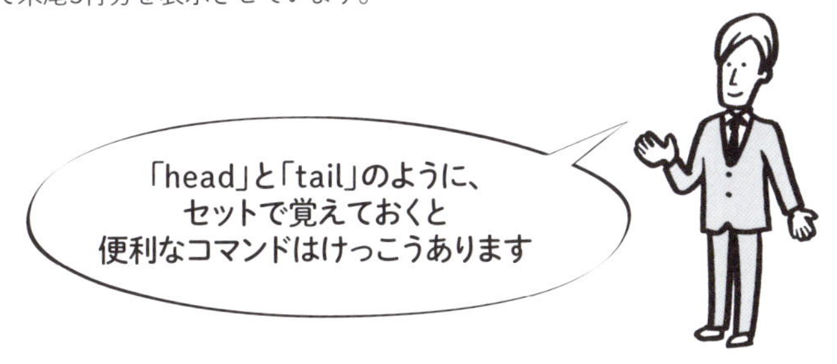

## ● データを行単位で並べ替える

「sort」コマンドを使うと、ファイルの内容を行単位で並べ替えられます。何も指定しなければ行頭の文字を基準として数字→アルファベットの昇順(小さい順)に、「-r」オプション(--reverse)を指定すると降順に並べ替えます。

▼コマンド解説

| sort | ファイルの内容を行単位で並べ替える |
|---|---|

「sort」の書式

$ sort [オプション] [ファイル名]

「sort」の主なオプション

| オプション | 説明 |
|---|---|
| -r | 並び替えを降順(大きい順)にする |
| -n | 数字の大きさを基準に並べ替える |

▼「test.txt」ファイルの内容を昇順に並べ替え

```
$ sort test.txt Enter
```

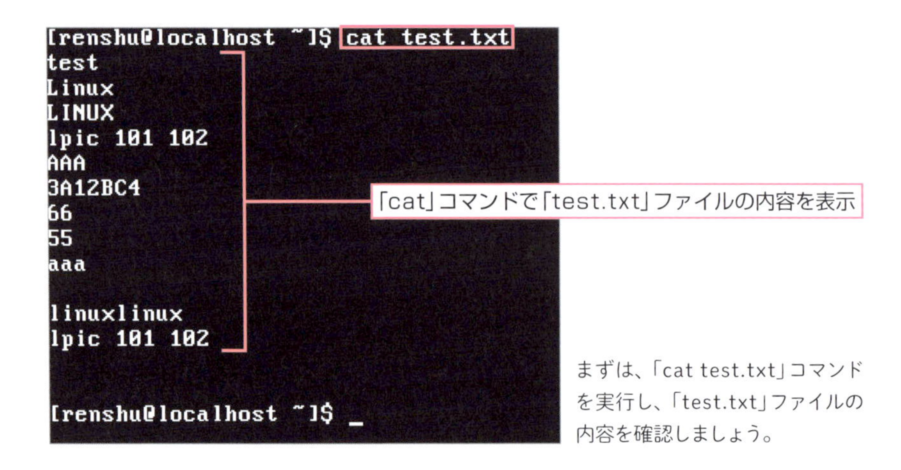


まずは、「cat test.txt」コマンドを実行し、「test.txt」ファイルの内容を確認しましょう。

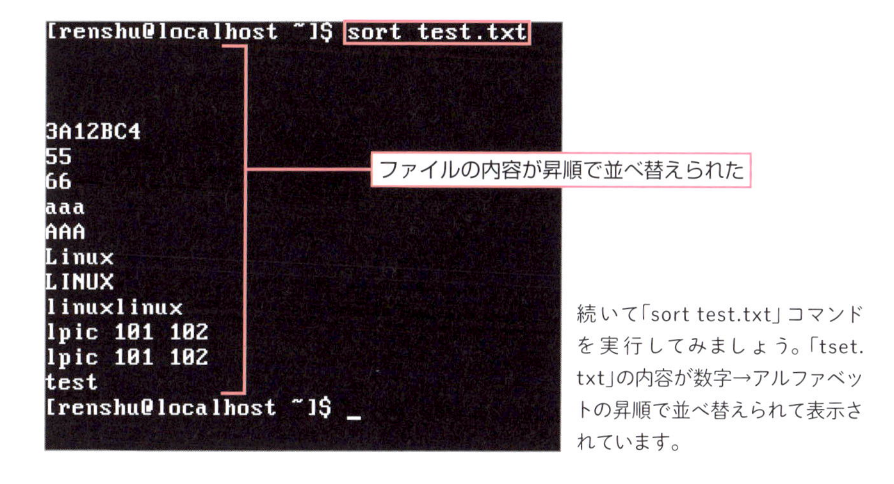


続いて「sort test.txt」コマンドを実行してみましょう。「tset.txt」の内容が数字→アルファベットの昇順で並べ替えられて表示されています。

▼「test.txt」ファイルの内容を降順に並べ替え

```
$ sort -r test.txt [Enter]
```

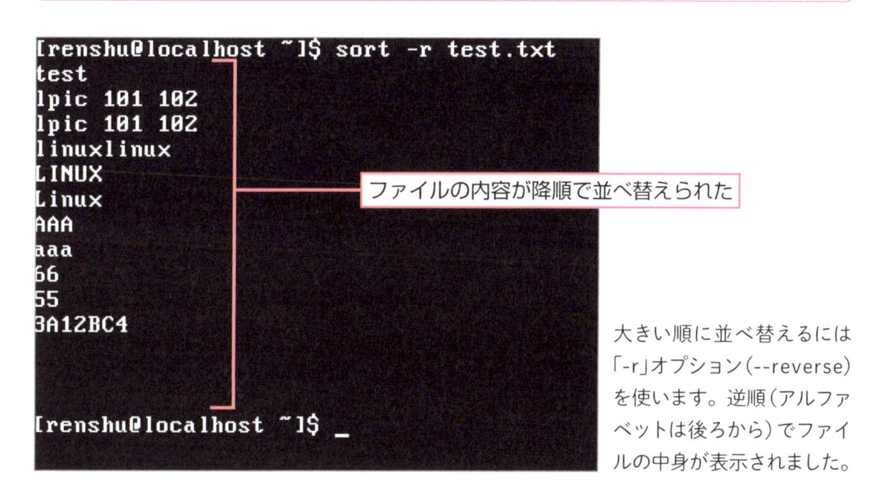


大きい順に並べ替えるには「-r」オプション(--reverse)を使います。逆順(アルファベットは後ろから)でファイルの中身が表示されました。

**Point** 昇順と降順

昇順(ascending)は昇っていくので小さい順、降順(descending)は降りてくるので大きい順、と覚えましょう。

▼数値の大きさを基準に並べ替え

```
$ sort -n kazu.txt [Enter]
```

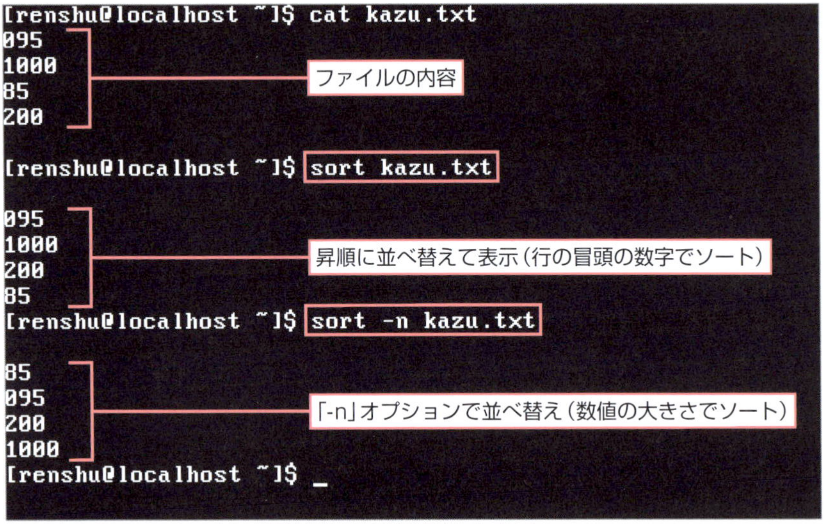
[renshu@localhost ~]$ cat kazu.txt
095
1000
85
200
ファイルの内容
[renshu@localhost ~]$ sort kazu.txt
095
1000
200
85
昇順に並べ替えて表示（行の冒頭の数字でソート）
[renshu@localhost ~]$ sort -n kazu.txt
85
095
200
1000
「-n」オプションで並べ替え（数値の大きさでソート）
[renshu@localhost ~]$ _

数字の並べ替えについて確認しておきましょう。数値の大きさを基準に並べ替える場合は「-n」オプション（--numeric-sort）を指定します。「sort」では各行の冒頭の文字を基準に並べ替えますが、「-n」オプションを付けると行の数値そのものを基準に並べ替えます。

## ● ファイルの行数や単語数、バイト数を確認する

「wc」（Word Count）コマンドを使用すると、ファイルの行数や単語数、バイト数を表示することができます。

▼コマンド解説

| wc | ファイルの行数・単語数・バイト数を表示 |
| --- | --- |

| 「wc」の書式 |
| --- |
| $ wc［オプション］［ファイル名］ |

| 「wc」の主なオプション | |
|---|---|
| -c | ファイルのバイト数のみを表示 |
| -l | ファイルの行数のみを表示 |
| -w | ファイルの単語数のみを表示 |

▼「test.txt」ファイルのバイト数・行数・単語数を表示

```
$ wc test.txt Enter
```

```
[renshu@localhost ~]$ wc test.txt
14 15 79 test.txt
[renshu@localhost ~]$ _
```

行数、単語数、バイト数の順に表示

オプションを何も指定せずに「wc」コマンドを実行すると、指定したファイルの行数、単語数、バイト数が順に表示されます。

▼「test.txt」ファイルのバイト数・行数・単語数を単独で表示

<バイト数を表示>

```
$ wc -c test.txt Enter
```

<行数を表示>

```
$ wc -l test.txt Enter
```

<単語数を表示>

```
$ wc -w test.txt Enter
```

```
[renshu@localhost ~]$ wc -c test.txt
79 test.txt
[renshu@localhost ~]$ wc -l test.txt
14 test.txt
[renshu@localhost ~]$ wc -w test.txt
15 test.txt
[renshu@localhost ~]$ _
```

バイト数のみ表示
行数のみ表示
単語数のみ表示

「wc」コマンドのオプションを指定すると、バイト数(-c)、行数(-l)、単語数(-w)それぞれを単独で表示することができます。

## マニュアルを表示する

Linuxにはマニュアルが用意されています。「man」コマンドを利用することで、特定のコマンドでわからないオプションなどを調べることができます。「man」コマンドで表示するマニュアルでは、コマンドやオプション、それ以外のことも調べられます。説明は難しく感じるかもしれませんが、コマンドの元になった英単語を調べたりして慣れるようにしましょう。

▼コマンド解説

| man | コマンド名を指定して解説(マニュアル)を表示 |
|---|---|

「man」の書式

```
$ man [コマンド名]
```

▼「sort」コマンドのマニュアルを表示

```
$ man sort Enter
```

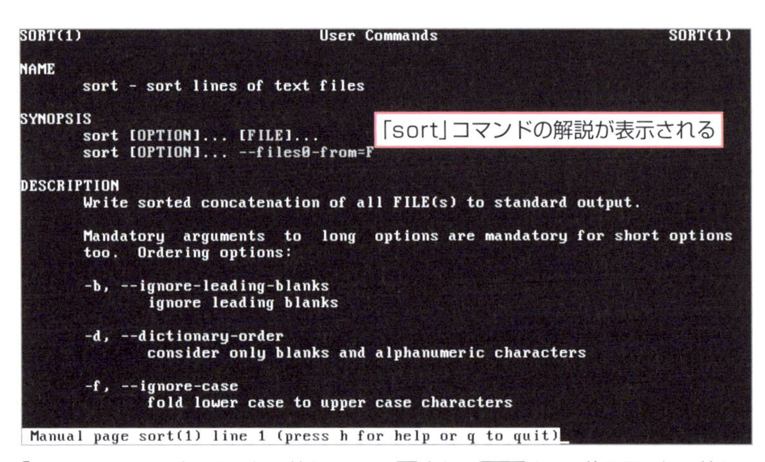


「man」コマンドで次画面に切り替えるには、[f]または[ ]キー、前画面に切り替えるには[b]キー、マニュアル表示を終了させるには[q]キーを押しましょう。「man [セクション番号] [調べたいキーワード]」で、コマンド以外のことも調べられます。

## 参考 その他のテキストファイルを扱うためのコマンド

テキストファイルを扱うためのコマンドやオプションはまだまだたくさんあります。ここでは、その一部を紹介しましょう。

▼コマンド解説

| nl | 行番号を付けてファイルの内容を表示 |
|---|---|

「nl」の書式

$ nl [オプション] [ファイル名]

▼「step.txt」ファイルを行番号を付けて表示

```
$ nl step.txt Enter
```

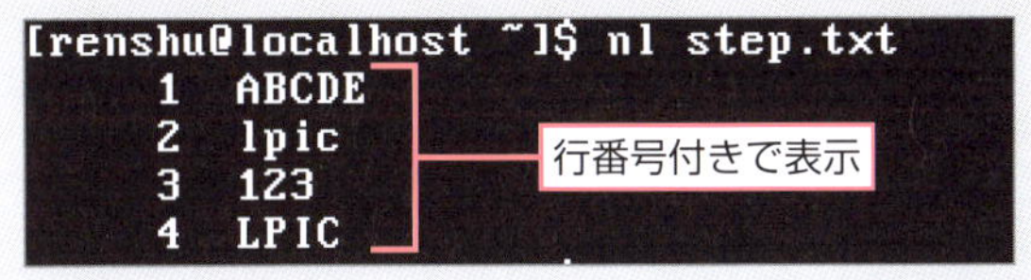


「nl」コマンドでファイルを開くと、行番号が付いたテキストで表示されます。

▼コマンド解説

| paste | 2つのファイルの同じ行のデータを連結して表示 |
|---|---|

「paste」の書式

$ paste [オプション] [ファイル名] [ファイル名]

▼「step.txt」と「kazu.txt」を連結して表示

```
$ paste step.txt kazu.txt Enter
```

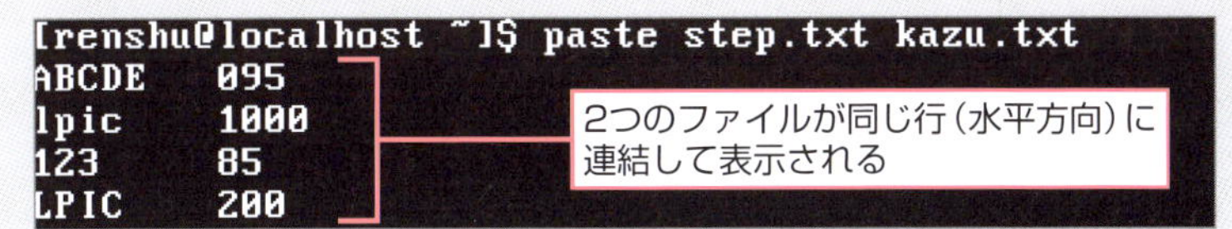


「paste」コマンドで2つのファイルを指定すると、水平方向に連結して表示されます。

## Q ここまでの確認問題

【問1】

テキストファイル「test.txt」の内容を表示するコマンドを記述してください。

【問2】

「test.txt」の内容をページ単位で表示するコマンドを記述してください。

【問3】

「test.txt」の先頭から10行目までを表示するコマンドを記述してください。

【問4】

「test.txt」の末尾から7行目までを表示するコマンドを記述してください。

【問5】

「test.txt」内のデータを数字→アルファベットの昇順に並べ替えるコマンドを記述してください。

【問6】

「test.txt」内の単語数のみを表示するコマンドを記述してください。

【問7】

sortコマンドのマニュアルを表示するコマンドを記述してください。

## A 確認問題の答え

【問1の答え】

cat test.txt

……オプション「-n」を付けると行番号も表示できます。→P.125参照

【問2の答え】

less test.txt

……[f]キーや[b]キーで次の画面や前の画面を表示できます。→P.126参照

【問3の答え】

head test.txt

……先頭から20行表示したい場合は「-20」のオプションを加えます。

→P.129参照

【問4の答え】

tail -7 test.txt

……「-7」を取ると、末尾から10行が表示されます。→P.130参照

【問5の答え】

sort test.txt

……降順に並べ替えるには「-r」オプションを加えましょう。→P.132参照

【問6の答え】

wc -w test.txt

……「-w」オプションを付けなければ、ファイルの行数、単語数、バイト数が順に表示されます。→P.135参照

【問7の答え】

man sort

……わからないコマンドを調べる際に活用しましょう。→P.136参照

# ファイルやテキストの検索を実行

【KeyWord】 find ワイルドカード grep 正規表現

【ここで学習すること】 ファイルやディレクトリを検索する「find」コマンドによる検索方法と、テキストファイルを検索する「grep」コマンドによる検索方法について学習します。

## 「find」と「grep」コマンドを活用する

Linuxでファイルやディレクトリを検索するには「find」コマンドを使います。また、テキストファイル内のデータから文字を検索するには、「grep」コマンドを使います。この2つのコマンドの使い方をマスターすれば、効率的に目的のファイルやテキストデータを見付けることができます。

### ファイルの名前を検索する

ファイルの検索には「find」コマンドを使います。探したいディレクトリを指定し、ファイル名や作成日時などの検索条件を記述して検索します。空のディレクトリやファイルを検索したいときは検索条件のオプション「-empty」を指定します。ファイル名の指定ではワイルドカードも使えます。

▼コマンド解説

| find | ファイルとディレクトリを検索する |
|---|---|

「find」の書式

$ find [ディレクトリ(パス)] [検索条件]

| 「find」の検索条件で使える主なオプション | |
|---|---|
| -empty | 空のディレクトリやファイルを検索 |
| -name | ファイル名で検索 |
| -iname | ファイル名で検索（大文字・小文字を区別しない） |
| -type d | ディレクトリを検索 |
| -mtime [n] | [n]日前に更新されたファイルを検索 |
| -atime [n] | [n]日前に最終アクセスされたファイルを検索 |
| -size [n]k | [n]KBのサイズのファイルを検索 |

### ▼カレントディレクトリで「test.txt」ファイルを検索

```
$ find . -name test.txt [Enter]
```

```
[renshu@localhost ~]$ find . -name test.txt
./test.txt
[renshu@localhost ~]$ _
```

「.」はカレントディレクトリを表し、「-name」でファイル名での検索を指定、最後に検索するファイル名「test.txt」が入ります。カレントディレクトリの「.」を省略しても結果は変わりません。カレントディレクトリとカレントディレクトリ以下のディレクトリを検索します。

### ▼「test（1文字）.txt」の条件に合うファイルを検索

```
$ find . -name 'test?.txt' [Enter]
```

```
[renshu@localhost ~]$ find . -name 'test?.txt'
./test2.txt
./test3.txt
[renshu@localhost ~]$ _
```

「test（1文字）.txt」ファイルが検索された

検索ファイル名にワイルドカードを指定します。「'test?.txt'」の記述は、「test」に続いて1文字（「？」）入り、「.txt」で終わるファイル名を表しています。ワイルドカードについての詳細はP.118を参照してください。

### ▼「test(複数の文字).txt」の条件に合うファイルを検索

```
$ find . -name 'test*.txt' Enter
```

```
[renshu@localhost ~]$ find . -name 'test*.txt'
./test[100].txt
./test[1].txt
./test[abc].txt
./test.txt
./test2.txt
./test11.txt
./test3.txt
[renshu@localhost ~]$ _
```

「test(複数の文字).txt」ファイルが検索された

今度はワイルドカードの特殊記号「*」を使って、「test(複数の文字).txt」の条件に合うファイルを検索してみましょう。

#### Point ワイルドカードを使うときの注意

ワイルドカードを使うときは、「'(ファイル名)'」のように「'」(シングルクォーテーション)で囲む必要があります。入れ忘れてしまうとファイル名の指定が正しく行われなくなるので注意しましょう。

### ▼複数のディレクトリから「aaa」で始まるファイルを大文字小文字関係なく検索

```
$ find  ./kadai2 ./kadai5 -iname 'aaa*' Enter
```

```
[renshu@localhost ~]$ find ./kadai2 ./kadai5 -iname 'aaa*'
./kadai2/aaa.txt
./kadai5/AAA.txt
[renshu@localhost ~]$ _
```

「aaa.txt」と「AAA.txt」が検索された

「./kadai2 ./kadai5」で「kadai2」と「kadai5」サブディレクトリを指定し、「-iname」で大文字小文字関係なく「'aaa*'」で「aaa」で始まるファイルを指定して検索します。ディレクトリには相対パスだけでなく、ルートから指定する絶対パスでも指定することができます。

#### Point 検索に使えるコマンド「locate」

ファイル名の検索では「locate」コマンドも使うことができます。ただし、事前に「updatedb」で専用のデータベースを作成する必要があります。

### ▼1日以内に更新されたファイルを検索

```
$ find . -mtime -1 Enter
```

```
[renshu@localhost ~]$ find . -mtime -1
.
./test[abc].txt
./test.txt
./test2.txt
./.test2.txt.swp
./.lesshst
./kadai
./kazu.txt
./step.txt
./test11.txt
./test20
./kadai2
./kadai2/aaa.txt
./kadai5
./kadai5/AAA.txt
./test3.txt
./kadai3
./kadai3/kadai1
[renshu@localhost ~]$ _
```

1日以内に更新されたファイルが検索された

日付で指定する場合には、検索条件の「-mtime」オプションを使います。「1日以内に更新されたファイル」を指定するには、「-mtime」の後に「-1」を付けます。日付の指定方法については下の表を参考にしてください。

### ▼「-mtime」での日付の指定方法

-mtime 7 ………………… 7日前（検索を実行した時間から7日前）
-mtime +7 ……………… 7日より前に更新されたファイル
-mtime -7 ……………… 7日以内に更新されたファイル

### Point 「-atime」も使ってみましょう

「find」の検索条件オプションの1つ「-atime」オプションは、「-mtime」と同じ方法で利用できます。こちらのオプションでは、最後にアクセスした時刻で検索できます。

### ▼「kadai3」ディレクトリ内のサブディレクトリを検索

```
$ find ./kadai3 -type d Enter
```

```
[renshu@localhost ~]$ find ./kadai3 -type d
./kadai3
./kadai3/kadai1
[renshu@localhost ~]$ _
```

「kadai3」ディレクトリ内のサブディレクトリが検索された

ファイルだけではなく、ディレクトリの検索もできます。「kadai3」ディレクトリ内のサブディレクトリを検索してみましょう。「-type d」オプションでディレクトリを指定して検索します。

### ▼ファイルサイズが1KBのファイルを検索

```
$ find . -size 1k Enter
```

```
[renshu@localhost ~]$ find . -size 1k
./.bash_logout
./.bash_profile
./.bashrc
./test.txt
./test2.txt
./.lesshst
./kadai
./kazu.txt
./step.txt
./kadai2
./kadai5
./kadai3
./kadai3/kadai1
[renshu@localhost ~]$ _
```

1KBのサイズのファイルが検索された

特定のサイズのファイルを検索するには「-size」の後にファイルサイズを指定します。「5k」で5KBのサイズのファイル、「+5k」で5KB以上のサイズのファイル、「-5k」で5KB以下のサイズのファイルになります。「k」はKbyteを表します。「c」ならByteとなり、「5c」で5Bのサイズを表します。

## ファイルの中身を検索する

ファイルの中から指定した文字が含まれる行を検索するには、「grep」(Global find Regular Expression and Print)コマンドを使います。

▼コマンド解説

| grep | ファイル内の文字列を検索する |
|---|---|

**「grep」の書式**

$grep [オプション][検索文字列][ファイル名]

**「grep」の主なオプション**

| オプション | 説明 |
|---|---|
| -i | 大文字小文字を区別せずに検索 |
| -v | 条件に合わないものを検索 |
| -E | 拡張正規表現を使った検索(「egrep」コマンドでも可) |

▼「test.txt」ファイルから「aaa」という文字を検索

```
$ grep aaa test.txt Enter
```

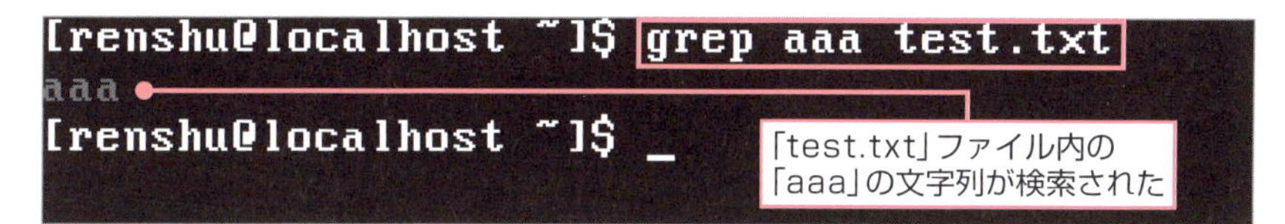


「test.txt」ファイルを指定し、その中から「aaa」が含まれる行を検索して表示します。

▼大文字小文字に関係なく「aaa」という文字列を検索

```
$ grep -i aaa test.txt [Enter]
```

```
[renshu@localhost ~]$ grep -i aaa test.txt
AAA
aaa
[renshu@localhost ~]$ _
```

「test.txt」ファイル内の「aaa」と「AAA」の文字列が検索された

「-i」オプションを使用し、「test.txt」ファイルの中から大文字小文字に関係なく「aaa」の文字列が含まれる行を検索して表示します。

▼「test.txt」ファイル内で「aaa」の文字列が含まれない行を検索

```
$ grep -v aaa test.txt [Enter]
```

```
[renshu@localhost ~]$ grep -v aaa test.txt
test
Linux
LINUX
lpic 101 102
AAA
BA12BC4
66
55

linuxlinux
lpic 101 102


[renshu@localhost ~]$ _
```

「test.txt」ファイル内の「aaa」の文字列が含まれない行が検索された

「-v」オプションを使用すると、指定した文字列を除いて検索することが可能です。「test.txt」ファイルの中から「aaa」の文字列が含まれない行を検索して表示します。

## 複雑な検索を行える「egrep」を使ってみる

複雑な検索をするには正規表現（Regular Expression）を使います。正規表現はLinux以外にプログラミング言語でも使われています。さまざまな利用方法がある拡張正規表現には「egrep」コマンドを使いますが、「grep」コマンドに「-E」オプションを付けることでも利用可能です。
ここではegrepコマンドで拡張正規表現を試してみましょう。

### コマンド解説

| egrep | ファイル内を検索文字列パターン（正規表現）で検索 |
| --- | --- |

「egrep」の書式

```
$ egrep [オプション][検索文字列パターン(正規表現)][ファイル名]
```

### 正規表現で使用する主な特殊記号（メタキャラクタ）と意味の例

「.」…………**1文字を表す**
例：**X.Z**……Xで始まりZで終わる3文字の文字
xyz、xaz、xgzなど

「+」…………**直前の文字やパターンを1回以上繰り返したもの**
例：**testX+**……testにXを1回以上繰り返したもの
testX、testXX、testXXXなど
例：**(AB)+**……パターンABの1回以上の繰り返し
AB、ABAB、ABABABなど

「*」…………**直前の文字やパターンの0回以上の繰り返し**
例：**testX***……Xの0回以上の繰り返し
test、testX、testXX、testXXXなど

「?」…………**直前の文字やパターンの0または1回の繰り返し**
例：**ABCD?**……ABCまたはABCD

「＼」…………**後のメタキャラクタを普通の文字として扱う**
例：**AB＼[1＼]**……AB[1]

「¦」…………文字やパターンの選択

例：A¦B……AまたはB

例：(AB)¦(CDE)……ABまたはCDE

「[ ]」…………1)[ ]の中のどれか1文字

例：[ABCD]……A,B,C,Dいずれか1文字

2)[ - ]　範囲指定

例：[A-C]……AからCのいずれか1文字

例：[1-9]……1から9までのいずれか1文字

3)[^]　[]内の文字以外

例：[^Aa]……A、a以外の文字

「(文字列)」…複数の文字をひとまとめで扱う

例：(AB¦CD¦EFG)……ABまたはCDまたはEFG

「^」…………行頭の文字を指定

例：^A……行の先頭がAで始まるもの

「$」…………行末の文字を指定

例：Z$……Zで終わるもの

▼「ic」の前に2文字の文字を含む行をすべて表示

```
$ egrep '..ic' data.txt Enter
```

```
[renshu@localhost ~]$ egrep '..ic' data.txt
lpic
lpic 101 102
Lpic
[renshu@localhost ~]$ _
```

「(2文字)ic」の文字列を含む行が検索された

「data.txt」の中から、「ic」の前に2文字の文字を含む文字列('..ic')がある行をすべて表示するコマンドです。検索文字列パターンは、ワイルドカードと同様、「'」(シングルクオーテーション)で囲む必要があるので注意しましょう。

▼ 先頭が「#」ではじまるコメント行を表示

```
$ egrep '^#' data.txt Enter
```

```
[renshu@localhost ~]$ egrep '^#' data.txt
# Comment
[renshu@localhost ~]$ _
```

先頭が#で始まる行が表示された

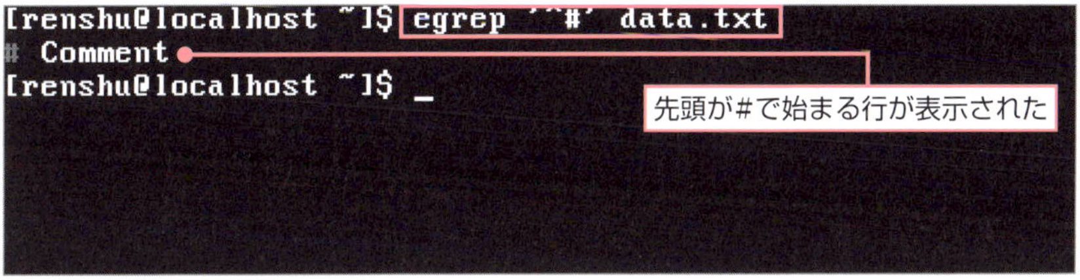

「data.txt」ファイルから、先頭が「#」ではじまる行（コメント行）を検索して表示します。

▼ 先頭が「L」または「l」以外ではじまる行を表示

```
$ egrep `^[^Ll]' data.txt Enter
```

```
[renshu@localhost ~]$ egrep '^[^Ll]' data.txt
aaa
AAA
# Comment
test
testX
testXX
testXXX
abc
ABC
[renshu@localhost ~]$ _
```

「L」「l」以外の文字ではじまる行が表示された

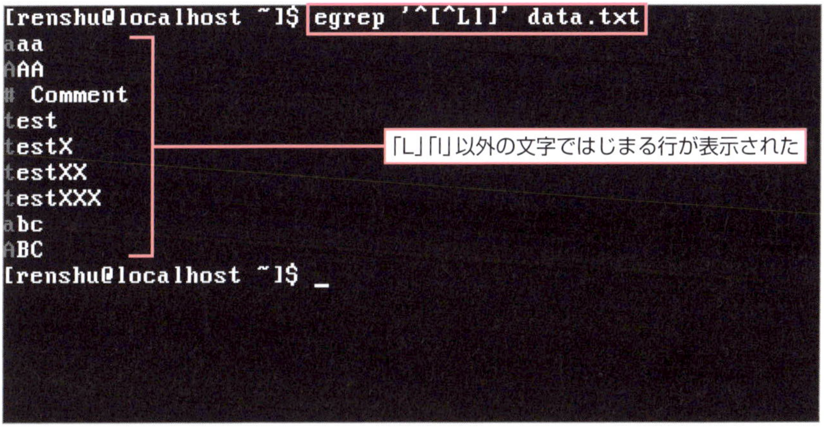

「^（行頭の文字を指定）[^Ll]（Lとl以外）」という検索文字列パターンを使って、「L」と「l」以外の文字ではじまる行をすべて表示します。

**Point 「^」の使い方はちょっと複雑**

特殊記号の「^」（キャレット）は、「[]」の中で使うと否定、単体で使うと行頭の指定となります。使い方によって役割が変わってしまうので、混乱しないように気を付けましょう。

### ▼「data.txt」ファイルから大文字を含む行をすべて表示

```
$ egrep '[A-Z]' data.txt Enter
```

```
[renshu@localhost ~]$ egrep '[A-Z]' data.txt
AAA
# Comment
testX
testXX
testXXX
ABC
Lpic
Linux
[renshu@localhost ~]$ _
```

大文字を含む行が表示された

「data.txt」ファイルから「A」から「Z」までの大文字を含む行を検索して表示します。

### ▼「test」に「X」を1回以上繰り返した文字列の行を表示

```
$ egrep 'testX+' data.txt Enter
```

```
[renshu@localhost ~]$ egrep 'testX+' data.txt
testX
testXX
testXXX
[renshu@localhost ~]$ _
```

「test」の文字に1つ以上の「X」が付いた文字列を含む行が表示された

「data.txt」ファイルから「test」に1回以上繰り返した「X」が付いた文字列を含む行を検索して表示します。

### ▼「test」に「X」を0回以上繰り返した文字列の行を表示

```
$ egrep 'testX*' data.txt Enter
```

```
[renshu@localhost ~]$ egrep 'testX*' data.txt
test
testX
testXX
testXXX
[renshu@localhost ~]$ _
```

「test」の文字に0回以上の「X」が付いた文字列を含む行が表示された

「testX+」は「X」を1回以上繰り返した文字列でしたが、「testX*」は「X」を0回以上繰り返した文字列を意味します。前者は「X」のない「text」を含みませんが、後者には「text」文字列も含まれます。

# ここまでの確認問題



【問1】

ファイルやディレクトリの検索に使うコマンドはどれでしょうか。

A. lookfor

B. discover

C. find

D. search

【問2】

カレントディレクトリで「test.txt」ファイルを検索するコマンドを記述してください。

【問3】

ファイルの中身を検索するコマンドはどれでしょうか。

A. grape

B. grap

C. greap

D. grep

【問4】

「test.txt」ファイル内で「aaa」という文字列を検索するコマンドを記述してください。

【問5】

「test.txt」ファイル内で先頭が「#」で始まる行を検索するegrepコマンド記述してください。

# A 確認問題の答え

【問1の答え】 C. find

……さまざまなオプションが用意されているので、チェックしておきましょう。

→P.140参照

【問2の答え】 find . -name test.txt

……「.」はカレントディレクトリを表しています。

→P.141参照

【問3の答え】 D. grep

……「-E」オプションを付けると「egrep」コマンドと同じく拡張正規表現が使えます。

→P.145参照

【問4の答え】 grep aaa test.txt

……逆に「aaa」を含まない行を検索するには「-v」オプションを使います。

→P.145参照

【問5の答え】 egrep '^#' data.txt

……「^#」で行頭の#を表します。これらは''で囲む必要があります。

→P.149参照

# 第6章

# リダイレクトとパイプの使い方

入力と出力について学習したら、複数のコマンドをつなぐ方法まで覚えましょう。

# リダイレクトとパイプの有効な活用法

【KeyWord】 標準入力 標準出力 標準エラー出力 リダイレクト パイプ tee

【ここで学習すること】標準入力、標準出力、標準エラー出力の違いを理解し、リダイレクトとパイプの使い方を学習します。

## 「入力」と「出力」の考え方

Linuxで実行されるコマンドには3つの出入り口が用意されています※1。

0 …………… 標準入力
1 …………… 標準出力
2 …………… 標準エラー出力

特に指定がない場合は標準入力にキーボード、標準出力と標準エラー出力はディスプレイを使います。

▼ 基本的な入力と出力の流れ

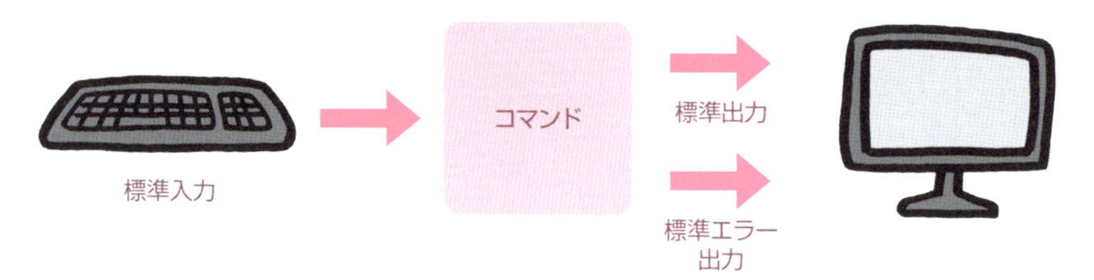


通常、コマンドはキーボードから入力し、ディスプレイに出力されます。

## 「リダイレクト」で入力先・出力先を切り替える

標準入力、標準出力、標準エラー出力は、キーボードやディスプレイ以外にファイルやプリンタなどに切り替えることができます。これを「リダイレクト」といいます。リダイレクトには以下の記号を使います。

| 記号 | 説明 |
|---|---|
| > ………… | 標準出力の出力先を変更する（データは上書きされる） |
| >> ……… | 標準出力の出力先を変更する（データは追加で書き込まれる） |
| < ………… | 標準入力の入力元を変更する |
| 2> ……… | 標準エラー出力の出力先を変更する（データは上書きされる） |
| 2>> ……… | 標準エラー出力の出力先を変更する（データは追記される） |

### 入力先と出力先は変更可能

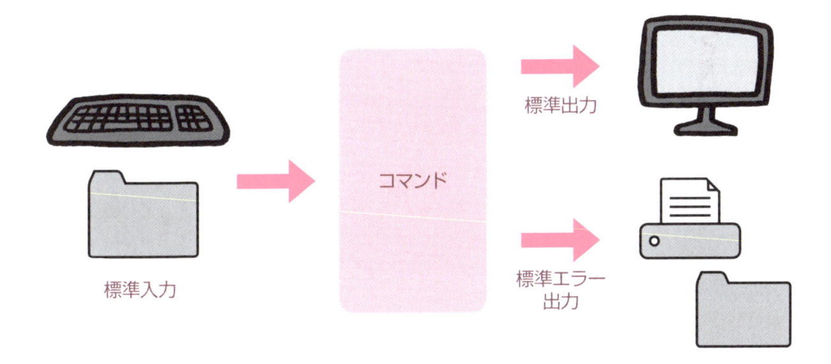


標準入力、標準出力、標準エラー出力は、ファイルやプリンタなどに切り替えられます。

※1：標準入力は「0」、標準出力は「1」、標準エラー出力は「2」と番号（ファイルディスクプリタ）が付けられていますが、これはLinuxが扱いやすいようにするためです。

## リダイレクトの便利な使い方

処理の結果を画面に表示(出力)するのではなくファイルに残したいとき、リダイレクトで標準出力先を変更します。

### ▼コマンドの実行結果をファイルに保存する「>」

```
$ cal > month.txt Enter
```

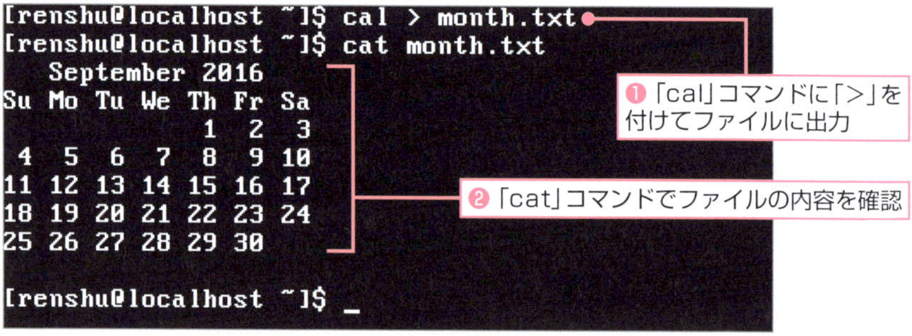

```
[renshu@localhost ~]$ cal > month.txt
[renshu@localhost ~]$ cat month.txt
   September 2016
Su Mo Tu We Th Fr Sa
             1  2  3
 4  5  6  7  8  9 10
11 12 13 14 15 16 17
18 19 20 21 22 23 24
25 26 27 28 29 30

[renshu@localhost ~]$ _
```

❶「cal」コマンドに「>」を付けてファイルに出力

❷「cat」コマンドでファイルの内容を確認

コマンドの実行結果を画面ではなく、ファイルに書き出します。「cal」コマンドで呼び出すカレンダーの内容を、リダイレクト記号「>」で「month.txt」ファイルに書き込んでいます。書き込んだ内容は「cat」コマンドで確認しましょう。

### ▼ファイルにデータを追加して書き込む 「>>」

```
$ date >> month.txt Enter
```

```
[renshu@localhost ~]$ date >> month.txt
[renshu@localhost ~]$ cat month.txt
   September 2016
Su Mo Tu We Th Fr Sa
             1  2  3
 4  5  6  7  8  9 10
11 12 13 14 15 16 17
18 19 20 21 22 23 24
25 26 27 28 29 30

Thu Sep 29 20:34:24 JST 2016
[renshu@localhost ~]$ _
```

❶「date」コマンドに「>>」を付けて「month.txt」ファイルに書き出し

❷日付の情報が「month.txt」ファイルに追加された

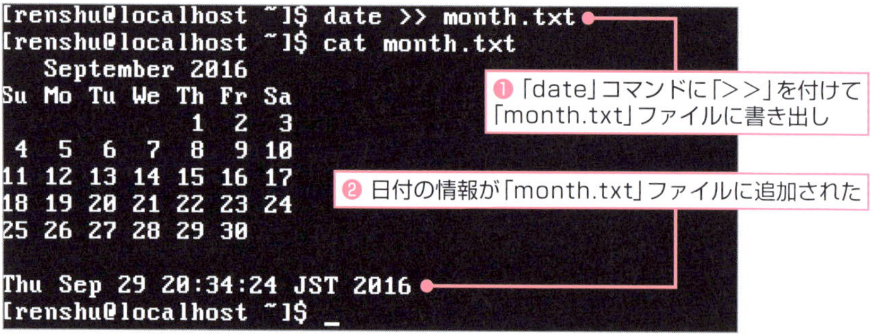

こちらは、リダイレクト記号「>>」で、「date」コマンドの日付情報を「month.txt」ファイルに追記しています。すでにあるテキストの下に追加されていることがわかります。

### ▼ エラーメッセージを残す「2>」

```
$ cat xz  2> error [Enter]
```

```
[renshu@localhost ~]$ cat xz > error        ①
cat: xz: No such file or directory          ②
[renshu@localhost ~]$ cat error             ③
[renshu@localhost ~]$ cat xz 2> error       ④
[renshu@localhost ~]$ cat error             ⑤
cat: xz: No such file or directory
[renshu@localhost ~]$ _
```

存在しないファイル「xz」の内容を「cat」コマンドで表示しようとするとエラーになりますが、リダイレクト「2>」を使い、このエラーメッセージを「error」ファイルに書き込みます。

❶ 存在しない「xz」ファイルを「error」ファイルに書き込み
❷「xz」が存在しないのでエラーメッセージが表示
❸「error」ファイルには何も書かれていない
❹「cat xz」コマンドで表示されるエラーメッセージを「error」ファイルに書き込み
❺「error」ファイルにエラーメッセージが書き込まれている

### ▼ リダイレクトを組み合わせる

```
$ cat ab.txt ac.txt xz > abcd 2>> error [Enter]
```

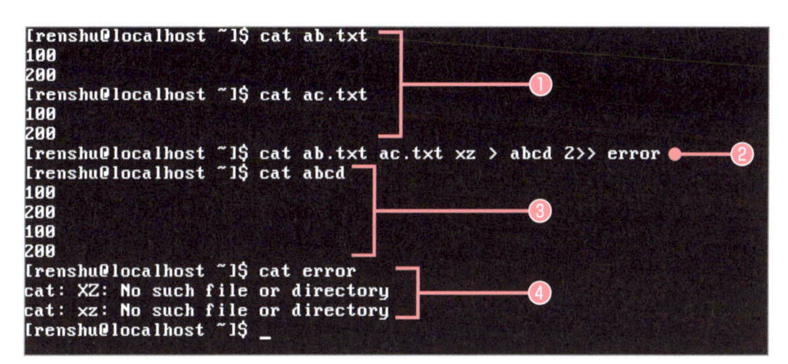


「ab.txt」、「ac.txt」、「xz」(存在しない)の内容を表示した結果を「abac」ファイルに書き込みます。「xz」が存在しない旨のエラーメッセージを「error」ファイルに追記します。

❶「ab.txt」と「ab.txt」の内容を確認
❷ コマンドを実行する
❸ 2つのファイルの内容を表示した結果が「abcd」ファイルに書き込まれている
❹「error」ファイルに「xzファイルがない」というエラーメッセージが追記されている

## 「パイプ」機能を使いこなす

「パイプ」機能を使うと、複数のコマンドをつなげて実行することができます。
最初のコマンドを実行すると、その実行結果を次のコマンドの標準入力に渡して、次のコマンドが実行されます。
コマンドとコマンドをつなぐ記号には「|」を使います。

▼ パイプを使って複数コマンドの出力と入力をつなげる

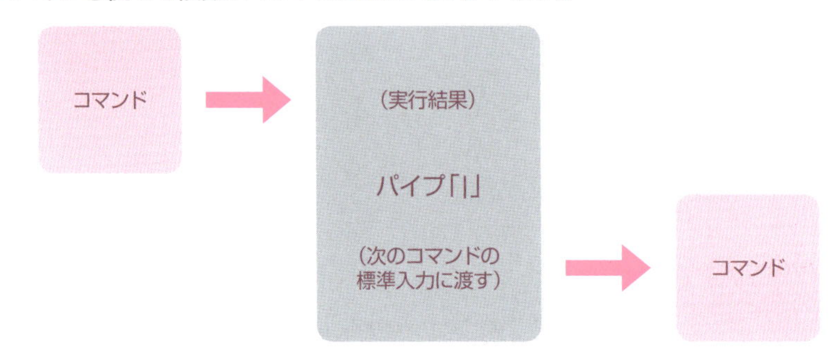


1つめのコマンドの標準出力から出た結果をパイプ「|」を通して2つめのコマンドの標準入力につなぎます。

### パイプで2つのコマンドを続けて実行する

それでは、実際にパイプ機能を使ってみましょう。「history」コマンド(実行したコマンドの履歴を表示)と、「head」コマンド(ファイル内の先頭10行を表示)をパイプ「|」でつないで実行すると、コマンド履歴の先頭10行のみを表示させることができます。

▼ コマンド履歴を最初の10行だけ表示させる

```
$ history | head Enter
```

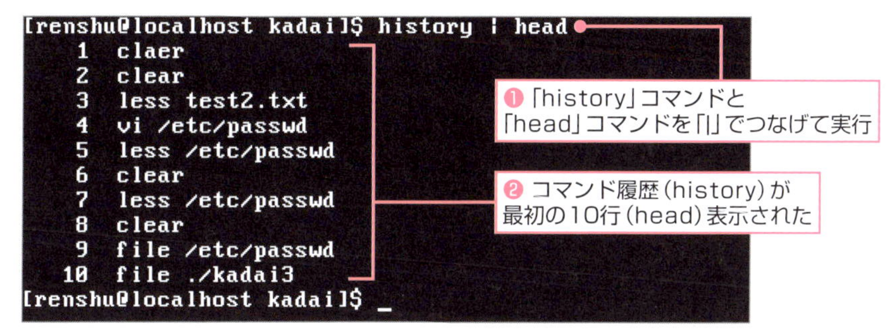


2つのコマンドをパイプでつないで実行したところ、今まで実行したコマンド(「history」コマンドの結果)から先頭10個分(「head」コマンドの結果)が表示されました。

## ● ディスプレイ(標準出力)とファイルに同時出力する「tee」

「tee」コマンドを使うと、実行結果を別のコマンドに送るとともに、結果をファイルに出力することもできます。
たとえば「data.txt」ファイルから「t」を含むデータを検索し、結果を「t.txt」に保存後、先頭3行分だけ表示させるといった複雑な操作も行えます。

### ▼ パイプと「tee」コマンドの使い方

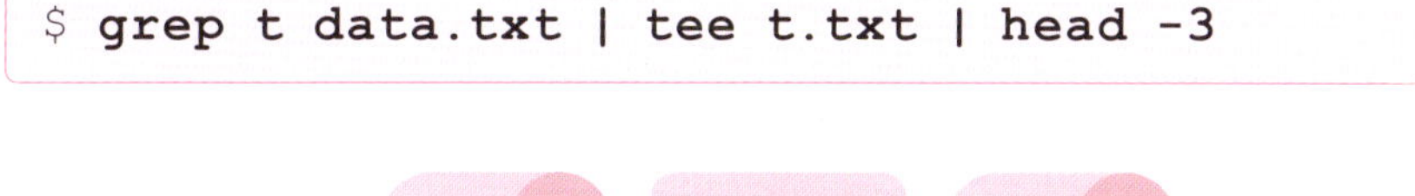

```
$ grep t data.txt | tee t.txt | head -3
```

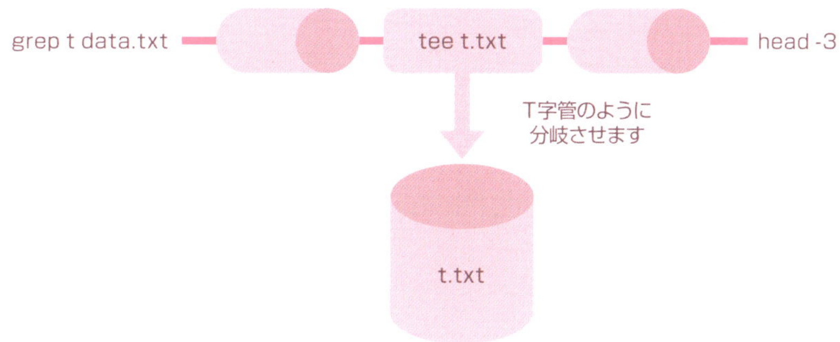


「grep t data.txt」コマンドで「data.txt」ファイルから「t」を含む行のデータを表示したら、パイプでつないだ「tee t.txt」コマンドで「t」を含むデータを「t.txt」に書き込み、結果をパイプへ送ります。「head -3」コマンドで前のコマンド結果から先頭3行分を表示させます。

## Q ここまでの確認問題

【問1】

特に指定がない場合、標準入力には何が使われますか。

A. キーボード　B. マウス
C. ディスプレイ　D. プリンタ

【問2】

標準出力の出力先を変更するする場合（追加）、どの記号を使いますか。

A. <　B. >
C. >>　D. 2>>

【問3】

コマンド履歴を最初の10行だけ表示するコマンドをパイプを使って記述してください。

## A 確認問題の答え

【問1の答え】 A. **キーボード**

……特に指定がない場合、標準出力、標準エラー出力にはディスプレイが使われます。→P.154参照

【問3の答え】 C. **>>**

……「2>>」は標準エラー出力の出力先を変更するのに使います。→P.155参照

【問3の答え】 **histry | head**

……histryコマンドの実行結果をパイプ「|」を使ってheadコマンドに受け渡しています。→P.158参照

# 第7章

# シェル変数とコマンドの扱い

内部コマンドと外部コマンドの違いを知り、コマンドを使いやすくする方法を学びます。

シェル変数と環境変数の違いを理解 ▶ エイリアスと環境設定ファイルの使い方

# シェル変数と環境変数の違いを理解

【KeyWord】 シェル変数 環境変数 echo export unset set env printenv 内部コマンドと外部コマンド type

【ここで学習すること】シェル変数と環境変数の役割と違いを理解し、その使い方を学習します。

## シェル変数と環境変数

ユーザーとカーネルの仲介役をするシェルは、ユーザー名やディレクトリなどの情報を変数に入れて参照しています。
変数には「シェル変数」と「環境変数」があります。

▼シェル変数と環境変数の違い

- **シェル変数**…… いま実行しているシェルの中だけで有効な変数
- **環境変数** …… いま実行しているシェルと、そこから実行されるシェルやプログラムに引き継がれる変数

環境変数はシェル変数を「export」コマンドで定義して設定します。

▼ シェルと変数の関係

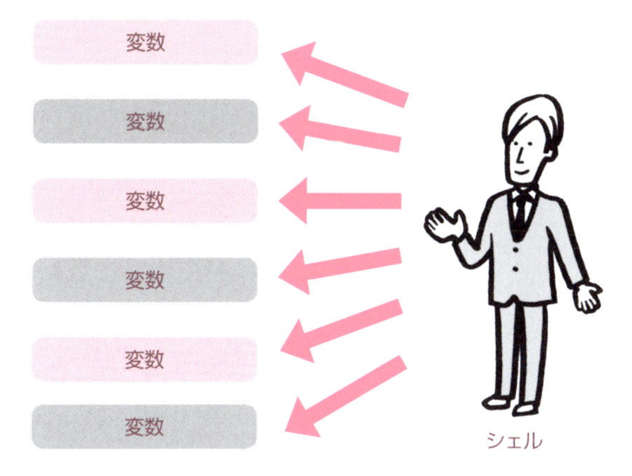


Linuxのシェルは、各種情報が保存された変数を参照してさまざまな作業を実行します。

## ● 主な変数を確認する

さまざまなデータを変数に入れて参照することができます。シェルが使う主な変数には以下のようなものがあります。

▼ 主な変数とその内容

PATH……………コマンドやプログラムの場所を示すディレクトリの一覧
PWD ……………カレントディレクトリ
HOME …………カレントユーザーのホームディレクトリ
HOSTNAME……コンピュータ名
LANG……………今使っている言語環境
LOGNAME ……シェルのユーザー名
PS1………………プロンプトに表示する内容
PS2………………複数行にわたる入力時に使うプロンプト
UID ………………ユーザーID
USER ……………ユーザー名

## 変数を設定する

シェルに情報を伝えるために、ユーザーが変数を設定することもできます。変数を定義するには、以下のように指定します。

**変数定義の書式**

変数名=値

**▼ 変数を定義する上での注意点**

- 「=」の前後にスペースを入れない
- 変数名の先頭に数字は使えない
- 大文字と小文字は区別される
- 値にスペースを入れたいときは「'」(シングルクォーテーション)または「"」(ダブルクオーテーション)で囲む

**▼ 変数「lpic1」に「LPI101 LPI102」を定義するコマンド**

```
$ lpic1='LPI101 LPI102' [Enter]
```

変数に空白が入るので「'」で囲みます。設定した変数を確認するには、次に紹介する「echo」コマンドを使います。

**▼ コマンド解説**

| echo | 環境変数や文字列の値を表示する |
|---|---|

**「echo」の書式**

$ echo [オプション] [変数または文字列]

**「echo」の主なオプション**

| オプション | 説明 |
|---|---|
| -n | テキストの最後に改行を出力しない |

▼ 変数「lpic1」の値を表示するコマンド

```
$ echo $lpic1 [Enter]
```

```
[renshu@localhost kadai]$ lpic1='LPI101 LPI102'
[renshu@localhost kadai]$ echo lpic1
lpic1
[renshu@localhost kadai]$ echo $lpic1
LPI101 LPI102
[renshu@localhost kadai]$ _
```

「echo」コマンドで変数名を指定すると、変数の内容を表示できます。変数名の前には「$」を付けます。付け忘れた場合は入力した文字がそのまま表示されてしまいます。

❶ 変数名を入力すると、そのまま表示される
❷ 変数名の前に「$」を付けると、変数の値が表示される

## シェル変数を環境変数に変更する

シェル変数は今動いているシェルの中でのみ使えます。この変数をシェルから起動された子シェルやプログラムでも引き継がれる変数にするには「export」コマンドで環境変数に設定します。

▼ コマンド解説

| export | シェル変数を環境変数に変更する |
|---|---|

**「export」の書式**

$ export［オプション］［変数名］
<変数の定義と同時に環境変数に設定する場合>
$ export［オプション］［変数名］=［変数］

**「export」の主なオプション**

| オプション | 説明 |
|---|---|
| -n | 環境変数の設定を削除する |
| -p | 環境変数のリストを表示する |

▼ 環境変数の特徴

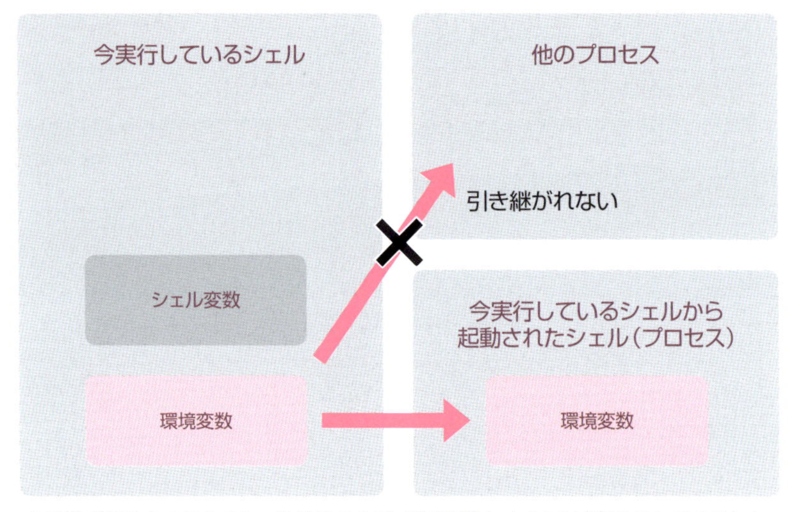


シェル変数が使えるのはそのシェルだけですが、環境変数にすると引き継ぐことができます。

▼ シェル変数と環境変数の違いを確認する　その1

```
$ lpic1='LPI101 LPI102' Enter
$ elpic1=Linux Enter
$ echo $lpic1 Enter

$ echo $elpic1 Enter

$ export elpic1 Enter
$ bash Enter
$ echo $lpic1 Enter

$ echo $elpic1 Enter

$ exit Enter
$ echo $lpic1 Enter

$ echo $elpic1 Enter
```

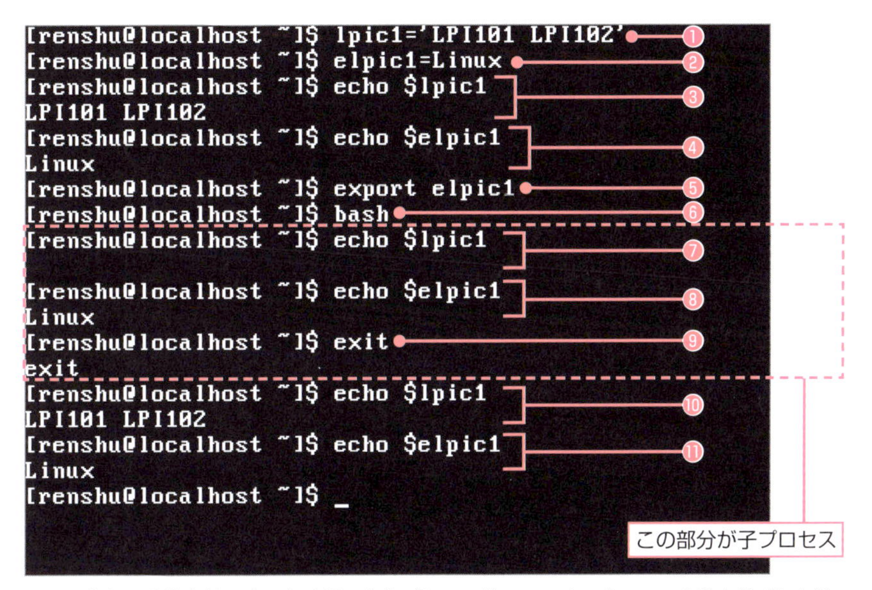


シェル変数と環境変数の違いを確認します。「lpic1」「elpic1」というシェル変数を作成した後、「elpic1」を環境変数に設定します。「bash」コマンドで起動した子プロセス上では、環境変数「elpic1」は表示されますが、シェル変数「lpic1」は表示されません。

❶ シェル変数「lpic1」を作り、値を「LPI101 LPI102」に設定
❷ シェル変数「elpic1」を作り、値を「Linux」に設定
❸ 「echo」コマンドを使うと「lpic1」の値が表示
❹ 「echo」コマンドを使うと「elpic1」の値が表示
❺ 「export」コマンドで「elpic1」を環境変数に設定
❻ 「bash」コマンドで子プロセスを起動
❼ シェル変数「lpic1」の値は子プロセスでは表示されない
❽ 環境変数にした「elpic1」の値は子プロセスで表示される
❾ 「exit」コマンドで子プロセスからログアウト
❿ 元のシェルに戻ったので「lpic1」の値が表示
⓫ 「elpic1」の値も表示される

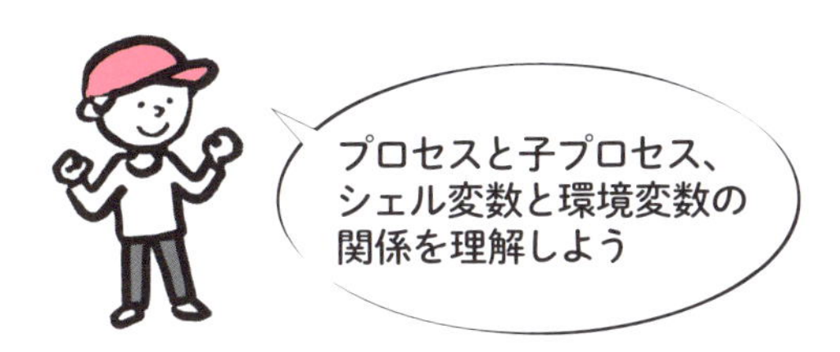

▼ シェル変数と環境変数の違いを確認する　その2

```
$ sweets=candy [Enter]
$ export sweets [Enter]
$ bash [Enter]
$ echo $sweets [Enter]

$ export sweets=cookie [Enter]
$ echo $sweets [Enter]

$ bash [Enter]
$ echo $sweets [Enter]

$ exit [Enter]
$ echo $sweets [Enter]

$ exit [Enter]
$ echo $sweets [Enter]
```

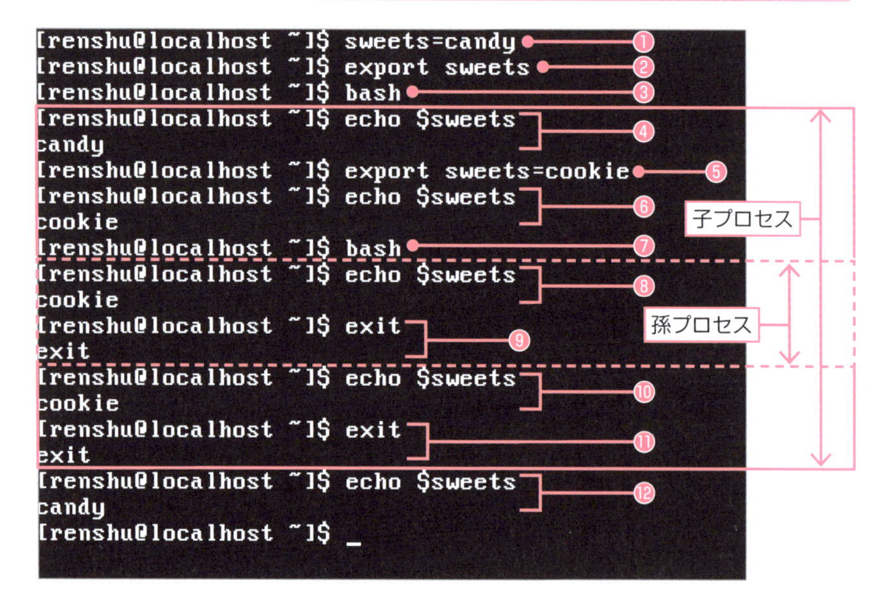

❶ シェル関数「sweets」に値「candy」をセット
❷ 「export」コマンドで「sweets」を環境変数に変更
❸ 「bash」コマンドで子プロセスを起動
❹ 子プロセスでシェル関数「sweets」を確認
❺ 子プロセスで「sweets」を環境変数にすると同時に値を「cookie」に変更
❻ 子プロセスで「sweets」を確認すると値「cookie」が表示
❼ 「bash」コマンドで孫プロセス起動
❽ 孫プロセスで「sweets」を確認すると値「cookie」が表示される
❾ 「exit」コマンドで子プロセスへ戻る
❿ 子プロセスで「sweets」を確認すると値「cookie」が表示
⓫ 「exit」コマンドで親プロセスへ戻る
⓬ 「sweets」を確認すると値は「candy」になる

▼「sweets」の環境変数のみを削除するコマンド

```
$ export -n sweets Enter
```

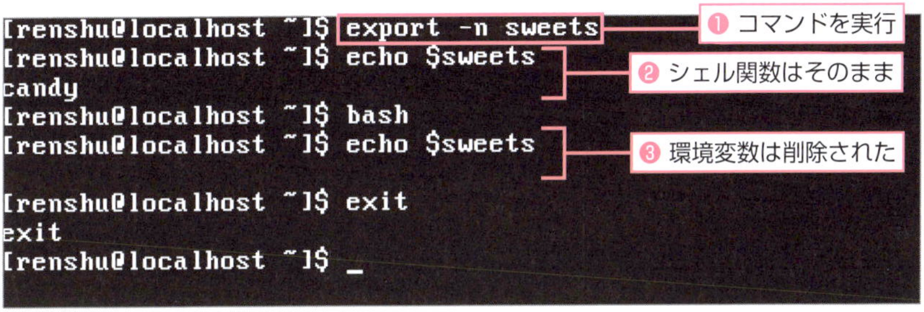

```
[renshu@localhost ~]$ export -n sweets
[renshu@localhost ~]$ echo $sweets
candy
[renshu@localhost ~]$ bash
[renshu@localhost ~]$ echo $sweets

[renshu@localhost ~]$ exit
exit
[renshu@localhost ~]$ _
```

❶ コマンドを実行
❷ シェル関数はそのまま
❸ 環境変数は削除された

「sweets」変数の環境変数だけ削除するので、子プロセスでは「sweets」は表示されません。

**Point** 環境変数の特徴

環境変数はグローバル変数のようなものではありません。すべての範囲で使えるグローバル変数とは異なり、環境変数は使える範囲が限られます。使用中のシェルから起動したシェルでは使うことができますが、別のシェルや上（親）のシェルには反映されないので注意しましょう。

## 変数を削除する

変数を削除するには「unset」コマンドを使います。このコマンドを使うと、シェル変数と環境変数のどちらも削除されます。

▼コマンド解説

| unset | 指定した変数を削除する |
|---|---|

「unset」の書式

$ unset［変数］

▼「elpic1」変数を削除するコマンド

```
$ unset elpic1 Enter
```

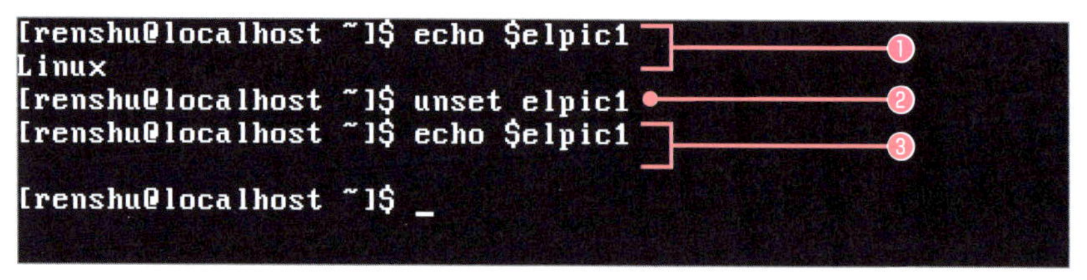


「elpic」変数を削除後、「echo」コマンドで確認すると「elpic1」の内容が消えています。

① 「echo」コマンドで確認すると「elpic 1」の値が「Linux」になっている
② 「unset」コマンドで変数「elpic 1」を削除
③ 「echo」コマンドで確認すると「elpic 1」が削除されている

### 参考 変数の設定と表示のまとめ

- 変数の設定 ……………………… elpic1=Linux
- 環境変数への変更………………… export elpic1
- 変数の削除 ……………………… unset elpic1
- 変数内容の表示…………………… echo $elpic1

（表示するときだけ変数名の先頭に「$」マークを付けます）

## どのような変数があるかを確認する

シェル変数と環境変数を確認するには「set」コマンドを使います。このコマンドでシェル(bash)のオプション(設定)を変えることもできます。また、環境変数だけ確認する「env」コマンド、「printenv」コマンドもあります。

### ▼コマンド解説

| set | シェル変数の表示・設定を行う |
|---|---|

**「set」の書式**

$ set［オプション］

| 「set」の主なオプション | |
|---|---|
| -o［シェルオプション］ | 指定したシェルオプションを有効にする |

### ▼シェルで使われている変数をすべて表示

```
$ set [Enter]
```

```
OPTIND=1
OSTYPE=linux-gnu
PATH=/usr/local/bin:/bin:/usr/bin:/usr/local/sbin:/usr/sbin:/home/renshu/.local/
bin:/home/renshu/bin
PIPESTATUS=([0]="0")
PPID=2301
PS1='[\u@\h \W]\$ '
PS2='> '
PS4='+ '
PWD=/home/renshu
SHELL=/bin/bash
SHELLOPTS=braceexpand:emacs:hashall:histexpand:history:interactive-comments:moni
tor
SHLVL=2
TERM=linux
UID=1000
USER=renshu
XDG_RUNTIME_DIR=/run/user/1000
XDG_SEAT=seat0
XDG_SESSION_ID=1
XDG_VTNR=1
_=clear
colors=/home/renshu/.dircolors
sweets=candy
[renshu@localhost ~]$ _
```

フルバージョンのCentOSでは結果が異なる場合があります。「set | head -30」コマンドで先頭行だけ表示すると同じような結果になります。

▼ Ctrl + D キーを押してもログアウトしなくするコマンド

```
$ set -o ignoreeof Enter
```

```
[renshu@localhost ~]$ set -o ignoreeof
[renshu@localhost ~]$ Use "logout" to leave the shell.
[renshu@localhost ~]$ set -o | head
allexport       off
braceexpand     on
emacs           on
errexit         off
errtrace        off
functrace       off
hashall         on
histexpand      on
history         on
ignoreeof       on
[renshu@localhost ~]$ _
```

「igonoreeof」をオンにして動作を確認します。

❶「set」コマンドに「-o」オプションを付けて「ignoreeof」をオンにする
❷ Ctrl + D キーでログアウトしようとしてもできない
❸「set -o」で確認すると「ifnoreeof」が「on」になっている

## 参考 シェルオプションの一覧を確認

「set」コマンドの「-o」「+o」でオン・オフを設定できるシェルオプションは、「set -o」コマンド（シェルオプションは指定しない）で一覧表示されます。それぞれのシェルオプションのオン・オフ状態も確認できます。

```
keyword         off
monitor         on
noclobber       off
noexec          off
noglob          off
nolog           off
notify          off
nounset         off
onecmd          off
physical        off
pipefail        off
posix           off
privileged      off
verbose         off
vi              off
xtrace          off
[renshu@localhost ~]$ _
```

シェルオプションの一覧とオン・オフの状態が確認できます。

▼ コマンド解説

| env | 定義されている環境変数を表示 |
|---|---|

「env」の書式

```
$ env
```

▼ 環境変数のみを一覧表示するコマンド

```
$ env Enter
```

```
r=01;31:*.rar=01;31:*.alz=01;31:*.ace=01;31:*.zoo=01;31:*.cpio=01;31:*.7z=01;31:
*.rz=01;31:*.cab=01;31:*.jpg=01;35:*.jpeg=01;35:*.gif=01;35:*.bmp=01;35:*.pbm=01
;35:*.pgm=01;35:*.ppm=01;35:*.tga=01;35:*.xbm=01;35:*.xpm=01;35:*.tif=01;35:*.ti
ff=01;35:*.png=01;35:*.svg=01;35:*.svgz=01;35:*.mng=01;35:*.pcx=01;35:*.mov=01;3
5:*.mpg=01;35:*.mpeg=01;35:*.m2v=01;35:*.mkv=01;35:*.webm=01;35:*.ogm=01;35:*.mp
4=01;35:*.m4v=01;35:*.mp4v=01;35:*.vob=01;35:*.qt=01;35:*.nuv=01;35:*.wmv=01;35:
*.asf=01;35:*.rm=01;35:*.rmvb=01;35:*.flc=01;35:*.avi=01;35:*.fli=01;35:*.flv=01
;35:*.gl=01;35:*.dl=01;35:*.xcf=01;35:*.xwd=01;35:*.yuv=01;35:*.cgm=01;35:*.emf=
01;35:*.axv=01;35:*.anx=01;35:*.ogv=01;35:*.ogx=01;35:*.aac=01;36:*.au=01;36:*.f
lac=01;36:*.mid=01;36:*.midi=01;36:*.mka=01;36:*.mp3=01;36:*.mpc=01;36:*.ogg=01;
36:*.ra=01;36:*.wav=01;36:*.axa=01;36:*.oga=01;36:*.spx=01;36:*.xspf=01;36:
MAIL=/var/spool/mail/renshu
PATH=/usr/local/bin:/bin:/usr/bin:/usr/local/sbin:/usr/sbin:/home/renshu/.local/
bin:/home/renshu/bin
PWD=/home/renshu
LANG=en_US.UTF-8
HISTCONTROL=ignoredups
SHLVL=1
XDG_SEAT=seat0
HOME=/home/renshu
LOGNAME=renshu
LESSOPEN=||/usr/bin/lesspipe.sh %s
XDG_RUNTIME_DIR=/run/user/1000
_=/bin/env
[renshu@localhost ~]$ _
```

「env」コマンドを実行すると、定義されている環境変数が一覧表示されます。「printenv (print environment)」コマンドでも環境変数だけを表示できます。

## 環境変数を表示する別のコマンド

環境変数だけ確認するコマンドには「env」以外に「printenv」(print environment)があります。

## コマンドとパスの関係

これまでさまざまなコマンドを見てきましたが、実際には「内部コマンド」と「外部コマンド」に分けられます。

### 内部コマンドと外部コマンド

- **内部コマンド** …… シェルに組み込まれている
- **外部コマンド** …… コマンドごとにプログラムファイルとして保存されている

外部コマンドはプログラムを実行することになるため、プログラムファイルの場所がわからないと利用できません。
このプログラムの場所を教えてくれるのが環境変数の「PATH」です。
外部コマンドが入力されると、「PATH」に書かれたディレクトリを順に探し、 見付かったら実行します。

### 内部コマンドと外部コマンドのイメージ

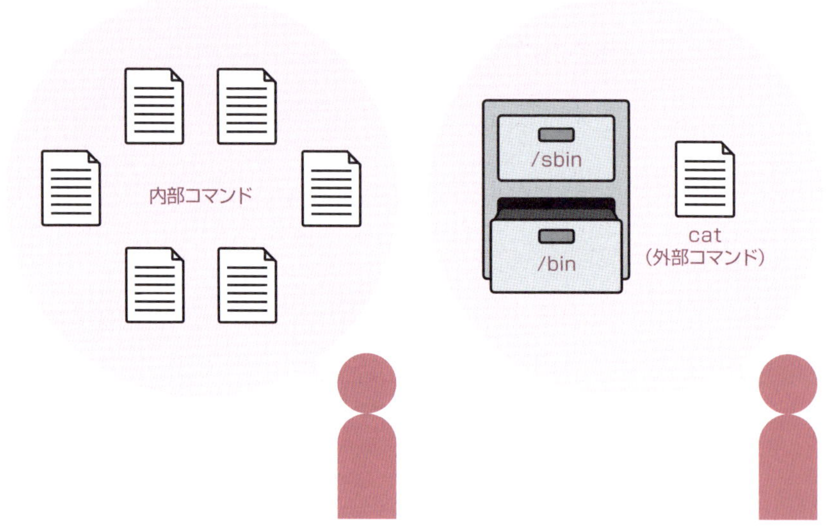


内部コマンドはシェルに組み込まれているのでダイレクトに実行できます。外部コマンドはそれぞれプログラムを実行するため、そのプログラムファイルのある場所へのアクセスが必要になります。

## ●「PATH」の内容を確認する

外部コマンドのプログラムがある場所は、「PATH」に書かれています。「PATH」は変数なので「echo」コマンドで確認できます。

▼「PATH」関数を確認してプログラムの場所をチェックするコマンド

```
$ echo $PATH Enter
```

```
[renshu@localhost ~]$ echo $PATH
/usr/local/bin:/bin:/usr/bin:/usr/local/sbin:/usr/sbin:/home/renshu/.local/bin:/
home/renshu/bin
[renshu@localhost ~]$ su -
Password:
[root@localhost ~]# echo $PATH
/usr/local/sbin:/usr/local/bin:/sbin:/bin:/usr/sbin:/usr/bin:/root/bin
[root@localhost ~]# _
```

一般ユーザーのディレクトリ

「root」ユーザーのディレクトリ

「PATH」変数を表示すると、プログラムの場所が表示されます。外部コマンドが実行されると、このディレクトリを順番に探して実行します。「root」ユーザーと一般ユーザー(renshu)では、探すディレクトリが少し違います。

## ●コマンドファイルの種類を確認する

「type」コマンドを使ってコマンドを指定すると、コマンドファイルの種類(内部コマンド、外部コマンド、エイリアスなど)を確認することができます。たとえば「set」コマンドは内部コマンド、「cat」コマンドは外部コマンドであることがわかります。

▼コマンド解説

| type | コマンドの種類を表示する |
|---|---|

**「type」の書式**

$ type [オプション] [コマンド名]

**「type」の主なオプション**

| オプション | 説明 |
|---|---|
| -a | 実行するパス以外のパスも表示 |
| -p | コマンドのパスのみを表示 |
| -t | コマンドの種類のみを表示 |

▼「set」コマンドと「cat」コマンドの種類を調べる

```
$ type set Enter
$ type cat Enter
```

```
[renshu@localhost ~]$ type set
set is a shell builtin
[renshu@localhost ~]$ type cat
cat is hashed (/bin/cat)
[renshu@localhost ~]$ type -t vi
alias
[renshu@localhost ~]$ _
```

「set」のタイプを確認
「cat」のタイプ(パス)を確認
「vi」のタイプのみを確認

「type」コマンドで「set」コマンドを調べると、シェルの「builtin」(ビルトイン)コマンド=内部コマンドであることがわかります。「cat」コマンドを調べるとパスが表示され、ファイル=外部コマンドであることがわかります。「-t」オプションで「vi」を調べると、「alias」(エイリアス)であることがわかります。エイリアスは180ページで詳しく紹介します。

## コマンドファイルのパスを確認する

「which」コマンドを使うと、コマンドファイルの絶対パスを表示します。環境変数の「PATH」にファイルパスの指定がない場合でも、絶対パスで指定すればその場で外部コマンドを実行することはできます。ただ、毎回絶対パスですべて入力するのは大変なので、環境変数で探す道順をファイルパスで示しておき、コマンド名だけで実行できるようにしているのです。

▼コマンド解説

| which | コマンドファイルのパスを表示する |
|---|---|

| 「which」の書式 |
|---|
| $ which [コマンド名] |

▼「cat」コマンドへのパスを表示

```
$ which cat Enter
```

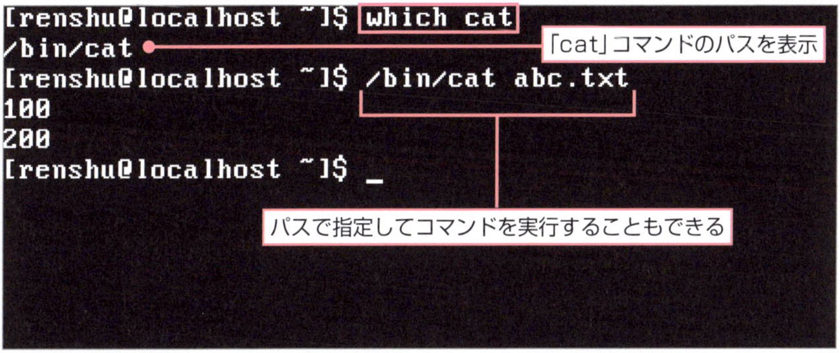

```
[renshu@localhost ~]$ which cat
/bin/cat
[renshu@localhost ~]$ /bin/cat abc.txt
100
200
[renshu@localhost ~]$ _
```

「cat」コマンドのパスを表示

パスで指定してコマンドを実行することもできる

「which」コマンドで「cat」を指定すると、ファイルパスが確認できます。パスを指定してコマンドを実行することも可能です。

## 参考 ファイルパスとマニュアルパスを調べる

「whereis」コマンドを使うと、外部コマンドのファイルパス以外に、マニュアルやソースコードのパスも調べられます。バイナリファイルの場所を調べるには「-b」オプションを指定します。

▼「ls」コマンドのファイルとマニュアルの場所を表示

```
$ whereis ls Enter
```

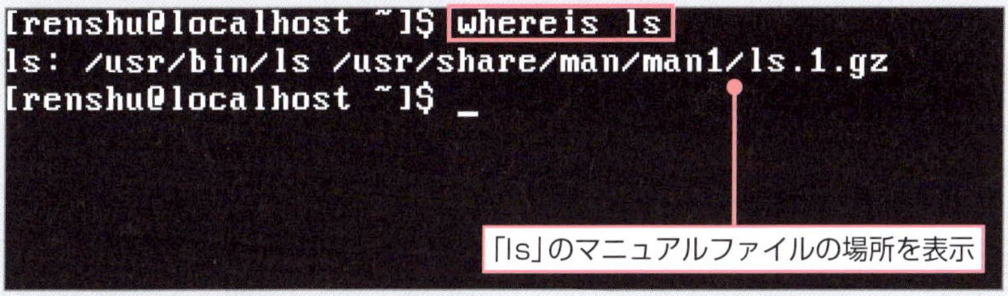

```
[renshu@localhost ~]$ whereis ls
ls: /usr/bin/ls /usr/share/man/man1/ls.1.gz
[renshu@localhost ~]$ _
```

「ls」のマニュアルファイルの場所を表示

「ls」も外部コマンドです。「whereis」コマンドを使うと、ファイルパスとマニュアルページの場所が表示されます。

## Q ここまでの確認問題

【問1】

実行中のシェルと、そこから実行されるシェルやプログラムにも引き継がれる変数を何といいますか。

【問2】

「lpic1」という変数名に「LPT100」という値を定義するコマンドを記述してください。

【問3】

変数名「lpic1」の値を表示するコマンドを記述してください。

【問4】

外部コマンドのプログラムがある場所を調べるコマンドを記述してください。

【問5】

catコマンドが内部コマンドなのかどうかを調べるコマンドを記述してください。

【問6】

catコマンドのパスを調べるコマンドを記述してください。

## A 確認問題の答え

【問1の答え】 環境変数

……実行中のシェルの中だけで有効な変数は「シェル変数」といいます。

→P.162参照

【問2の答え】 lpic1=LPT100

……変数名と値を「=」で結びます。間に半角スペースは入れません。

→P.164参照

【問3の答え】 echo $lpic1

……変数名の前には「$」を付けます。なお、exportコマンドで環境変数に変えられます。

→P.165参照

【問4の答え】 echo $PATH

……外部コマンドのプログラムがある場所は変数名「PATH」に記述されています。

→P.175参照

【問5の答え】 type cat

……catコマンドは外部コマンドなので、ファイルのパスが表示されます。

→P.176参照

【問6の答え】 which cat

……パスを調べておけば、パスで指定してコマンドを実行できます。

→P.176参照

# エイリアスと環境設定ファイルの使い方

【KeyWord】 エイリアス 環境設定ファイル alias unalias

【ここで学習すること】エイリアスを使ってコマンドを使いやすくする方法と、環境設定ファイルについて学習します。

## コマンドを使いやすくするエイリアス

コマンドにオプションなどを付け加えて使いやすくし、別名で保存してコマンドとして実行することができます。この機能を「エイリアス」といいます。エイリアスを設定することで、よく使うコマンドとオプションを組み合わせたり、コマンド名を省略して登録するなど、便利にカスタマイズできます。エイリアスの作成には「alias」コマンドを使います。
活用すると便利なエイリアスですが、LPICレベル1の試験ではまずコマンド名やオプションを覚えることが大切です。ここでは、エイリアスの設定と解除方法を理解しておきましょう。

▼コマンド解説

| alias | コマンドを別名で登録する |
| --- | --- |

「alias」の書式

```
$ alias [登録名]='[コマンド]'
```

▼「ls -a」コマンドを実行するエイリアス「lsa」を作成

```
$ alias lsa='ls -a' Enter
```

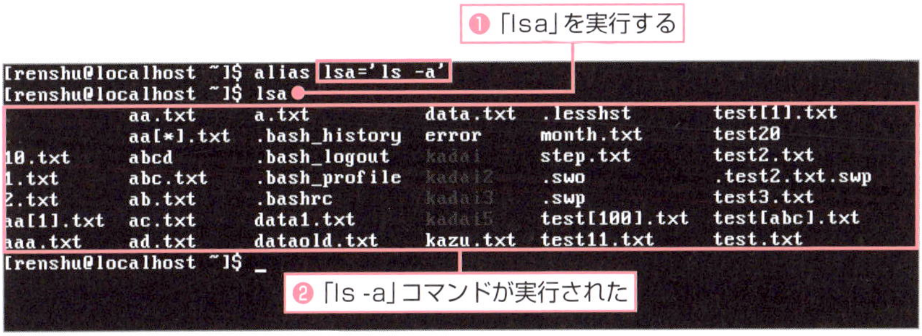

❶「lsa」を実行する

```
[renshu@localhost ~]$ alias lsa='ls -a'
[renshu@localhost ~]$ lsa
             aa.txt      a.txt          data.txt   .lesshst       test[1].txt
             aa[*].txt   .bash_history  error      month.txt      test20
10.txt       abcd        .bash_logout   kadai      step.txt       test2.txt
1.txt        abc.txt     .bash_profile  kadai2     .swo           .test2.txt.swp
2.txt        ab.txt      .bashrc        kadai3     .swp           test3.txt
aa[1].txt    ac.txt      data1.txt      kadai5     test[100].txt  test[abc].txt
aaa.txt      ad.txt      dataold.txt    kazu.txt   test11.txt     test.txt
[renshu@localhost ~]$ _
```

❷「ls -a」コマンドが実行された

「lsa」と入力すると「ls -a」コマンドが実行されるようにします。「ls」はファイルを表示するコマンドで、「-a」オプションを付けると隠しファイルも表示します。エイリアスを作成したら「lsa」を実行してみましょう。

**Point** コマンドやオプションを組み合わせる

エイリアスは「alias lsal='ls -a | grep .'」(隠しファイルやディレクトリと名前にドット「.」の付くものを表示) といったように、コマンドやオプションを複数組み合わせて設定することもできます。

## ● 作成したエイリアスを解除する

エイリアスの設定を削除するには「unalias」コマンドを使います。そのときだけエイリアスを解除するときは先頭に「\」(バックスラッシュ) を付けて実行します。

▼コマンド解説

| unalias | 「alias」で登録したコマンド名を削除する |
|---|---|

「unalias」の書式

```
$ unalias [登録名]
```

### ▼ 作成した「lsa」を削除

```
$ unalias lsa [Enter]
```

```
[renshu@localhost ~]$ unalias lsa
[renshu@localhost ~]$ lsa
-bash: lsa: command not found
[renshu@localhost ~]$ _
```

❶「lsa」を削除する

❷「lsa」コマンドが実行できなくなった

「unalias」コマンドを使って「lsa」を削除します。その後は「lsa」と入力しても、コマンドがないというエラーが表示されます。

### ▼ エイリアスを一覧表示したら特定のエイリアスを一時的に解除

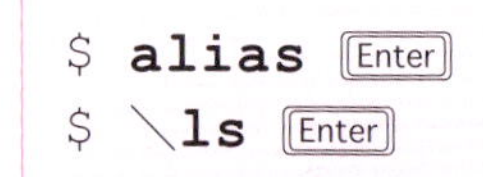

```
$ alias [Enter]
$ \ls [Enter]
```

```
[renshu@localhost ~]$ alias
alias egrep='egrep --color=auto'
alias fgrep='fgrep --color=auto'
alias grep='grep --color=auto'
alias l.='ls -d .* --color=auto'
alias lat='ls -lat'
alias ll='ls -l --color=auto'
alias ls='ls --color=auto'
alias lsa='ls -a'
alias which='alias | /usr/bin/which --tty-only --read-alias --show-dot --show-ti
lde'
[renshu@localhost ~]$ \ls
10.txt     aa[*].txt  a.txt        kadai2     test[100].txt  test[abc].txt
1.txt      abcd       data1.txt    kadai3     test11.txt     test.txt
2.txt      abc.txt    dataold.txt  kadai5     test[1].txt
aa[1].txt  ab.txt     data.txt     kazu.txt   test20
aaa.txt    ac.txt     error        month.txt  test2.txt
aa.txt     ad.txt     kadai        step.txt   test3.txt
[renshu@localhost ~]$ _
```

❶「alias」を実行する

❷「ls」もエイリアスとして登録されている

❸「＼ls」で実行して一時的にエイリアスを解除

「alias」コマンドだけを入力すると、いま設定されているエイリアスが一覧表示されます。通常のコマンドもエイリアスとして設定されているものがあり、たとえば「ls」コマンドを実行するとファイル名やディレクトリ名の色が変わります。これはエイリアスで色を表示する設定になっているためです。「＼」(バックスラッシュ)を付けて「ls」を実行すると、一時的にエイリアスの設定を解除し、「ls」コマンドだけを実行するので色は変わりません。

## 環境設定ファイルに設定を保存する

「bash」の設定は終了するとすべて消えてしまいます。設定を残したい場合は「bash」に関する設定ファイルを変更します。
読み込まれる設定ファイルにはさまざまなものがありますが、環境変数やシェル変数、エイリアスなどを変更する場合は、ホームディレクトリに存在する「.bashrc」や「.bash_profile」に記述しましょう。
「.bash_profile」はログイン時に実行されます。ここには環境変数を設定します。「bash」が起動するたびに実行される「.bashrc」にはエイリアスなどを設定します。

### 環境設定ファイル「.bashrc」を確認する

```
$ cat .bashrc Enter
```

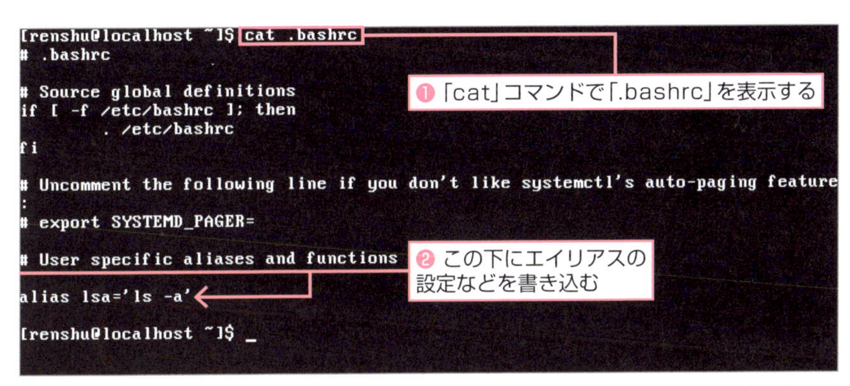


「.bashrc」ファイルにエイリアスなどの情報を書き込みます。設定ファイルを変更する場合は必ず今のファイルをバックアップしてから「vi」などで変更しましょう。たとえば「cp .bashrc .bashrc_base」で「.bashrc_base」というバックアップファイルが作成されます。

### Point 「.」(ドット)ファイル

「.」(ドット)で始まるファイルはほとんどが設定用のファイルです。ふだん非表示なのは、不用意に変更されないようにするためです。非表示のファイルは「ls -a」コマンドで表示できます。

## ここまでの確認問題

【問1】

「lsa」という登録名で「ls -a」コマンドのエイリアスを作るコマンドを記述してください。

【問2】

作成したエイリアス「lsa」を解除するコマンドを記述してください。

【問3】

bashの環境設定ファイル「.bashrc」を確認するコマンドを記述してください。

## A 確認問題の答え

【問1の答え】 alias lsa='ls -a'

……これで「lsa」と入力すると「ls -a」が実行されます。

→P.181参照

【問2の答え】 unalias lsa

……単に「alias」と入力すると、設定中のエイリアスを一覧表示できます。

→P.182参照

【問3の答え】 cat .bashrc

…… 「.bashrc」にはシェル変数、環境変数、エイリアスなどを設定できます。

→P.183参照

# 第8章

# ファイルのリンク・圧縮・アクセス権

ここではファイルのさまざまな扱い方を解説。特にアクセス権はじっくり理解しましょう。

# iノード・ハードリンク・シンボリックリンク

【KeyWord】 iノード ハードリンク シンボリックリンク ln ln -s ls -i

【ここで学習すること】iノード、ハードリンク、シンボリックリンクについて学習し、ファイルに関する考え方を理解します。

## 「iノード」とリンク

コンピュータのデータをファイルとして扱い、ハードディスクに保存したり、読み出したりできるのは「ファイルシステム」という仕組みが用意されているためです。Linuxのファイルシステムでは、ファイルやディレクトリを管理するために「iノード」を利用します。iノードには、ファイルやディレクトリのアクセス権やサイズ、作成日時や実際のデータの場所などの情報が記録され、連番が振られますがファイル名は保存されません。ディレクトリさえ異なれば同じファイル名は存在できますが、iノードは1つしか存在できません。コンピュータはiノードを元にデータの読み書きをしているのです。

### iノードの役割

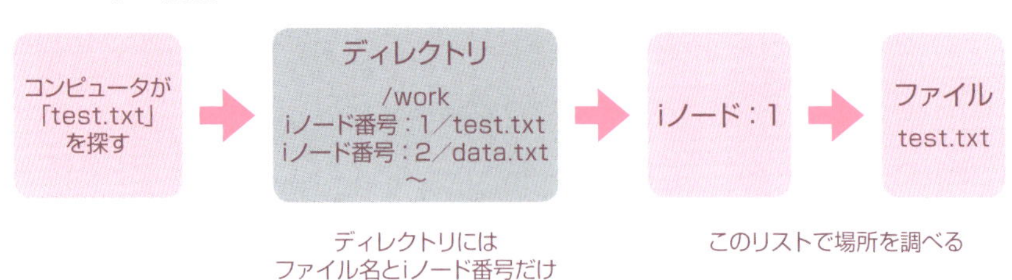


ディレクトリファイルにはファイル名とiノード番号が保存されており、ファイル名からiノード番号を調べます。iノード番号リストからファイルの場所をチェックし、開きます。

## ハードリンクとシンボリックリンク

元になるファイルへのつながりを示すリンクファイルには「ハードリンク」と「シンボリックリンク」の2種類が用意されています。
「ハードリンク」は、ファイル名とiノード番号のつながりからなり、ファイルの実体を共有します。iノード番号でつながっているので、別のファイルシステムのファイルへのリンクは作れません。
「シンボリックリンク」はファイル名のつながりをパス名で指定します。そのため、異なるファイルシステムでもシンボリックリンクを作ることができます。元ファイルを消したり、移動するとシンボリックリンクはエラーになります。
イメージとしては、Windowsのショートカットのようなもので、対象となるファイルまでのパスが入った小さなファイルです。なので、シンボリックリンクのファイルを消しても元ファイルに影響はありません。
ハードリンクは「ln」コマンド、シンボリックリンクは「ln」に「-s」オプションをつけて作成します。

### ハードリンクの作成

まずは、テキストファイルのハードリンクを作成してみましょう。ハードリンクは「ln」(link)コマンドで作成することができます。

▼コマンド解説

| ln | ファイルやディレクトリにリンクを設定する |
|---|---|

| 「ln」の書式 |
|---|
| $ ln [オプション] [リンク元ファイル] [リンク先ファイル] |

| 「ln」の主なオプション | |
|---|---|
| -s | シンボリックリンクを作成する |

▼「link.txt」ファイルのハードリンク「hlink」を作成するコマンド

```
$ ln link.txt hlink Enter
```

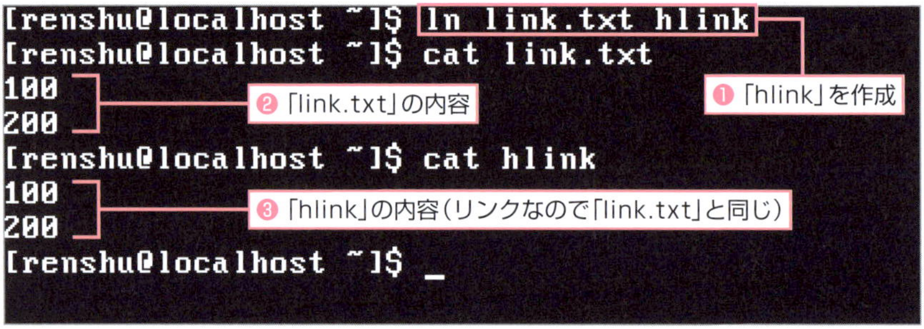

```
[renshu@localhost ~]$ ln link.txt hlink
[renshu@localhost ~]$ cat link.txt
100
200
[renshu@localhost ~]$ cat hlink
100
200
[renshu@localhost ~]$ _
```

❶「hlink」を作成
❷「link.txt」の内容
❸「hlink」の内容（リンクなので「link.txt」と同じ）

「link.txt」ファイルのハードリンク「hlink」を作ります。ハードリンクを作成したら、「cat」コマンドで確認しましょう。

## シンボリックリンクの作成

ハードリンクではなくシンボリックリンクを作成したい場合、「ln」コマンドに「-s」オプションを付けます。その他はハードリンク作成と同じ記述でOKです。

▼「link.txt」ファイルのシンボリックリンク「slink」を作成するコマンド

```
$ ln -s link.txt slink Enter
```

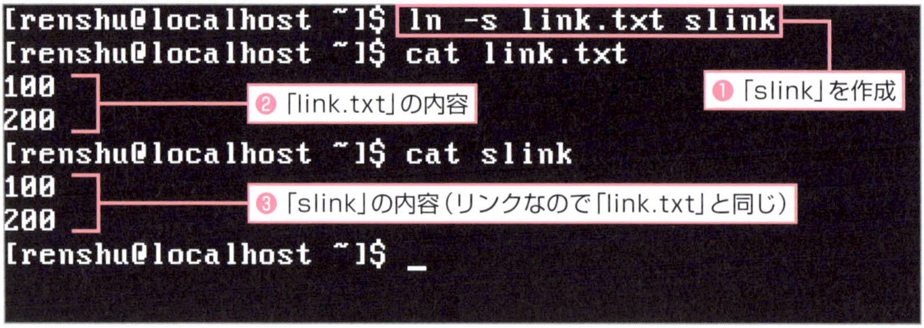

```
[renshu@localhost ~]$ ln -s link.txt slink
[renshu@localhost ~]$ cat link.txt
100
200
[renshu@localhost ~]$ cat slink
100
200
[renshu@localhost ~]$ _
```

❶「slink」を作成
❷「link.txt」の内容
❸「slink」の内容（リンクなので「link.txt」と同じ）

今度はシンボリックリンク「slink」を作成します。「ln」コマンドに「-s」オプションを付けて、リンク元ファイル「link.txt」とリンク先ファイル「slink」を指定します。「cat」コマンドで確認すると、「slink」が「link.txt」にリンクされているため、同じ内容になることがわかります。

## ● iノード番号を確認する

iノード番号は、「ls」コマンドに「-i」オプションを追加することで確認できます。複数のファイルを指定できるので、元ファイルと作成したハードリンク、シンボリックリンクのiノード番号をチェックしてみましょう。

### ▼「link.txt」「hlink」「slink」のiノード番号を確認するコマンド

```
$ ls -i link.txt hlink slink Enter
```

```
[renshu@localhost ~]$ ls -i link.txt hlink slink
9311105 hlink  9311105 link.txt  9313979 slink
[renshu@localhost ~]$ _
```

シンボリックリンクのiノード番号は異なる

元ファイルとハードリンクのiノード番号は同じ

「ls」コマンドに「-i」オプションを付けて、「link.txt」と「hlink」「slink」のiノード番号を確認すると、ハードリンク「hlink」と元ファイル「link.txt」のiノード番号が同じであることがわかります。

## ● ハードリンクとシンボリックリンクの違い その1

元になるファイルの「link.txt」を削除した場合、ハードリンクはiノードを使った実体へのリンクなのでデータにアクセスできますが、シンボリックリンクは参照するデータがなくなったのでエラーが表示されます。

### ▼ リンク元ファイルの「link.txt」を削除してみる

```
$ rm link.txt Enter
```

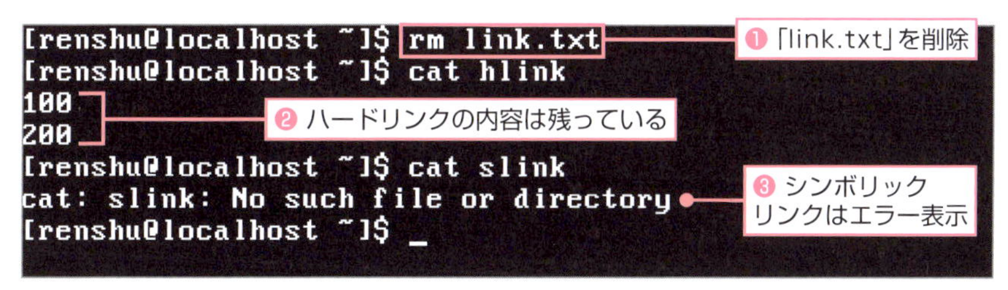


「rm」コマンドで「link.txt」を削除したら、「cat」コマンドでハードリンク「hlink」とシンボリックリンク「slink」の中身を確認してみましょう。「slink」はリンク元がなくなったのでエラーが表示されます。

## ● ハードリンクとシンボリックリンクの違い その2

「cat」コマンドとリダイレクト「>」を使い、同じ場所に同じ名前の「link.txt」ファイルを作成。ハードリンクとシンボリックリンクがどのように動作するのかを確認してみましょう。

▼ もう一度「link.txt」を作成するコマンド

```
$ cat > link.txt [Enter]
999 [Enter]
888 [Enter]
[Ctrl] + [D]キー
```

```
[renshu@localhost ~]$ cat > link.txt        ①
999
888                                         ②
[renshu@localhost ~]$ ls -i link.txt hlink slink
9311105 hlink  9311124 link.txt  9313979 slink   ③
[renshu@localhost ~]$ cat hlink
100
200                                         ④
[renshu@localhost ~]$ cat slink
999
888                                         ⑤
[renshu@localhost ~]$ cat link.txt_
```

もう一度、元ファイルと同じファイルを作成し、リンクがどのようになるかを確認します。

❶ 「cat > Link.txt」を使って同じ名前のファイルを作成
❷ ファイルの中身「999」「888」を入力して[Ctrl]+[D]キーを押す
❸ 「ls -i」で見ると、以前と同じファイル名でもiノード番号が異なる
❹ 「cat hlink」でハードリンクを確認すると、以前のファイルが開く
❺ 「cat slink」はファイルのパスを参照しているので、今作ったファイルがリンク先として開く

## Q ここまでの確認問題

【問1】

ファイルやディレクトリのアクセス権やサイズ、場所などの情報が記録された連番を何といいますか。

A. ハードリンク　　B. シンボリックリンク
C. ショートカット　　D. iノード

【問2】

「link.txt」のハードリンク「hlink」を作成するコマンドを記述してください。

| |
|---|
| |

【問3】

「link.txt」のiノード番号を調べるコマンドを記述してください。

| |
|---|
| |

## 確認問題の答え

【問1の答え】 D. iノード

……ハードリンクは元のファイルとiノード番号でつながっています。

→P.186参照

【問3の答え】 ln link.txt hlink

……「ln -s」コマンドでシンボリックリンクを作成できます。

→P.188参照

【問3の答え】 ls -i link.txt

……「ln」コマンドではなく「ls」コマンドを使います。 →P.189参照

# ファイルの圧縮・解凍・アーカイブの使い方

【KeyWord】 圧縮 解凍 アーカイブ gzip gunzip bzip2 bunzip2 tar

【ここで学習すること】ファイルの圧縮と解凍（展開）、アーカイブについて学習し、複数のファイルを1つにまとめる方法を覚えます。

## 圧縮とアーカイブの違い

複数のファイルをまとめるときにはファイルを圧縮します。
圧縮ファイルの作成には「複数のファイルを１つにまとめ、それを圧縮する」という作業を行います。圧縮ファイルでよく使うzipファイルは、アーカイブと圧縮を同時に行っていますが、Linuxでは別々に行うこともできます。
複数のファイルを１つにまとめることを「アーカイブ」といいますが、アーカイブには「tar」（Tape ARchive）コマンドを使います。
圧縮には「gzip」や「bzip2」、解凍には「gunzip」や「bunzip2」を使います。

### ファイルの圧縮と解凍

Linuxで扱う圧縮形式はいくつかありますが、一般的なものが「GNU ZIP」（gzip）形式です。この形式のファイルを作ると末尾が「.gz」になります。
ファイルの圧縮と解凍は「gzip」コマンドで行います。
圧縮ファイルを作成すると、元になったファイルは削除されます。また、圧縮ファイルを解凍すると、元になった圧縮ファイルは削除されます。

▼ コマンド解説

## gzip ファイルを圧縮・解凍する

「gzip」の書式

$ gzip [オプション] [ファイル名]

「gzip」の主なオプション

| | |
|---|---|
| -d | 圧縮ファイルを解凍 |
| -c | 元ファイルを残して圧縮ファイルを作成(リダイレクトと併用) |
| -r | ディレクトリ内のファイルを圧縮 |

▼「zfile1.txt」と「zfile2.txt」を圧縮

```
$ gzip zfile1.txt zfile2.txt Enter
```

```
[renshu@localhost ~]$ ls z*
zfile1.txt  zfile2.txt  zfile3.txt
[renshu@localhost ~]$ gzip zfile1.txt zfile2.txt
[renshu@localhost ~]$ ls z*
zfile1.txt.gz  zfile2.txt.gz  zfile3.txt
[renshu@localhost ~]$ _
```

❶ コマンドを実行する

❷ 指定したファイルが1つずつ圧縮ファイルになった

「ls z*」コマンドで確認すると、「z」で始まるファイルが「zfile1.txt」「zfile2.txt」「zfile3.txt」の3つでしたが、そのうち「zfile1.txt」と「zfile2.txt」を「gzip」コマンドで圧縮してみます。実行後に「ls z*」で再度確認すると、「zfile1.txt」と「zfile2.txt」がなくなり、代わりに圧縮ファイル「zfile1.txt.gz」と「zfile2.txt.gz」が作成されています。

## ● 解凍には「gunzip」も利用できる

圧縮されたファイルの解凍には「-d」オプションを付けた「gzip -d」のほか、「gunzip」コマンドも使えます。「gunzip」は「gzip -d」と同じ結果になります。

▼「zfile1.txt.gz」と「zfile2.txt.gz」を解凍

```
$ gzip -d zfile1.txt.gz Enter
$ gunzip zfile2.txt.gz Enter
```

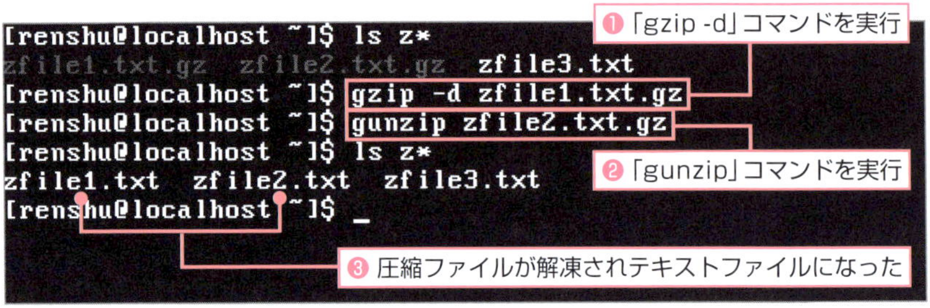

```
[renshu@localhost ~]$ ls z*
zfile1.txt.gz  zfile2.txt.gz  zfile3.txt
[renshu@localhost ~]$ gzip -d zfile1.txt.gz
[renshu@localhost ~]$ gunzip zfile2.txt.gz
[renshu@localhost ~]$ ls z*
zfile1.txt  zfile2.txt  zfile3.txt
[renshu@localhost ~]$ _
```

❶「gzip -d」コマンドを実行
❷「gunzip」コマンドを実行
❸ 圧縮ファイルが解凍されテキストファイルになった

「gzip 」コマンドに「-d」オプションを付けて「zfile1.txt.gz」を解凍し、「gunzip」コマンドを使って「zfile2.txt.gz」を解凍します。「zfile1.txt」と「zfile2.txt」ファイルに戻り、「zfile1.txt.gz」と「zfile2.txt.gz」の圧縮ファイルは削除されます。

▼ 元ファイル「zfile1.txt」を残して圧縮ファイル「zfile1.txt.gz」を作成

```
$ gzip -c zfile1.txt > zfile1.txt.gz Enter
```

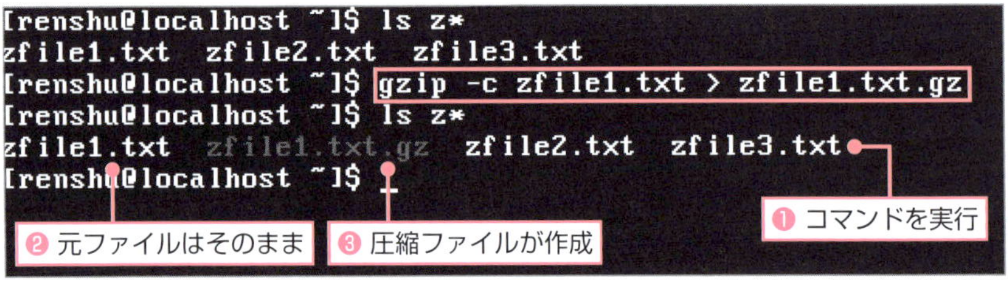

```
[renshu@localhost ~]$ ls z*
zfile1.txt  zfile2.txt  zfile3.txt
[renshu@localhost ~]$ gzip -c zfile1.txt > zfile1.txt.gz
[renshu@localhost ~]$ ls z*
zfile1.txt  zfile1.txt.gz  zfile2.txt  zfile3.txt
[renshu@localhost ~]$ _
```

❶ コマンドを実行
❷ 元ファイルはそのまま
❸ 圧縮ファイルが作成

「gzip 」コマンドに「-c」オプションを付けてリダイレクトを使うことで、圧縮ファイルを作成しながら元のファイルを残すことができます。

**Point** 「bzip2」と「bunzip2」

「gzip」コマンドよりも処理時間はかかりますが、圧縮効率の高いコマンドとして「bzip2」コマンドがあります。基本的な使い方は「gzip」と同じで拡張子は「.bz2」です。「bzip2」で圧縮したファイルを解凍するには「bzip2 -d」または「bunzip2」を使います。

## アーカイブを作成する

前述したように、複数のファイルを1つのファイルにまとめることを「アーカイブ」(archive:書庫)といいます。
アーカイブの作成に使う「tar」(Tape ARchive)コマンドは、ファイルやディレクトリをアーカイブファイルにしたり、圧縮・解凍を同時に行うことができます。
「tar」コマンドで圧縮ファイルを作るには「-z」オプション(gzip形式で圧縮・解凍)や「-j」オプション(bzip2形式で圧縮・解凍)を指定します。

### コマンド解説

| tar | 複数のファイルを1つにまとめる |
|---|---|

**「tar」の書式**

```
$ tar [オプション] [ファイル名]
```

**「tar」の主なオプション**

| オプション | 説明 |
|---|---|
| -c | アーカイブの作成(Create) |
| -x | アーカイブファイルの展開(eXtract) |
| -t | アーカイブの内容表示(lisT) |
| -f [ファイル名] | アーカイブファイル名の指定(File) |
| -z | 「gzip」による圧縮・展開 |
| -j | 「bzip2」による圧縮・展開 |
| -v | 詳細な情報の表示(Verbose) |
| -r | アーカイブにファイルの追加 |

### ▼「z」で始まるファイルをまとめて「zfile.tar」アーカイブを作成・確認

```
$ tar -cvf zfile.tar z* [Enter]

$ tar tf zfile.tar [Enter]
```

```
[renshu@localhost ~]$ tar -cvf zfile.tar z*
zfile1.txt
zfile2.txt
zfile3.txt
[renshu@localhost ~]$ tar tf zfile.tar
zfile1.txt
zfile2.txt
zfile3.txt
[renshu@localhost ~]$ _
```

❶「zfile.tar」アーカイブを作成

❷ 作成した「zfile.tar」アーカイブを確認

「tar」コマンドに「-cvf」(c:アーカイブを作成、v:詳細を表示、f:アーカイブファイルを指定)オプションを付け、「zfile.tar」という名前で「z」で始まるファイル(z*)をアーカイブします。アーカイブの確認は、「tar」コマンドに「tf」(t:アーカイブ内容を確認、f:アーカイブファイルを指定)オプションで「zfile.tar」を指定します。「tar」コマンドのオプションは「-」の省略が可能です。

### ▼「arc1」ディレクトリをアーカイブして「gzip」形式で圧縮する

```
$ tar czvf arc1.tar.gz arc1 [Enter]
```

```
[renshu@localhost ~]$ ls arc1
abcd.txt  zfile4.txt  zfile5.txt  zfile6.txt
[renshu@localhost ~]$ tar czvf arc1.tar.gz arc1
arc1/
arc1/zfile4.txt
arc1/zfile5.txt
arc1/zfile6.txt
arc1/abcd.txt
[renshu@localhost ~]$ _
```

「arc1」ディレクトリをアーカイブして圧縮する

ディレクトリをアーカイブして圧縮することもできます。「tar」コマンドに「czvf」(c:アーカイブを作成、z:gzipによる圧縮・展開、v:詳細を表示、f:アーカイブファイルを指定)オプションを付け、「arc1.tar.gz」という名前で「arc1」ディレクトリをアーカイブして圧縮します。

▼「arc1.tar.gz」の内容を確認して解凍する

```
$ tar tf arc1.tar.gz [Enter]

$ tar xzvf arc1.tar.gz [Enter]
```

```
[renshu@localhost ~]$ tar tf arc1.tar.gz
arc1/
arc1/zfile4.txt
arc1/zfile5.txt
arc1/zfile6.txt
arc1/abcd.txt
[renshu@localhost ~]$ tar xzvf arc1.tar.gz
arc1/
arc1/zfile4.txt
arc1/zfile5.txt
arc1/zfile6.txt
arc1/abcd.txt
[renshu@localhost ~]$ _
```

❶ 圧縮したアーカイブ「arc1.tar.gz」の内容を確認

❷「arc1.tar.gz」を解凍する

「tar」コマンドに「tf」(t:アーカイブ内容の確認、f:アーカイブファイルを指定)オプションを付け、圧縮されたアーカイブ「arc1.tar.gz」の内容を確認します。続いて「tar」コマンドに「xzvf」(x:アーカイブからファイルを取り出し、z:gzipによる圧縮・展開、v:詳細を表示、f:アーカイブファイルを指定)オプションを付けて「arc1.tar.gz」を解凍します。

## 参考 ファイルの種類を調べる

ファイルの種類を確認したい場合は「file」コマンドを使います。リンクやアーカイブなども確認できるので、試してみましょう。

▼「zfile.tar」ファイルの種類を調べる

```
$ file zfile.tar [Enter]
```

```
[renshu@localhost ~]$ file zfile.tar
zfile.tar: POSIX tar archive (GNU)
[renshu@localhost ~]$ file slink
slink: symbolic link to `link.txt'
[renshu@localhost ~]$ _
```

「zfile.tar」はアーカイブ、「slink」はシンボリックリンクと表示された

「file」コマンドでファイル名を指定すると、そのファイルの種類が確認できます。

## Q ここまでの確認問題

【問1】

複数のファイルを1つにまとめることを何といいますか。

A. 圧縮　　B. 解凍

C. リンク　　D. アーカイブ

【問2】

「arc」ディレクトリをアーカイブして「gzip」形式で圧縮するコマンドを記述してください（ファイル名は「arc1.tar.gz」）。

【問3】

「arc1.tar.gz」の内容を確認するコマンドを記述してください。

## A 確認問題の答え

【問1の答え】 D. **アーカイブ**

……Linuxではアーカイブと圧縮を別々に行えます。

→P.192参照

【問3の答え】 tar czvf arc1.tar.gz arc1

……オプション「cz」の部分でアーカイブと圧縮を指定しています。

→P.196参照

【問3の答え】 tar tf arc1.tar.gz

……オプションの「t」の部分でアーカイブ内容を確認しています。

→P.197参照

# パーミッションの変更でアクセス権を設定

【KeyWord】 アクセス権 パーミッション chmod

【ここで学習すること】 ファイルやディレクトリのアクセス権とパーミッションの変更について学習します。

## ディレクトリやファイルのアクセス権

Linuxのファイルやディレクトリには、それを使う人（所有者）や利用するグループに対してさまざまなアクセス権を指定することができます。
たとえば、所有者はファイルの読み書きが自由、グループのメンバーは閲覧のみ、といった設定も可能です。
設定の基本となるアクセス権は「読み取り（R）」「書き込み（W）」「実行（X）」「不可（-）」で指定します。アクセス権を設定することでセキュリティを高めることもできます。

### アクセス権の確認

ファイルのアクセス権は、ファイルを一覧表示するコマンド「ls」に、詳細情報を表示する「-l」オプションを追加すれば確認できます。
アクセス権はファイル名の前に「r」「w」「x」があれば可能、「-」で不可を表します。

r ……………………… 読み取り（Read）
w ……………………… 書き込み（Write）
x ……………………… 実行（eXecute）
\- ……………………… なし（不可）

### ▼「pfile1.txt」を作成し、ファイルのアクセス権を確認

```
$ echo permission > pfile1.txt Enter
$ ls -l pfile1.txt Enter
```

```
[renshu@localhost ~]$ echo permission > pfile1.txt
[renshu@localhost ~]$ ls -l pfile1.txt
-rw-rw-r--. 1 renshu renshu 11 Oct  1 14:18 pfile1.txt
[renshu@localhost ~]$ _
```

「pfile.txt」のファイル情報

「echo permission > pfile1.txt」のように、リダイレクトを使ってファイルを作成します。作成したファイルのアクセス権を「ls -l pfile1.txt」コマンドで確認すると、ファイルの種別は「通常(-)」、所有者とグループは「読み書き可能(rw-)」、その他は「読み込みのみ(r --)」なのがわかります(下の図を参照)。

### ▼ ファイル情報の見方

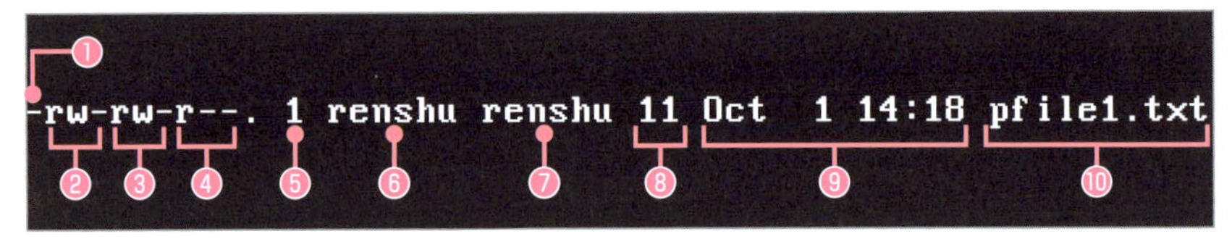


❶ ファイルの種別
❷ 所有者のアクセス権
❸ グループのアクセス権
❹ その他のユーザーのアクセス権
❺ リンク数
❻ 所有者
❼ グループ
❽ ファイルサイズ
❾ 最終更新日時
❿ ファイル名

### ▼ 主なファイルの種別

- …………………… 通常のファイル
d …………………… ディレクトリ
l …………………… リンク

▼ 外部コマンドファイル(実行ファイル)のアクセス権を確認

```
$ ls -lF /bin/ls Enter
```

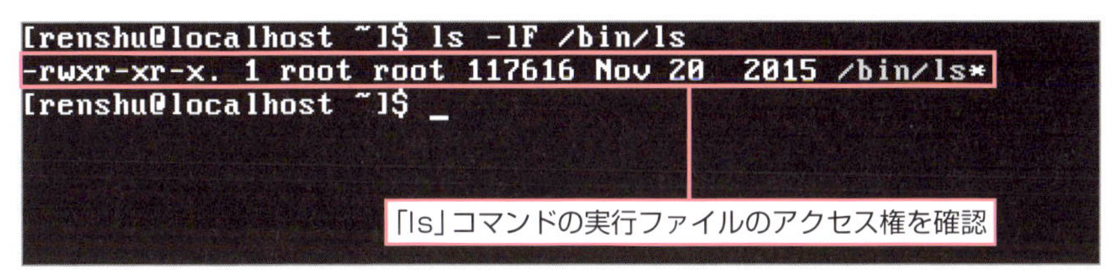


「ls」コマンドのオプションで「-l」は詳細表示、「F」はファイルの種類を表します。「F」オプションは付けなくても問題ありません。「ls」コマンドのプログラムファイル(/bin/ls)のアクセス権を確認すると、所有者に「実行可能」が追加(rwx)され、グループやユーザーは「読み込み可能」と「実行可能」の設定(r-x)になっています。

## 特定のユーザーに対してアクセスを制限する

ファイルやディレクトリのアクセス権とオーナーや所有グループ、その他の組み合わせを「パーミッション」といいます(パーミッションとアクセス権は同じ意味で使われることもあります)。
パーミッションはさまざまな組み合わせに変更することができます。
ユーザーのアクセス権は「chmod」コマンドで変更します。

### パーミッションの変更

パーミッションの変更には「chmod」(CHange MODe)コマンドを使います。このコマンドを実行できるのは

- rootユーザー
- 変更対称となるファイルやディレクトリの所有者

のみです。

▼ コマンド解説

| chmod | ファイルやディレクトリのアクセス権を変更する |
|---|---|

**「chmod」の書式**

$ chmod [オプション] [アクセス権] [ファイル名またはディレクトリ名]

**「chmod」の主なオプション**

| -R | ディレクトリと中にあるファイルのアクセス権を再帰的に変更 |
|---|---|

「chmod」コマンドに「-R」オプションを付けると、そのディレクトリだけでなく、ディレクトリに含まれるサブディレクトリやファイルを含むすべてのアクセス権を変更することができます。

アクセス権の指定は文字だけでなく、数値や記号でも行えます。数値を使うと、アクセス権を組み合わせた状態で指定することができます。

▼ 数値によるアクセス権の指定

0 --- ………………… アクセス権なし
1 --x ………………… 実行可能
2 -w- ……………… 書き込み可能
3 -wx ……………… 書き込みと実行可能
4 r-- ………………… 読み込み可能
5 r-x ………………… 読み込みと実行可能
6 rw- ……………… 読み込みと書き込み可能
7 rwx ……………… 読み込み、書き込み、実行可能

「-rw-rw-r--」を数字にすると、所有者とグループは「rw-」で「6」、その他は「r--」で「4」に置き換えられるため、「664」と指定することもできます。

▼「pfile1.txt」ファイルのアクセス権を数値で指定

```
$ chmod 755 pfile1.txt Enter
```

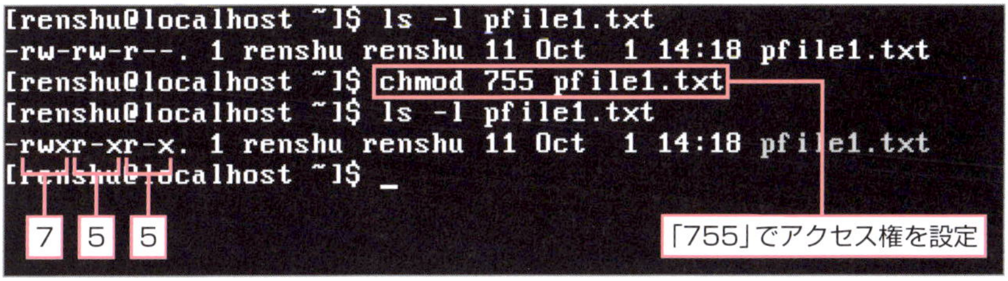

```
[renshu@localhost ~]$ ls -l pfile1.txt
-rw-rw-r--. 1 renshu renshu 11 Oct  1 14:18 pfile1.txt
[renshu@localhost ~]$ chmod 755 pfile1.txt
[renshu@localhost ~]$ ls -l pfile1.txt
-rwxr-xr-x. 1 renshu renshu 11 Oct  1 14:18 pfile1.txt
[renshu@localhost ~]$ _
```

7 5 5

「755」でアクセス権を設定

「chmod」コマンドを使い、数値「755」で所有者のアクセス権を「7」(rwx)、グループのアクセス権とその他のユーザーのアクセス権を「5」(r-x)にして「pfile1.txt」ファイルに設定しています。「ls -l」コマンドで確認しましょう。

▼「pdir」ディレクトリを作り、パーミッションを「600」に変更

```
$ mkdir pdir Enter
$ ls -ld pdir Enter

$ chmod 600 pdir Enter
```

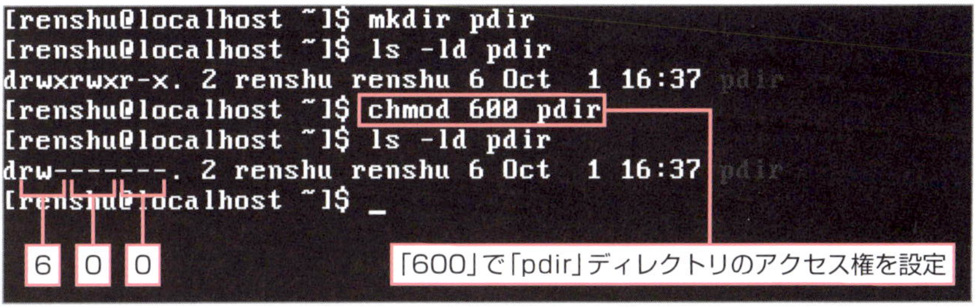

```
[renshu@localhost ~]$ mkdir pdir
[renshu@localhost ~]$ ls -ld pdir
drwxrwxr-x. 2 renshu renshu 6 Oct  1 16:37 pdir
[renshu@localhost ~]$ chmod 600 pdir
[renshu@localhost ~]$ ls -ld pdir
drw-------. 2 renshu renshu 6 Oct  1 16:37 pdir
[renshu@localhost ~]$ _
```

6 0 0

「600」で「pdir」ディレクトリのアクセス権を設定

「mkdir」コマンドで「pdir」ディレクトリを作ります。「ls -ld」コマンドでディレクトリのアクセス権を確認し、「chmod」コマンドでディレクトリのアクセス権を「600」に変更します。確認すると先頭が「d」(ディレクトリ)、所有者のアクセス権が「rw-」(6)、所有グループとその他のユーザーのアクセス権が「---」(0)に変更されたことが確認できます。

### ▼アクセス権指定で使う記号と指定方法

<操作対象のユーザー>

u …………………… 所有者
g …………………… グループ
o …………………… その他のユーザー
a …………………… すべてのアクセス権ユーザー

<アクセス権指定で使う記号>

+ …………………… 指定したアクセス権を追加
- …………………… 指定したアクセス権を削除
= …………………… 指定したアクセス権にする

アクセス権を記号と文字で指定することもできます(シンボリックモード)。たとえば「u-x」と表記すると、「所有者(u)から実行権(x)を削除(-)」と指定できます。「g+w」はグループの書き込み権を追加という意味になります。「,」(カンマ)で複数のアクセス権を変更することも可能です。

### ▼「pfile1.txt」ファイルに所有者から実行権を削除し、グループの書き込み権を追加

```
$ chmod u-x,g+w pfile1.txt Enter
```

```
[renshu@localhost ~]$ ls -l pfile1.txt
-rwxr-xr-x. 1 renshu renshu 11 Oct  1 14:18 pfile1.txt
[renshu@localhost ~]$ chmod u-x,g+w pfile1.txt
[renshu@localhost ~]$ ls -l pfile1.txt
-rw-rwxr-x. 1 renshu renshu 11 Oct  1 14:18 pfile1.txt
[renshu@localhost ~]$ _
```



「chmod」コマンドで記号と文字を使ってアクセス権を変更します。「u-x,g+w」で所有者(u)からから実行権を削除(-x)し、グループ(g)に書き込み権を追加(+w)します。これにより、所有者のアクセス権が「rwx」から「rw-」に、グループのアクセス権が「r-x」から「rwx」に変更されます。

### 参考 2進数とアクセス権

アクセス権は2進数の数字で考えることができます。「rwx」は3bitすべてに文字があるので2進数の「111」と同じように考えられます。「r-x」だと、両端にだけ文字があるので「101」と同じように考えられます。
「rwx」を2進数で表した「111」の数字の右端から順に2の0乗（＝1）、2の1乗（=2）、2の2乗（＝4）をかけて合計を計算すると、10進数の数字になります。

| r | | w | | x | | |
|---|---|---|---|---|---|---|
| 1 | | 1 | | 1 | | |
| × | | × | | × | | |
| $2^2$ | | $2^1$ | | $2^0$ | | |
| ↓ | | ↓ | | ↓ | | |
| 4 | + | 2 | + | 1 | = | 7 |

たとえばアクセス権が「r w x　r - x　r - x」と指定されている場合は、4+2+1＝7、4+0+1＝5、4+0+1＝5となり、「755」という数値で表すことができます。
この考え方を覚えておくと、ネットワークのIPアドレスを計算するときなどにも役立ちます。

### Point ファイルやディレクトリの所有者やグループを変更するには

ファイルやディレクトリの所有者を変更するには「chown」コマンド、ファイルやディレクトリの所有グループを変更するには「chgrp」コマンドを使用します。詳しい手順は226ページを確認してください。

## Q ここまでの確認問題

【問1】

アクセス権と記号の関係で間違っているものはどれでしょうか。

A. 読み取り……「r」　B. 書き込み……「w」

C. 実行……「p」　D. なし……「-」

【問2】

ファイル「pfile1.txt」のアクセス権を調べるコマンドを記述してください。

【問3】

ファイル「pfile1.txt」のパーミッションを「755」に変えるコマンドを記述してください。

## A 確認問題の答え

【問1の答え】 C. 実行……「p」

……実行は「x」で表します。 →P.199参照

【問3の答え】 ls -l pfile1.txt

……これでファイルの種別のほか、所有者、グループ、その他のユーザーのアクセス権がわかります。 →P.200参照

【問3の答え】 chmod 755 pfile1.txt

……ここでは所有者のアクセス権を「rwx」、グループとその他のユーザーのアクセス権を「r-x」にしています。 →P.203参照

# 第9章

# ユーザーとグループを管理する

ユーザーやグループ、ファイル・ディレクトリの所有者やグループを管理していきます。

ユーザーとグループに関する操作 ▶ 所有者と所有グループの管理

# ユーザーとグループに関する操作

【KeyWord】 ユーザーとグループ UID id su useradd passwd userdel/etc/passwdファイル groups groupadd /etc/group usermod groupdel

【ここで学習すること】 ユーザーとグループの追加と設定方法について学習します。

## Linuxにおける「ユーザー」とは

Linuxは登録したユーザーにシステムの利用権が与えられます。
ユーザーアカウント（ユーザー名とパスワードの組み合わせ）が正しければ認証され、ログインすることができます。
第1章でも解説したように、ユーザーには「一般ユーザー」「スーパーユーザー」「システムユーザー」の3種類があります。
これまで使ってきた「renshu」というユーザーは「一般ユーザー」です。一般ユーザーは、Linuxの機能を使うことはできますが、ユーザーやプログラムを追加したり、システムの設定を変更するようなことはできません。
「システムユーザー」は、コンピュータを動かすシステムプログラムやサーバプログラムのためのユーザーで、人は使いません。
「スーパーユーザー」は「root」というユーザー名を使い、システム全体の設定や管理を行うことができる管理者ユーザーです。プログラムやユーザーの追加や削除も思いのままです。やろうと思えば良いことも悪いことも何でもできてしまう、まさにシステムの神のような存在なのでrootのユーザーアカウントは1つしかなく、普段は使いません。

### Point rootはめったに使わない

rootユーザーは何でもできるので、意図しないうっかりミスで重大なトラブルを引き起こす可能性があります。セキュリティ面からも、rootユーザーのアカウントはシステムのアップデートやインストール、初期設定などを行うとき以外、なるべく使わないようにします。

## ● ユーザーとUID

ユーザーの管理には、ユーザー名以外に「UID」(UserID)が割り当てられています。UIDは数字で、その番号には一定のルールがあります。管理者権限を持つrootのユーザーIDは「0」です。UIDの確認には「id」コマンドを使います。「id」だけで実行すると、現在のユーザー情報が確認できます。

▼コマンド解説

| id | ユーザーとグループのIDを表示する |
|---|---|

「id」の書式

```
$ id [オプション] [ユーザー名]
```

▼「renshu」ユーザーとrootユーザーののUIDを確認するコマンド

```
$ id renshu Enter
$ id root Enter
```

```
[renshu@localhost ~]$ id renshu
uid=1000(renshu) gid=1000(renshu) groups=1000(renshu)
[renshu@localhost ~]$ id root
uid=0(root) gid=0(root) groups=0(root)
[renshu@localhost ~]$ _
```

❶「renshu」ユーザーのUIDは「1000」
❷「root」ユーザーのUIDは「0」

「id」コマンドで確認すると、「renshu」ユーザーのUIDは「1000」、「root」ユーザーのUIDは「0」ということがわかります。

## rootユーザーに切り替える

ユーザーの作成など、rootユーザーにしかできないコマンドが出てきた場合はrootユーザーに切り替えます。
切り替える方法として

- 今のユーザーを「exit」でログアウトし、rootでログインし直す
- 「su」コマンドでrootユーザーに切り替える

などがあります。ここでは「su」(Substitute User)コマンドでの切り替え方法を解説していきましょう。

▼コマンド解説

| su | ユーザーを変更する |
|---|---|

「su」の書式

$ su [オプション(-)] [ユーザー名]

「su」の主なオプション

| - | ログインシェルを使用してユーザを切り替え |
|---|---|

▼「renshu」ユーザーから「root」ユーザーに切り替え、「renshu」ユーザーに戻す

```
$ su - Enter

$ exit Enter
```

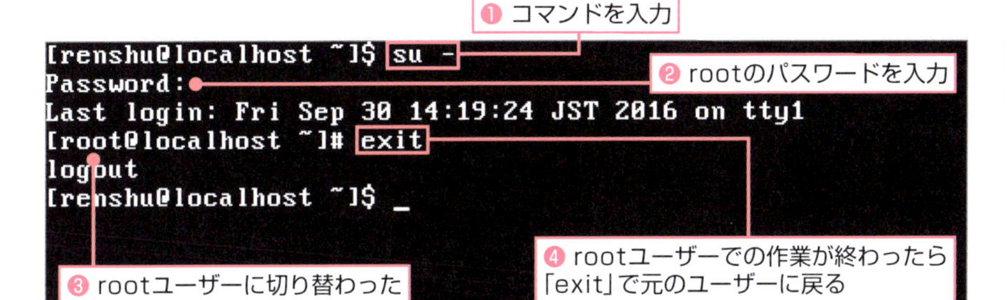


rootユーザーに切り替える場合は、ユーザー名を指定する必要はなく「su -」コマンドを入力するだけでOKです。パスワードを入力すると、ユーザーがrootになります。「su」コマンドで切り替えたときは、作業が終わったら必ず「exit」コマンドで元のユーザーに戻します。

### 参考 「su」コマンドの「-」オプション

「su」コマンドに「-」オプションを付けずにユーザーを切り替えると、今のユーザーのホームディレクトリ(/home/renshu)のまま、ユーザーだけ切り替えてしまいます。
「-」オプションを付けて切り替えれば、ホームディレクトリも「/root」に切り替わり、PATHなども変わります。

```
[renshu@localhost ~]$ su
Password:
[root@localhost renshu]# _
```

今のユーザーのホームディレクトリのまま切り替わってしまう

「su」コマンドだけではrootユーザー本来の環境に切り替えられません。

### Point 「su - 」コマンドでの切り替えに注意

「su -」でrootユーザーに切り替えたり、「su - renshu」で「renshu」ユーザーに切り替えたりを続けると、サブシェルがいくつも起動することになります。こうなってしまうと、何度も「exit」コマンドを実行しないと元のユーザーに戻れなくなってしまいます。ユーザーを切り替えたら必ず「exit」で元のユーザーに戻るようにしましょう。

### Point その他のrootユーザーへの切り替え方法

セキュリティ上の問題などから、rootユーザーではログインできない設定にしているシステムもあります。rootへの切り替えには「su」コマンド以外にrootの機能を限定して使えるようにする「sudo」コマンドを使うこともできます。「sudo」コマンドを使えるようにするには、事前に「visudo」コマンドで「/etc/sudoers」ファイルにユーザーを登録するか、「wheel」グループに追加するなどの準備が必要ですが、ログイン時にrootのパスワードを知らなくてもrootの機能を使うことができるため、セキュリティ面から使われることが増えています。

## ユーザーの作成を行う

第1章でも解説しましたが、ユーザーを追加するには「useradd」コマンドを使います。rootユーザーでないと追加できないので、「su -」コマンドでrootユーザーに切り替えてから作業しましょう。

▼コマンド解説

| useradd | ユーザーを作成する |
| --- | --- |

「useradd」の書式

```
# useradd [オプション] [ユーザー名]
```

▼「gakushu」ユーザーを作成

```
# useradd gakushu Enter
```

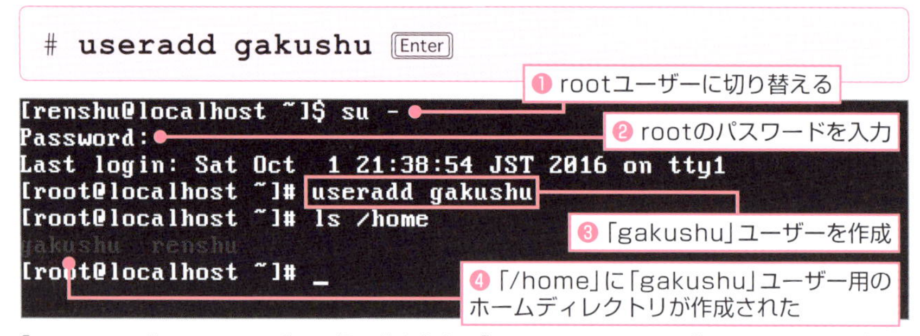


「su -」コマンドでrootユーザーに切り替えたら、「useradd」コマンドで「gakushu」ユーザーを追加します。ユーザーが追加されると「/home」ディレクトリに新しいユーザー用のホームディレクトリが作成されます（今回は「/home/gakushu」）。ホームディレクトリとは、そのユーザーが自由に使えるディレクトリです。今まで練習用に作成したデータファイルもすべてホームディレクトリ内に作られます。

### 参考 ホームディレクトリのベース

ホームディレクトリには、ディレクトリの元になる「/etc/skel」があります。新しいユーザーを作る前に、「/etc/skel」ディレクトリに必要なディレクトリやファイルを入れておくと、新規ユーザーのホームディレクトリに同じディレクトリやファイルがコピーされます。

```
[root@localhost ~]# ls /etc/skel
[root@localhost ~]# touch /etc/skel/Hello.txt
[root@localhost ~]# ls /etc/skel
Hello.txt
[root@localhost ~]# useradd gakushu2
[root@localhost ~]# ls /home/gakushu2
Hello.txt
[root@localhost ~]# _
```

❶「/etc/skel」に「Hello.txt」を作成

❷「gakushu2」ユーザーを追加

❸「gakushu2」ユーザーのホームディレクトリに「hello.txt」がコピーされている

デフォルトでは「/etc/skel」には何もファイルが入っていないので「Hello.txt」ファイルを作成します。その後に「gakushu2」ユーザーを追加し、「ls /home/gakushu2」で「gakushu2」のホームディレクトリを表示すると「Hello.txt」がコピーされています。

## パスワードの設定・変更

「useradd」コマンドでは、作成したユーザーのパスワードは設定できません。パスワードの設定には「passwd」コマンドを使用します。パスワードは、英数字大文字小文字を含めて8文字以上指定します。入力中、画面には何も表示されません。カーソルも動かないので間違えないように設定しましょう。

▼ コマンド解説

| passwd | ユーザーのパスワードを変更する |
|---|---|

| 「passwd」の書式 |
|---|
| # passwd [ユーザー名] |

▼ rootユーザーで「gakushu」ユーザーのパスワードを設定

```
# passwd gakushu Enter
```

```
[root@localhost ~]# passwd gakushu
Changing password for user gakushu.
New password:
BAD PASSWORD: The password is a palindrome
Retype new password:
passwd: all authentication tokens updated successfully.
[root@localhost ~]# _
```

❶ rootユーザーで「passwd」コマンドを実行
❷ ルールに合わないパスワードも設定できる

rootユーザーに切り替え、「passwd」コマンドでユーザー名(gakushu)を指定すると、パスワードの入力を促されます。rootユーザーなら古いパスワードを知らなくても変更することが可能です。また、条件に満たない不適格なパスワードを設定しようとしても、警告のメッセージは表示されますが、入力通りに変更することができます。

### 参考 パスワード変更時の注意

rootユーザーでは、ルールに沿わないパスワードを設定することができます。また、現在のパスワードを知らなくても変更できます。これはとても便利ですが、万一rootユーザーを乗っ取られると勝手に設定を変えられてしまう可能性があります。パスワードの変更は一般ユーザーでも行えます。一般ユーザーでパスワードを変更する場合、自分のアカウントしか変えられないのでユーザー名を指定する必要はありません。
パスワードが設定されている「gakushu」ユーザーでログインし、「passwd」コマンドを実行してパスワードを書き換えてみましょう。

```
[gakushu@localhost ~]$ passwd
Changing password for user gakushu.
Changing password for gakushu.
(current) UNIX password:
New password:
BAD PASSWORD: The password is too similar to the old one
New password:
Retype new password:
passwd: all authentication tokens updated successfully.
[gakushu@localhost ~]$ _
```

❶「gakushu」ユーザーで「passwd」コマンドを実行
❷ ルールに合わないパスワードは設定できない
❸ ルールに合ったパスワードを設定する

一般ユーザーで「passwd」コマンドを実行した場合、rootユーザーとは異なり、ルールに合わないパスワードには変更できません。

## ● ユーザー情報の確認

作成したユーザーの情報は「/etc/passwd」ファイルで確認できます。以前はパスワード情報が入っていましたが、パスワード情報は「/etc/shadow」ファイルに暗号化された状態で入っています。「/etc/passwd」ファイルの最終行をみると、追加されたユーザーの情報がわかります。「useradd」コマンドでユーザーを追加すると、特に指定しなければユーザー名と同じグループ名が作成されます。

### ▼「/etc/passwd」を表示してユーザー情報を確認

```
# cat /etc/passwd [Enter]
```

```
bin:x:1:1:bin:/bin:/sbin/nologin
daemon:x:2:2:daemon:/sbin:/sbin/nologin
adm:x:3:4:adm:/var/adm:/sbin/nologin
lp:x:4:7:lp:/var/spool/lpd:/sbin/nologin
sync:x:5:0:sync:/sbin:/bin/sync
shutdown:x:6:0:shutdown:/sbin:/sbin/shutdown
halt:x:7:0:halt:/sbin:/sbin/halt
mail:x:8:12:mail:/var/spool/mail:/sbin/nologin
operator:x:11:0:operator:/root:/sbin/nologin
games:x:12:100:games:/usr/games:/sbin/nologin
ftp:x:14:50:FTP User:/var/ftp:/sbin/nologin
nobody:x:99:99:Nobody:/:/sbin/nologin
avahi-autoipd:x:170:170:Avahi IPv4LL Stack:/var/lib/avahi-autoipd:/sbin/nologin
systemd-bus-proxy:x:999:997:systemd Bus Proxy:/:/sbin/nologin
systemd-network:x:998:996:systemd Network Management:/:/sbin/nologin
dbus:x:81:81:System message bus:/:/sbin/nologin
polkitd:x:997:995:User for polkitd:/:/sbin/nologin
tss:x:59:59:Account used by the trousers package to sandbox the tcsd daemon:/dev
/null:/sbin/nologin
postfix:x:89:89::/var/spool/postfix:/sbin/nologin
sshd:x:74:74:Privilege-separated SSH:/var/empty/sshd:/sbin/nologin
renshu:x:1000:1000:renshu:/home/renshu:/bin/bash
gakushu:x:1001:1001::/home/gakushu:/bin/bash
gakushu2:x:1002:1002::/home/gakushu2:/bin/bash
[root@localhost ~]# _
```

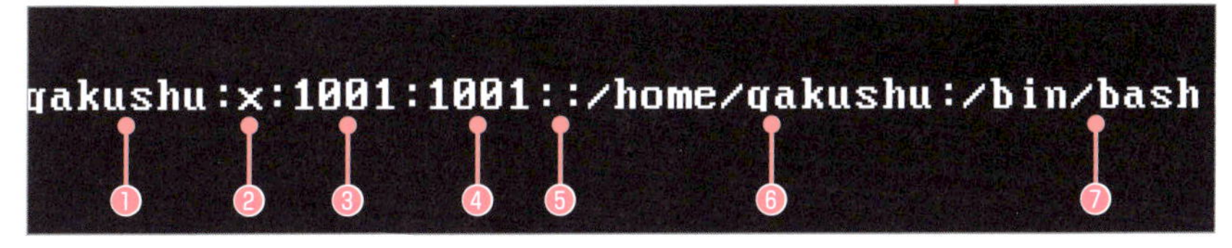


「gakushu」「gakushu2」ユーザーが追加されているのがわかります。「gakushu」ユーザーの表記を例に、情報の内容を確認しましょう。

❶ ユーザー名　❷ 旧パスワード欄（現在はXのみ）　❸ UID（ユーザーID）　❹ GID（グループID）　❺ コメント（上の例は空欄）　❻ ホームディレクトリ　❼ デフォルトシェル

## ● ユーザーの削除

ユーザーの削除もrootユーザーからのみ可能です。削除するには「userdel」コマンドでユーザー名を指定しますが、これだけではユーザー名は削除されてもユーザーのホームディレクトリなどが残ってしまいます。まとめて削除したい場合には「-r」オプションを付けて実行しましょう。

▼コマンド解説

| userdel | ユーザーを削除する |
| --- | --- |

「userdel」の書式

```
# userdel [オプション][ユーザー名]
```

「userdel」の主なオプション

| -r | ユーザーのホームディレクトリも同時に削除する |
| --- | --- |

▼「gakushu2」ユーザーをホームディレクトリごと削除

```
# userdel -r gakushu2 Enter
```

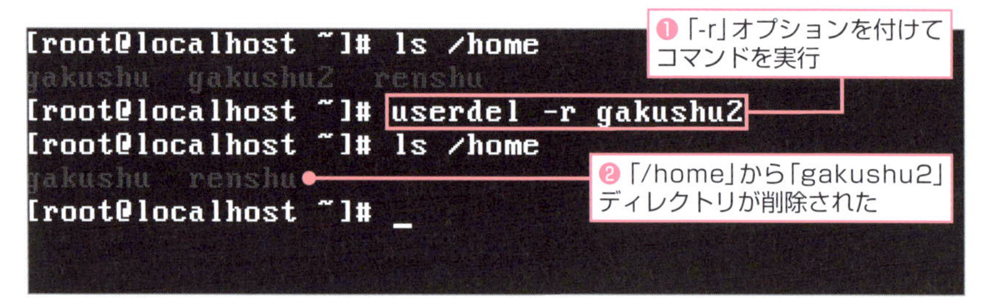


「gakushu2」ユーザーを、「/home/gakushu2」ディレクトリごと削除します。「home」ディレクトリを確認すると、「gakushu2」ディレクトリが削除されていることがわかります。

## ▼ グループの追加と削除＆設定ファイルの確認

「グループ」で複数のユーザーをまとめて管理することができます。この仕組みのおかげで、「『aaa.txt』ファイルのアクセス権は『nakama』グループに属する人だけ」といった設定が行えます。これは、一人ひとりにアクセス権の設定をするよりずっと簡単です。
すべてのユーザーはどこかのグループに所属しなければならないため、ユーザーを作成すると同時にユーザー名と同じグループが作成されます。ユーザーは、このグループ以外にも複数のグループのメンバーになれます。
ユーザーのベースになるグループを「プライマリグループ」、それ以外のグループを「サブグループ」(参加グループ) といいます。どのグループに入っているかは「groups」や「id」コマンドで調べられます。

### ● グループを確認する

グループを確認するには「groups」コマンドでユーザー名を指定します。ユーザー名を省略すると、ログインユーザーのグループ名になります。基本になる「プライマリグループ」は、ユーザーIDを作ったときにできたユーザー名と同じグループです。

▼ コマンド解説

| groups | ユーザーの所属グループを確認する |
| --- | --- |

「groups」の書式

```
$ groups ［ユーザー名］
```

▼「gakushu」ユーザーのグループを確認

```
$ groups gakushu [Enter]
```

```
[renshu@localhost ~]$ groups gakushu
gakushu : gakushu
[renshu@localhost ~]$ id gakushu
uid=1001(gakushu) gid=1001(gakushu) groups=1001(gakushu)
[renshu@localhost ~]$ _
```

所属グループを確認

「id」コマンドでも確認できる

「groups」コマンドで「gakushu」ユーザーのグループを確認できます。特に変更していなければ、ユーザー名と同じ「gakushu」グループになります。グループ名の確認は、「id」コマンドでユーザー名を指定することでも行えます。

## グループの作成

グループを作成するには、rootユーザーに切り替えて「groupadd」コマンドを使います。ユーザーアカウントを確認し、「nakama」グループを作成します。

▼コマンド解説

| groupadd | グループを作成する |
|---|---|

| 「groupadd」の書式 |
|---|
| # groupadd [グループ名] |

▼新規に「nakama」グループを作成

```
# groupadd nakama [Enter]
```

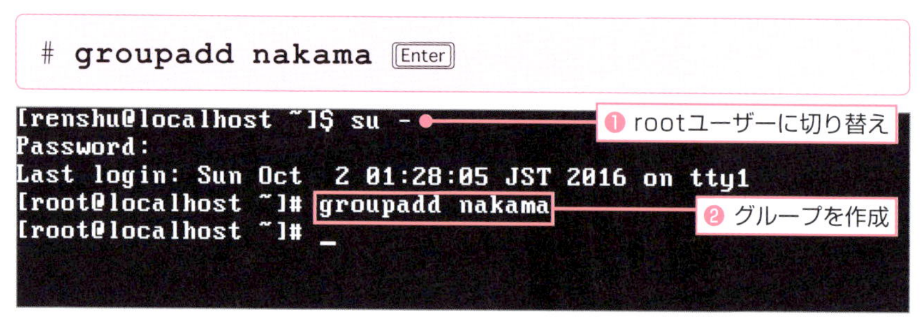


ユーザーの追加時に作成されるユーザー名と同じグループ名ではなく、「groupadd」コマンドで新しいグループ名を作ることができます。

## ● グループの情報を確認する

グループの情報は「/etc/group」ファイルで確認できます。グループにはGID(GroupID)が付けられています。「cat」コマンドで「/etc/group」ファイルを確認してみましょう。

▼「/etc/group」を表示してグループ情報を確認

```
# cat /etc/group Enter
```

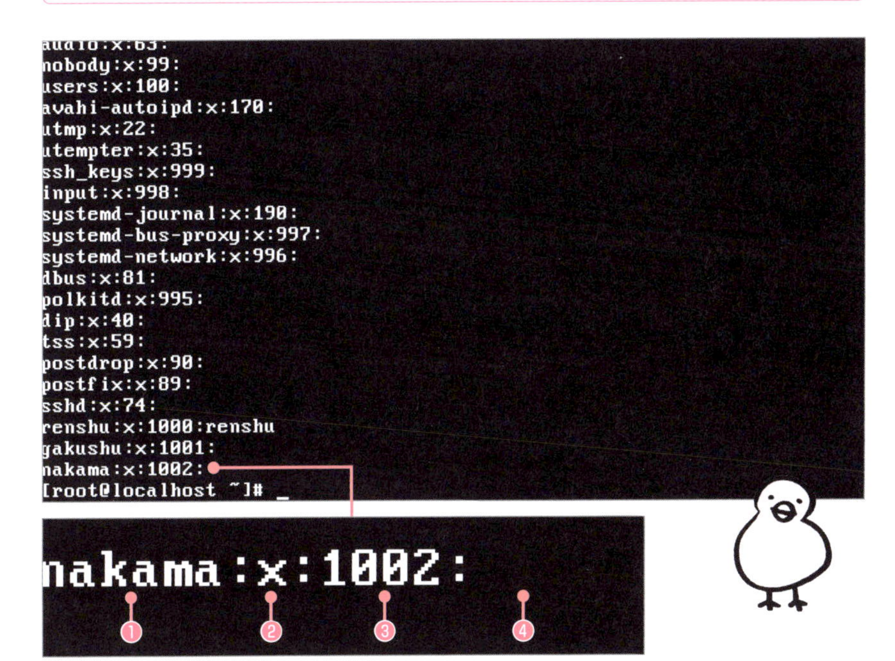


「nakama」グループが追加されているのがわかります。情報の内容を確認しましょう。

❶ グループ名
❷ パスワード欄(今は「x」のみ)
❸ GID(グループID)
❹ 所属ユーザー(まだいない)

## ● ユーザーをグループに参加させる

ユーザーは、プライマリグループ以外の別のグループに参加させることもできます。ユーザーをグループに参加させるには「usermod」コマンドに、「-G」オプションを付け、グループ名とユーザー名を指定します。

▼ コマンド解説

| usermod | ユーザーの情報を編集する |
|---|---|

「usermod」の書式

```
# usermod [オプション][グループ名][ユーザー名]
```

「usermod」の主なオプション

| -G | ユーザーが所属するグループを指定 |
|---|---|

▼「nakama」グループに「gakushu」ユーザーを追加

```
# usermod -G nakama gakushu Enter
```

```
[root@localhost ~]# usermod -G nakama gakushu
[root@localhost ~]# _
```

「usermod」コマンドに「-G」オプションを付けて、「nakama」グループに「gakushu」ユーザーを追加します。

▼「gakushu5」ユーザーを作成して「nakama」グループに追加

```
# useradd gakushu5 Enter
# usermod -G nakama gakushu5 Enter
```

```
[root@localhost ~]# useradd gakushu5              ①
[root@localhost ~]# usermod -G nakama gakushu5    ②
[root@localhost ~]# cat /etc/group_               ③
```

❶「useradd」コマンドで「gakushu5」ユーザーを作成
❷「usermod -G」コマンドで「gakushu5」ユーザーを「nakama」グループに追加
❸「cat」コマンドで「/etc/group」を確認

▼「/etc/group」を表示してグループ情報を確認

```
# cat /etc/group [Enter]
```

```
ftp:x:50:
lock:x:54:
audio:x:63:
nobody:x:99:
users:x:100:
avahi-autoipd:x:170:
utmp:x:22:
utempter:x:35:
ssh_keys:x:999:
input:x:998:
systemd-journal:x:190:
systemd-bus-proxy:x:997:
systemd-network:x:996:
dbus:x:81:
polkitd:x:995:
dip:x:40:
tss:x:59:
postdrop:x:90:
postfix:x:89:
sshd:x:74:
renshu:x:1000:renshu
gakushu:x:1001:
nakama:x:1002:gakushu,gakushu5
gakushu5:x:1003:
[root@localhost ~]# _
```

複数のユーザーが「nakama」グループに表示される

「nakama」グループに「gakushu5」ユーザーを追加した状態で「/etc/group」ファイルを表示したので、「nakama」グループのメンバーに「gakushu」「gakushu5」の2つが表示されているのが確認できます。

## ユーザーのプライマリグループとグループ名についてのおさらい

ユーザー情報とグループ名に関しては、

- ユーザー情報とプライマリグループは「cat /etc/passwd」(215ページ参照)
- グループIDに対するグループ名は「cat /etc/group」(219ページ参照)

で確認できます。

重要な確認方法なのでしっかり覚えておきましょう。

## グループの削除

グループを削除するには「groupdel」コマンドで削除したいグループを指定します。ただし、削除しようとするグループ名がプライマリグループの場合は削除することができません。削除してしまうと、どのグループにも所属しないユーザーができてしまうからです。

### ▼コマンド解説

| groupdel | グループを削除する |
|---|---|

| 「groupdel」の書式 |
|---|
| #groupdel［グループ名］ |

### ▼「nakama00」グループを削除

```
# groupdel nakama00 Enter
```

```
[root@localhost ~]# groupadd nakama00
[root@localhost ~]# tail -5 /etc/group
renshu:x:1000:renshu
gakushu:x:1001:
nakama:x:1002:gakushu,gakushu5
gakushu5:x:1003:
nakama00:x:1004:
[root@localhost ~]# groupdel nakama00
[root@localhost ~]# groupdel gakushu
groupdel: cannot remove the primary group of user 'gakushu'
[root@localhost ~]# tail -5 /etc/group
sshd:x:74:
renshu:x:1000:renshu
gakushu:x:1001:
nakama:x:1002:gakushu,gakushu5
gakushu5:x:1003:
[root@localhost ~]# _
```

❶「groupadd」コマンドで「nakama00」グループを作成　❷「tail」コマンドで「/etc/group」の最後の5行を表示　❸「nakama00」グループが作成されていることを確認　❹「groupdel」コマンドで「nakama00」を削除　❺同じく「groupdel」コマンドで「gakushu」グループを削除しようとしたが、プライマリグループのため削除できない　❻再度「tail」コマンドで「/etc/group」の最後の5行を表示　❼「nakama00」グループがなくなっている

## Q ここまでの確認問題

【問1】

renshuユーザーのUIDを確認するコマンドを記述してください。

【問2】

rootユーザーに切り替えるコマンドを記述してください。

【問3】

グループの情報はどのファイルで確認できるでしょうか。

A. /bin/group　　B. /etc/group

C. /home/group　　D. /usr/group

## A 確認問題の答え

【問1の答え】 id renshu

……rootユーザーのUIDは「0」になります。

→P.209参照

【問2の答え】 su -

……「-」オプションを付けないと、ホームディレクトリが切り替わらないままです。

→P.211参照

【問3の答え】 B. /etc/group

……「etc」ディレクトリにはシステムの設定ファイルなどが含まれています。

→P.219参照

# 所有者と所有グループの管理

【KeyWord】 所有者 所有者グループ chown chgrp

【ここで学習すること】 ファイルやディレクトリの所有者やグループの変更方法について学習します。

## 所有者と所有グループの管理

ファイルやディレクトリの所有者や所有グループは、あとから変更することができます。変更はrootユーザーのみが行えるので、ユーザーアカウントを確認してから実行しましょう。

### 所有者（ユーザー）の変更

所有者を変更するには「chown」（CHange OWNer）コマンドを使います。「-R」コマンドを付けて、ユーザー名と、所有者（ユーザー）を変更したいファイル名またはディレクトリ名を指定します。

▼コマンド解説

| chown | ファイルやディレクトリの所有者を変更する |
|---|---|

「chown」の書式

```
# chown [オプション][ユーザー名][ファイル名またはディレクトリ名]
```

| 「chown」の主なオプション | |
|---|---|
| -R | ディレクトリとその中のファイルの所有者を再帰的に変更 |

▼「aaa.txt」ファイルのユーザーを「renshu」から「gakushu」に変える

```
# chown gakushu /home/renshu/aaa.txt Enter
```

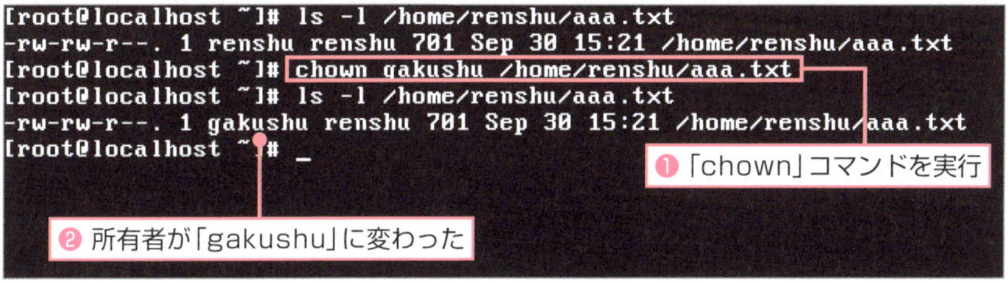

```
[root@localhost ~]# ls -l /home/renshu/aaa.txt
-rw-rw-r--. 1 renshu renshu 701 Sep 30 15:21 /home/renshu/aaa.txt
[root@localhost ~]# chown gakushu /home/renshu/aaa.txt
[root@localhost ~]# ls -l /home/renshu/aaa.txt
-rw-rw-r--. 1 gakushu renshu 701 Sep 30 15:21 /home/renshu/aaa.txt
[root@localhost ~]# _
```

❶「chown」コマンドを実行
❷ 所有者が「gakushu」に変わった

「chown」コマンドで所有者名「gakushu」と、所有者を変更したいファイル「/home/renshu/aaa.txt」を指定します。実行したら「ls -l」コマンドで確認しましょう。

▼「/home/renshu/kadai5」ディレクトリ以下の全所有者を「gakushu」に変更

```
# chown -R gakushu /home/renshu/kadai5 Enter
```

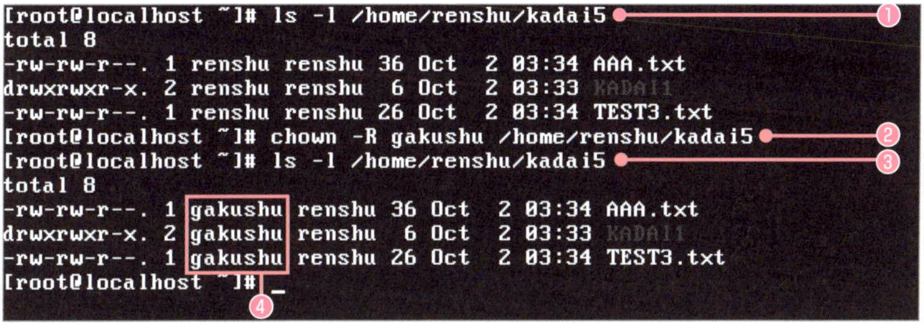

```
[root@localhost ~]# ls -l /home/renshu/kadai5
total 8
-rw-rw-r--. 1 renshu renshu 36 Oct  2 03:34 AAA.txt
drwxrwxr-x. 2 renshu renshu  6 Oct  2 03:33 KADAI1
-rw-rw-r--. 1 renshu renshu 26 Oct  2 03:34 TEST3.txt
[root@localhost ~]# chown -R gakushu /home/renshu/kadai5
[root@localhost ~]# ls -l /home/renshu/kadai5
total 8
-rw-rw-r--. 1 gakushu renshu 36 Oct  2 03:34 AAA.txt
drwxrwxr-x. 2 gakushu renshu  6 Oct  2 03:33 KADAI1
-rw-rw-r--. 1 gakushu renshu 26 Oct  2 03:34 TEST3.txt
[root@localhost ~]# _
```

指定したディレクトリ以下のすべてのファイルやサブディレクトリの所有者を変更するには「-R」オプションが必要です。

❶「ls -l」コマンドで「/home/renshu/kadai5」の情報を確認
❷「chown」コマンドに「-R」オプションを付けて「kadai5」ディレクトリの所有者を「gakushu」に変更
❸「ls -l」コマンドで「/home/renshu/kadai5」の情報を再度確認する
❹「kadai5」ディレクトリとその中のファイルすべての所有者が「gakushu」になっている

## 所有グループの変更

所有グループを変更するには「chgrp」(CHange GRouP) コマンドを使います。このコマンドは一般ユーザーも使えますが、その場合は自分の所属しているグループの変更しかできません。
ディレクトリ内のファイルやサブディレクトリに変更を適用したい場合は「chown」コマンドと同様に「-R」オプションを付けます。

▼コマンド解説

| chgrp | ファイルやディレクトリのグループを変更する |
|---|---|

**「chgrp」の書式**

# chgrp [オプション] [グループ名] [ファイル名またはディレクトリ名]

**「chgrp」の主なオプション**

| -R | ディレクトリとその中のファイルのグループを再帰的に変更 |
|---|---|

▼「aaa.txt」ファイルのグループを「renshu」から「nakama」に変える

```
# chgrp nakama /home/renshu/aaa.txt [Enter]
```

```
[root@localhost ~]# ls -l /home/renshu/aaa.txt
-rw-rw-r--. 1 gakushu renshu 701 Sep 30 15:21 /home/renshu/aaa.txt
[root@localhost ~]# chgrp nakama /home/renshu/aaa.txt
[root@localhost ~]# ls -l /home/renshu/aaa.txt
-rw-rw-r--. 1 gakushu nakama 701 Sep 30 15:21 /home/renshu/aaa.txt
[root@localhost ~]# _
```

❶「chgrp」コマンドを実行
❷ グループが「nakama」に変わった

「chgrp」コマンドでグループ名「nakama」と、グループをを変更したいファイル「/home/renshu/aaa.txt」を指定します。実行したら「ls -l」コマンドで確認しましょう。

▼「/home/renshu/kadai5」ディレクトリ以下の全グループを「nakama」に変更

```
# chgrp -R nakama /home/renshu/kadai5 Enter
```

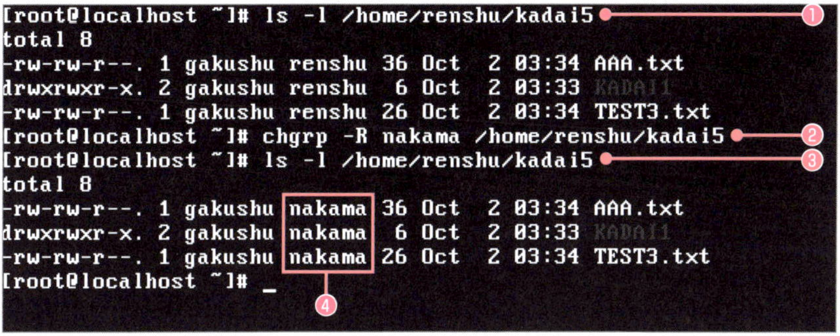

```
[root@localhost ~]# ls -l /home/renshu/kadai5 ①
total 8
-rw-rw-r--. 1 gakushu renshu 36 Oct  2 03:34 AAA.txt
drwxrwxr-x. 2 gakushu renshu  6 Oct  2 03:33 KADAI1
-rw-rw-r--. 1 gakushu renshu 26 Oct  2 03:34 TEST3.txt
[root@localhost ~]# chgrp -R nakama /home/renshu/kadai5 ②
[root@localhost ~]# ls -l /home/renshu/kadai5 ③
total 8
-rw-rw-r--. 1 gakushu nakama 36 Oct  2 03:34 AAA.txt
drwxrwxr-x. 2 gakushu nakama  6 Oct  2 03:33 KADAI1
-rw-rw-r--. 1 gakushu nakama 26 Oct  2 03:34 TEST3.txt
[root@localhost ~]# _
                      ④
```

指定したディレクトリ以下のすべてのファイルやサブディレクトリのグループを変更するには「-R」オプションを使用します。

❶「ls -l」コマンドで「/home/renshu/kadai5」の情報を確認
❷「chgrp」コマンドに「-R」オプションを付けて「kadai5」ディレクトリのグループを「nakama」に変更
❸「ls -l」コマンドで「/home/renshu/kadai5」の情報を再度確認する
❹「kadai5」ディレクトリとその中のファイルすべてのグループが「nakama」になっている

## 参考 所有者とグループを同時に変更

所有者(ユーザー)と所有グループを同時に変更する場合は、「chown」コマンドを使います。「chown」コマンドの後に入れる所有者(ユーザー)名の部分を「ユーザー名:グループ名」でで指定します。ユーザー名とグループ名の間にある「:」(コロン)は「.」(ドット)でもOKです。

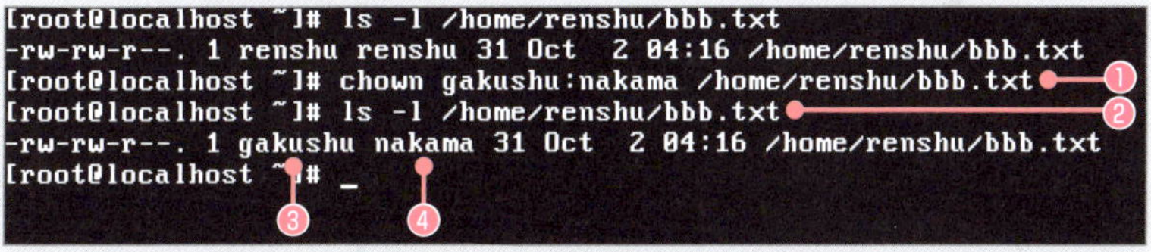

```
[root@localhost ~]# ls -l /home/renshu/bbb.txt
-rw-rw-r--. 1 renshu renshu 31 Oct  2 04:16 /home/renshu/bbb.txt
[root@localhost ~]# chown gakushu:nakama /home/renshu/bbb.txt ①
[root@localhost ~]# ls -l /home/renshu/bbb.txt ②
-rw-rw-r--. 1 gakushu nakama 31 Oct  2 04:16 /home/renshu/bbb.txt
[root@localhost ~]# _
                ③      ④
```

「chown」コマンドを使って、所有者とグループを同時に変更します。

❶「chown」コマンドで「gakushu:nakama」と表記 「gakushu」ユーザーと「nakama」グループを同時に指定 ❷「ls -l」コマンドで確認 ❸ 所有者が「gakushu」に変更 ❹ グループが「nakama」に変更

## Q ここまでの確認問題

【問1】

「/home/renshu」ディレクトリにある「aaa.txt」ファイルの所有者を「gakushu」に変えるコマンドを記述してください。

【問2】

「/home/renshu/kadai5」ディレクトリ内の全グループを「nakama」に変えるコマンドを記述してください。

【問3】

「/home/renshu」ディレクトリにある「bbb.txt」ファイルの所有者を「gakushu」に、グループを「nakama」に変えるコマンドを記述してください。

## A 確認問題の答え

【問1の答え】 chown gakushu /home/renshu/aaa.txt

……実行結果は「ls -l」コマンドで確認しましょう。 →P.225参照

【問2の答え】 chgrp -R nakama /home/renshu/kadai5

……オプション「-R」を付けることで、ディレクトリとその中のファイルを指定できます。 →P.226参照

【問3の答え】 chown gakushu:nakama /home/renshu/bbb.txt

……所有者(gakushu)とグループ(nakama)を「gakushu:nakama」のように指定します。 →P.227参照

# 第10章

# ファイルシステムと起動のしくみ

ファイルシステム、デバイスファイル、Linux起動の流れについて学んでいきましょう。

主要なディレクトリとファイルシステム ▶ Linuxが起動するまでの流れを理解

# 主要なディレクトリとファイルシステム

【KeyWord】 FHS ファイルシステム デバイスファイル パーティションの作成 fdisk ファイルシステムの作成 mkfs mke2fs マウントとアンマウント mount umount

【ここで学習すること】主要なディレクトリの役割とファイルシステム、デバイスファイルについて学習します。

## ディレクトリの構造

ディレクトリとファイルの関係は「FHS」(Filesystem Hierarchy Standard)によって定められています。FHSは多くのディストリビューションが参考にしているので、ディレクトリの名前や役割、入っているファイルなどは、どのLinuxディストリビューションでもほぼ同じになります。
主要なディレクトリや中に入っているファイルの役割、設定ファイルの場所などを覚えましょう。

覚えておきたい主要な
ディレクトリは次ページに
一覧化しました

### ▼ 主要なディレクトリとその内容

```
/ … ルートディレクトリ
 ├ /bin … 管理者も一般ユーザーも利用する基本的なコマンド
 ├ /boot … Linuxカーネルと起動に必要なファイル
 ├ /dev … デバイスファイル
 ├ /etc … システムやソフトウェアの設定ファイル
 ├ home … ユーザーのホームディレクトリ
 │        一般ユーザーのディレクトリはここに作成される
 ├ /lib … /binや/sbinのコマンドやプログラムが実行時に利用する
 │        共有ライブラリ
 ├ /mnt … ファイルシステムの一時的なマウント用ディレクトリ
 ├ /media … CDやDVDなどリムーバブル媒体の
 │          マウントディレクトリ
 ├ /proc … カーネルやプロセスに関する情報を表示する仮想ファイル
 │         システム
 ├ /root … スーパーユーザー（rootユーザー）のホームディレクトリ
 ├ /sbin … 主にシステム管理者が使用するコマンド
 ├ /tmp … 一時ファイルを保存するディレクトリ
 ├ /usr … ユーザーが共有するプログラム、ライブラリ、データなど
 │  ├ /usr/bin/ … 一般ユーザー、管理者ユーザーが使うコマンド
 │  │             （/binとほぼ同じ）
 │  ├ /usr/lib/ … プログラムが共有で使うライブラリファイル
 │  │             （/libとほぼ同じ）
 │  ├ /usr/sbin/ … 管理者ユーザーが使うコマンド（/sbinとほぼ同じ）
 │  ├ /usr/share/ … 技術に依存しない共有データ、マニュアルなど
 │  └ /usr/src/ … カーネルのソースなどプログラムのソースコード
 └ /var … システムログやキャッシュファイルなど、サイズが増えるファイル
    ├ /var/cache/ … キャッシュファイル
    └ /var/log/ … 各種ログファイル
```

## ファイルシステムを理解する

意味のあるデータのまとまりを「ファイル」といいます。そして、作成したデータをファイルとして保存したり、読み込んだりできるのは、「ファイルシステム」があるからです。Linuxを理解するためにはファイルシステムの役割を知っておくことが大切です。

▼ファイルシステムのイメージ

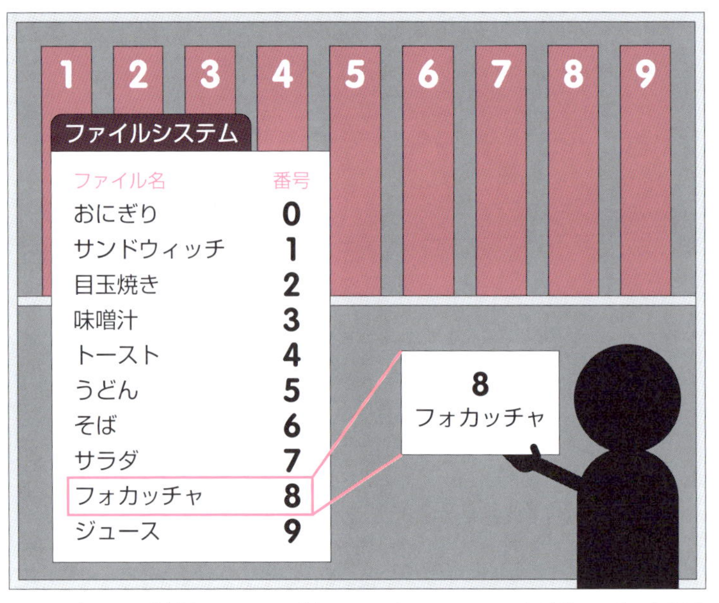


ハードディスクが本棚、ファイルが本、ファイルシステムは本がどこにどんな順番で入っているかを示すリストのようなものとイメージするとよいでしょう。

## ファイルシステムを理解する

人からすると「ファイル」や「ディレクトリ」、周辺装置の「ハードディスク」などはまったく別のものに見えますが、Linuxはすべてを「ファイル」として扱います。

▼ すべてを「ファイル」として扱う

人から見るとハードウェアとテキストファイルなどのデータはまったく異なるものですが、Linuxのファイルシステムは自分がわかりやすいようにすべて同じ「ファイル」として考えます。

## ファイルシステムの種類

ファイルシステムにはさまざまなものがあります。最新のLinuxで標準的に使われているのは「ext4」(extended filesystem)、CentOS7やRHEL7 (Red Hat Enterprise Linux7) では「XFS」が使われています。代表的なファイルシステムを以下にまとめました。

### ▼主なファイルシステム

ext2 ………前に使われていたLinuxのファイルシステム

ext3 ………ext2の改良版。障害時にログから復旧させるための情報をもつジャーナリング機能を持つ。古いバージョンとの互換性の問題から標準で使っているディストリビューションも多い

ext4 ………ext3とともにLinuxでの標準的なファイルシステム
CentOS6、RHEL6※1の標準形式

XFS…………大容量に対応し、堅牢性が高いファイルシステム
CentOS7、RHEL7からこちらが標準

ReiserFS …高速でディスクの使用効率が良い

FAT32 ……Windowsのファイルシステム

NTFS ………Windowsのファイルシステム

vfat…………WindowsとLinux両方で読み書きできるファイルシステム

さまざまなファイルシステムが、それぞれ特徴のあるファイル管理の仕組みを備えています。

### Point 異なるファイルシステムとのやり取り

Linuxでは複数のファイルシステムが用意されていますが、「VFS」(仮想ファイルシステム：Virtual File System)ではファイルシステムを意識せずに利用できるような仕組みを持っており、異なるファイルシステム間のやり取りも行えます。

※1：RHEL6とは、Red Hat Enterprise Linux 6の略称です(P.17参照)。

## 周辺装置の扱い

Linuxでは、「ハードディスク」「USBメモリ」「CD-ROM（DVD）ドライブ」「プリンター」などの周辺装置は「デバイスファイル」として扱います。ファイルとして扱うため、WindowsのようにCドライブやDドライブといった考え方はしません。
外付けで新しい周辺装置を追加したときなどは「マウント」という操作でドライブファイルを認識させます。取り外したときは「アンマウント」という操作で切り離します。
デバイスファイルは「/dev」ディレクトリにまとめられています。「/dev」ディレクトリのファイルを表示するには「ls」コマンドを使います。

▼「ls」コマンドでデバイスファイルを確認

```
$ ls /dev Enter
```

```
block            mapper              snd     tty26  tty49  uinput
bsg              mcelog              sr0     tty27  tty5   urandom
btrfs-control    mem                 stderr  tty28  tty50  usbmon0
bus              mqueue              stdin   tty29  tty51  usbmon1
cdrom            net                 stdout  tty3   tty52  usbmon2
centos           network_latency     tty     tty30  tty53  vcs
char             network_throughput  tty0    tty31  tty54  vcs1
console          null                tty1    tty32  tty55  vcs2
core             nvram               tty10   tty33  tty56  vcs3
cpu              oldmem              tty11   tty34  tty57  vcs4
cpu_dma_latency  port                tty12   tty35  tty58  vcs5
crash            ppp                 tty13   tty36  tty59  vcs6
disk             ptmx                tty14   tty37  tty6   vcsa
dm-0             pts                 tty15   tty38  tty60  vcsa1
dm-1             random              tty16   tty39  tty61  vcsa2
fd               raw                 tty17   tty4   tty62  vcsa3
full             rtc                 tty18   tty40  tty63  vcsa4
fuse             rtc0                tty19   tty41  tty7   vcsa5
hpet             sda                 tty2    tty42  tty8   vcsa6
hugepages        sda1                tty20   tty43  tty9   vfio
initctl          sda2                tty21   tty44  ttyS0  vga_arbiter
input            sg0                 tty22   tty45  ttyS1  vhost-net
kmsg             sg1                 tty23   tty46  ttyS2  zero
log              shm                 tty24   tty47  ttyS3
[renshu@localhost ~]$ _
```

「ls」コマンドで「/dev」ディレクトリを確認すると、さまざまなデバイスファイルがあることがわかります。

## デバイスファイルの名前の決まり

ハードディスクにはIDEやSCSI、USBといったいろいろな規格があります。
デバイスファイルの名前はハードディスクの規格によって異なります。
たとえばSCSI/SATAでは、先頭が「/dev/sd」で始まり、1台目から順に「/dev/sda」、「/dev/sdb」(2台目)、「/dev/sdc」(3台目) ……と名付けられます。
IDA/ATA(PATA)の場合は、先頭が「/dev/hd」で始まり、1台目から順に「/dev/hda」「/dev/hdb」「/dev/hdc」と名付けられます。
CD/DVDドライブは「/dev/scd0」が1台目の名前です。

▼「/dev」ディレクトリの「s」で始まるデバイスファイルを確認

```
$ ls /dev/s* Enter
```

```
[renshu@localhost ~]$ ls /dev/s*
/dev/sda   /dev/sda2  /dev/sg1       /dev/sr0     /dev/stdin
/dev/sda1  /dev/sg0   /dev/snapshot  /dev/stderr  /dev/stdout

/dev/shm:

/dev/snd:
by-path  controlC0  pcmC0D0c  pcmC0D0p  pcmC0D1c  seq  timer
[renshu@localhost ~]$ _
```

「ls」コマンドで「/dev」内の「s」で始まるファイル名のデバイスファイルを一覧表示します。

ここで表示される「/dev/sda1」「/dev/sda2」というファイルは、同じハードディスクがパーティションで分かれていることを示しています(「dev/sda1」で1つ目、「sda2」で2つ目のパーティションを表します)。
ハードディスクは1つのディスクをそのまま使うのではなく、パーティションで複数に分けて使うことができます。
パーティションに分けるメリットとして

- データの管理がしやすい(同じディレクトリにまとめておくことができる)
- トラブル発生時に他への影響を最小限にできる(パーティションが分かれていれば、何らかのトラブルがあってもそのパーティション以外に影響を及ぼしにくい)

などが挙げられます。

### 参考 パーティションのルール（基本領域と拡張領域、論理領域）

パーティションの区切り方にもルールがあります。基本パーティションは最大4つまで作成できます。ちょうどデバイスファイルの「/dev/sda1」「dev/sda2」「/dv/sda3」……の数字部分がパーティションの数です。
基本パーティションはそのうち1つを拡張パーティションにすることができます。この拡張パーティションの中に論理パーティションを作ることで4つ以上のパーティションを作成することができます。

▼パーティションの構成

ハードディスク「sda」

<table>
<tr><td colspan="2">基本パーティション 「sda1」</td></tr>
<tr><td colspan="2">基本パーティション 「sda2」</td></tr>
<tr><td colspan="2">基本パーティション 「sda3」</td></tr>
<tr><td colspan="2">「sda4」</td></tr>
<tr><td rowspan="2">拡張パーティション</td><td>論理パーティション 「sda5」</td></tr>
<tr><td>論理パーティション 「sda6」</td></tr>
</table>

## ● ディスクが使えるようになるまでの処理

ハードディスクはインストール時に自動的にパーティションが設定され、使える状態になります。あとからパーティションの設定を変更することもできますが、存在するデータはすべてなくなります。実際に操作する場合は十分に注意してください。
これから行うパーティションの作成は、新しくディスクを追加する場合にのみ実行してください。追加したディスクを使える状態にするまでの大まかな流れを確認します。

1）追加した装置が認識されているかどうかを確認する 「ls /dev」
2）パーティションで区切る 「fdisk」
3）ファイルシステムを作成する（フォーマットする） 「mkfs」「mke2fs」
4）マウントして使えるようにする 「mount」

### 1) 追加した装置が認識されているかどうかを確認する

もう使っていない(フォーマットしても問題のない)USBメモリやハードディスクなどをコンピューターに装着し、認識されているかを確認しましょう。

▼ USBメモリなど追加した装置が認識されているか確認する

```
$ ls /dev/sd* [Enter]
```

```
[renshu@localhost ~]$ ls /dev/sd*
/dev/sda  /dev/sda1  /dev/sda2  /dev/sdb
[renshu@localhost ~]$ _
```

装着したUSBメモリが「/dev/sdb」として認識

装着したUSBメモリが、2台目のディスク「/dev/sdb」として認識されています。パーティションはまだありません。

#### 参考 起動時からの動作をチェックして装置の認識を確認

起動時にLinux(カーネル)が行ったことを表示する「dmesg」コマンドを使うことで、あとから追加したハードディスクやUSBメモリが認識されているかを確認できます。「dmesg」コマンドのみでは表示されるデータが膨大になってしまうので、「sd」を含むものを探します。

▼ 起動時にLinuxが画面に表示するメッセージで「sd」を含むものを表示

```
$ dmesg | grep sd [Enter]
```

```
[renshu@localhost ~]$ dmesg | grep sd
[    2.030445] sd 2:0:0:0: [sda] 16777216 512-byte logical blocks: (8.58 GB/8.00
 GiB)
[    2.030475] sd 2:0:0:0: [sda] Write Protect is off
[    2.030479] sd 2:0:0:0: [sda] Mode Sense: 00 3a 00 00
[    2.030492] sd 2:0:0:0: [sda] Write cache: enabled, read cache: enabled, does
n't support DPO or FUA
[    2.031134]  sda: sda1 sda2
[    2.031320] sd 2:0:0:0: [sda] Attached SCSI disk
[    5.297771] sd 2:0:0:0: Attached scsi generic sg1 type 0
[    5.744636] XFS (sda1): Mounting V4 Filesystem
[    6.034740] XFS (sda1): Starting recovery (logdev: internal)
[    6.298619] XFS (sda1): Ending recovery (logdev: internal)
[    6.298633] SELinux: initialized (dev sda1, type xfs), uses xattr
[  147.324835] sd 4:0:0:0: Attached scsi generic sg2 type 0
[  147.344010] sd 4:0:0:0: [sdb] 7823360 512-byte logical blocks: (4.00 GB/3.73
GiB)
[  147.352584] sd 4:0:0:0: [sdb] Write Protect is off
[  147.352587] sd 4:0:0:0: [sdb] Mode Sense: 03 41 00 00
[  147.364512] sd 4:0:0:0: [sdb] No Caching mode page found
[  147.364757] sd 4:0:0:0: [sdb] Assuming drive cache: write through
[  147.433043]  sdb: sdb1
[  147.491189] sd 4:0:0:0: [sdb] Attached SCSI removable disk
[renshu@localhost ~]$ _
```

追加したUSBメモリは「sdb」として認識されたことがわかります。

### 参考 USBメモリが認識されない場合

「Virtual Box」上で「Cent OS」を起動している環境では、「dmesg」コマンドで確認してもUSBメモリが認識されていない場合、「VirtualBox」の設定を変更しましょう。画面上部の[デバイス]メニューから[USB]を選び、認識させたいデバイスを選択します。

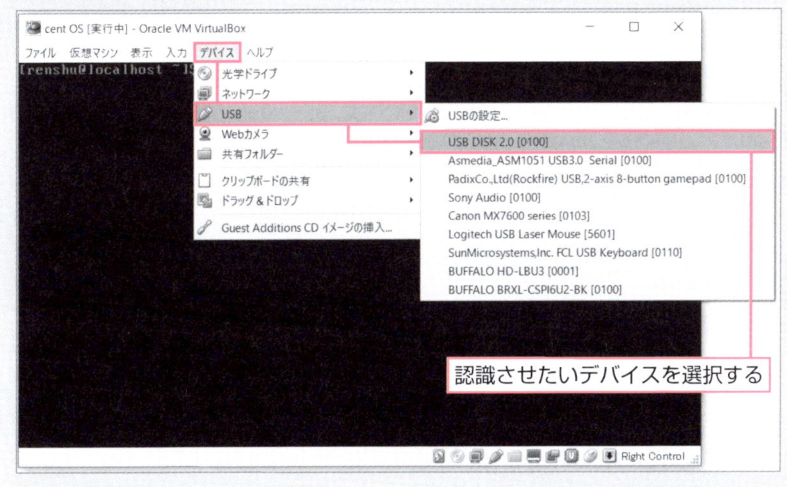


「Virtual Box」のメニューから[デバイス]→[USB]→[認識させたいデバイス]を選択します。

## 2) パーティションで区切る

パーティションの作成や削除、変更には「fdisk」コマンドを使います。「fdisk」でデバイスファイル名を指定すると、対話方式で操作を行うことができます。
「fdisk」はrootユーザーで実行します。

▼ コマンド解説

| fdisk | ディスクにパーティションを作成する |
|---|---|

**「fdisk」の書式**

```
# fdisk [オプション] [デバイス]
```

### ▼デバイスファイル「/dev/sdb」に対してパーティションを作成する

```
# fdisk /dev/sdb [Enter]
```

```
[root@localhost ~]# fdisk /dev/sdb
Welcome to fdisk (util-linux 2.23.2).

Changes will remain in memory only, until you decide to write them.
Be careful before using the write command.


Command (m for help): n
Partition type:
   p   primary (0 primary, 0 extended, 4 free)
   e   extended
Select (default p): p
Partition number (1-4, default 1): 1
First sector (2048-7823359, default 2048):
Using default value 2048
Last sector, +sectors or +size{K,M,G} (2048-7823359, default 7823359):
Using default value 7823359
Partition 1 of type Linux and of size 3.7 GiB is set

Command (m for help): _
```

❶ デバイスを指定して「fdisk」を実行
❷「n」を入力
❸「p」を入力
❹「1」を入力
❺ [Enter]キー
❻ [Enter]キー
❼ パーティションが作成された

「/dev/sdb」を指定して「fdisk」を実行したら、いくつかのコマンドを入力してパーティション作成を行います。新しいパーティションを作るので「n」を入力し、基本パーティションを作るので「p」を入力します。今回は追加ディスクを1つのドライブとして使うので、パーティション番号は「1」(初期値)、開始セクター、終了セクターとサイズはそのまま何もせずに[Enter]キーを押します。

```
Partition number (1-4, default 1): 1
First sector (2048-7823359, default 2048):
Using default value 2048
Last sector, +sectors or +size{K,M,G} (2048-7823359, default 7823359):
Using default value 7823359
Partition 1 of type Linux and of size 3.7 GiB is set

Command (m for help): p

Disk /dev/sdb: 4005 MB, 4005560320 bytes, 7823360 sectors
Units = sectors of 1 * 512 = 512 bytes
Sector size (logical/physical): 512 bytes / 512 bytes
I/O size (minimum/optimal): 512 bytes / 512 bytes
Disk label type: dos
Disk identifier: 0xc3072e18

   Device Boot      Start         End      Blocks   Id  System
/dev/sdb1            2048     7823359     3910656   83  Linux

Command (m for help): w
The partition table has been altered!

Calling ioctl() to re-read partition table.
Syncing disks.
[root@localhost ~]# _
```

❽「p」を入力して作成したパーティションを確認
❾「w」キーで保存して終了

作業が終わったら「p」を入力して作成したパーティションを確認します。最後に「w」を入力し、パーティションテーブルの変更を保存して終了します(変更を保存しないで終了したい場合は「q」を入力)。

```
[root@localhost ~]# ls /dev/sd*
/dev/sda  /dev/sda1  /dev/sda2  /dev/sdb  /dev/sdb1
[root@localhost ~]# _
```

❿「/dev/sdb1」が作成された

作業が終わったら「ls /dev/sd*」コマンドを実行してみましょう。パーティションが作成されたので「/dev/sdb1」ファイルが表示されています。

### 参考 Windowsでフォーマットされたドライブを使う場合

「fdisk /deb/sdb」を実行し、「n」で新しいパーティションを作ろうとするとエラーになる場合、ドライブを確認してから必要な作業を行います。ドライブの様子は「p」で確認します。Windowsでフォーマットされたドライブを「d」で削除します。削除したら、もう一度「fdisk /deb/sdb」を実行しましょう。

```
[root@localhost ~]# fdisk /dev/sdb
Welcome to fdisk (util-linux 2.23.2).

Changes will remain in memory only, until you decide to write them.
Be careful before using the write command.


Command (m for help): p

Disk /dev/sdb: 4005 MB, 4005560320 bytes, 7823360 sectors
Units = sectors of 1 * 512 = 512 bytes
Sector size (logical/physical): 512 bytes / 512 bytes
I/O size (minimum/optimal): 512 bytes / 512 bytes
Disk label type: dos
Disk identifier: 0xc3072e18

   Device Boot      Start         End      Blocks   Id  System
/dev/sdb1            2048     7823359     3910656    c  W95 FAT32 (LBA)

Command (m for help): d
Selected partition 1
Partition 1 is deleted

Command (m for help): _
```

❶ デバイスを指定して「fdisk」を実行
❷「p」を入力
❸「d」を入力
❹ 既存のパーティションが削除された

「/dev/sdb」を指定して「fdisk」を実行したら、「p」を入力して現状を確認します。続いて「d」を入力してWindowsでフォーマットされたディレクトリを削除します。パーティションが削除されたので、新規でパーティションを作成することが可能になります。

### 3) ファイルシステムを作成する（フォーマットする）

作成したパーティションは、このままでは使えません。このパーティションを使えるようにフォーマットします。フォーマットとは、データを保存できるようにディスクを初期化することです。フォーマットには「mkfs」や「mke2fs」コマンドが使えます。ここでは「mkfs」コマンドを使って実行していきます。

▼コマンド解説

| mkfs | ファイルシステムを作成する |
|---|---|

**「mkfs」の書式**

# mkfs -t［ファイルシステム］［デバイスファイル名］

| 「mkfs」の主なオプション | |
|---|---|
| -t［ファイルシステム］ | ファイルシステムを指定する |

▼「dev/sdb1」を「ext4」ファイルシステムでフォーマット

```
# mkfs -t ext4 /dev/sdb1 [Enter]
```

```
[root@localhost ~]# mkfs -t ext4 /dev/sdb1
mke2fs 1.42.9 (28-Dec-2013)
Filesystem label=
OS type: Linux
Block size=4096 (log=2)
Fragment size=4096 (log=2)
Stride=0 blocks, Stripe width=0 blocks
244800 inodes, 977664 blocks
48883 blocks (5.00%) reserved for the super user
First data block=0
Maximum filesystem blocks=1002438656
30 block groups
32768 blocks per group, 32768 fragments per group
8160 inodes per group
Superblock backups stored on blocks:
        32768, 98304, 163840, 229376, 294912, 819200, 884736

Allocating group tables: done
Writing inode tables: done
Creating journal (16384 blocks): done
Writing superblocks and filesystem accounting information: done

[root@localhost ~]# _
```

コマンドを実行してファイルシステムを作成する

コマンドを実行すると、「dev/sdb1」パーティションが「ext4」ファイルシステムでフォーマットされます。ディスクの容量などによって時間がかかる場合もあります。

### 4）マウントして使えるようにする

ファイルシステムを作成したら、マウント（接続）して使えるように認識させます。Windowsのようにドライブという考え方はありませんが、マウントでディレクトリにつなぐことで、ドライブのようにアクセスできるようになります。このデバイスをつなぐディレクトリを「マウントポイント」といいます。
マウントには「mount」コマンドを使います。今回は「/dev/sdb1」ファイルを「/mnt」ディレクトリにマウントします。「/mnt」ディレクトリは一時的なマウントポイントとして用意されているディレクトリです。
マウントを実行したら、ファイルシステムのディスク容量や使用状況を表示するコマンド「df」(Disk Free) で確認します。「-h」オプションを付けるとわかりやすい単位で表示できます。

▼ コマンド解説

| mount | ファイルシステムをマウント（接続）する |
|---|---|

| 「mount」の書式 |
|---|
| # mount［オプション］［デバイスファイル］［マウントポイント］ |

▼ コマンド解説

| df | ファイルシステムのディスク容量を表示する |
|---|---|

| 「df」の書式 |
|---|
| # df［オプション］ |

| 「df」の主なオプション | |
|---|---|
| -h | ディスク容量を単位を付けて表示する |

▼「dev/sdb1」を「mnt」にマウントして「df -h」コマンドで確認する

```
# mount /dev/sdb1 /mnt Enter
# df -h Enter
```

```
[root@localhost ~]# mount /dev/sdb1 /mnt
[root@localhost ~]# df -h
Filesystem               Size  Used Avail Use% Mounted on
/dev/mapper/centos-root  6.7G  858M  5.9G  13% /
devtmpfs                 1.9G     0  1.9G   0% /dev
tmpfs                    1.9G     0  1.9G   0% /dev/shm
tmpfs                    1.9G  8.4M  1.9G   1% /run
tmpfs                    1.9G     0  1.9G   0% /sys/fs/cgroup
/dev/sda1                497M  124M  374M  25% /boot
tmpfs                    380M     0  380M   0% /run/user/1000
/dev/sdb1                3.7G   15M  3.4G   1% /mnt
[root@localhost ~]# _
```

❶「mount」コマンドを実行
❷「/dev/sdb1」がマウントされた

「/dev/sdb1」を「mnt」にマウント（接続）します。「df -h」コマンドで確認すると、「/dev/sdb1」がマウントされており、ディスク容量や使用している容量などの詳細情報を確認できます。

```
[root@localhost ~]# cal > /mnt/test.txt
[root@localhost ~]# ls /mnt
lost+found  test.txt
[root@localhost ~]# cat /mnt/test.txt
    October 2016
Su Mo Tu We Th Fr Sa
                   1
 2  3  4  5  6  7  8
 9 10 11 12 13 14 15
16 17 18 19 20 21 22
23 24 25 26 27 28 29
30 31
[root@localhost ~]# _
```

マウントの確認後は、以下のようなファイル操作を行うと、このディスクがきちんと使えることがわかります。

❶「cal > /mnt/test.txt」コマンドを実行して「cal」コマンドの内容を「/mnt」ディレクトリの「test.txt」ファイルに書き込み　❷「ls /mnt」コマンドでファイルを確認　❸「cat /mnt/test.txt」を実行してファイルを表示

### Point 「df」(Disk Free)と「du」(Disk Usage)

「df」に似たコマンドに「du」があります。「du」はファイルやディレクトリ単位でディスクの使用容量を調べられます。まぎらわしいので気を付けましょう。

## ● アンマウントする

マウントしたファイルシステムを解除(アンマウント)するには「umount」コマンドを実行します。マウントポイントを指定すれば簡単にアンマウントできます。

### ▼ コマンド解説

| umount | ファイルシステムをアンマウント(解除)する |
|---|---|

**「umount」の書式**

```
# umount [オプション] [マウントポイント]
```

### ▼ マウントポイント「/mnt」のファイルシステム「/dev/sdb1」をアンマウントする

```
# umount /mnt [Enter]
```

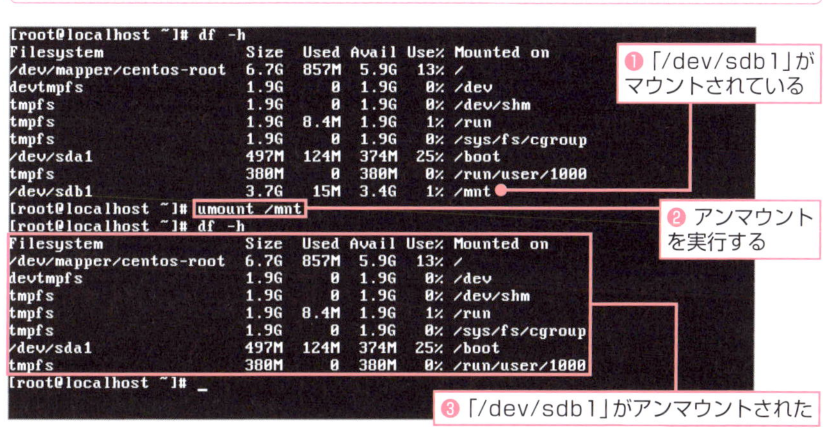


マウントポイント「/mnt」アンマウントすることで、そこにマウントしていた「/dev/sdb1」が解除されました。「df -h」コマンドで確認しましょう。

### Point 自動マウントと「/etc/fstab」

起動したときにマウントして使い続けたい記録媒体などは、「/etc/fstab」に記述しておくと自動的にマウントすることができます。「cat /etc/fstab」コマンドでこのファイルを確認すると、システムで使われているファイルシステムの情報も確認できます。

## ここまでの確認問題

【問1】

Linuxの標準的なファイルシステムを2つ選択してください。

A. ext4

B. XFS

C. FAT32

D. NTFS

【問2】

「ls」を使ってデバイスファイルを確認するコマンドを記述してください。

【問3】

デバイスファイル「/dev/sdb」にパーティションを作成するコマンドを記述してください。

【問4】

「/dev/sdb1」をext4でフォーマットするコマンドを記述してください。

【問5】

「/dev/sdb1」を「mnt」にマウントするコマンドを記述してください。

## A 確認問題の答え



【問1の答え】

A. ext4、B. XFS

……「ext4」はCentOS6、RHEL6、「XFS」はCentOS7、RHEL7標準です。「FAT32」や「NTFS」はWindowsで使われます。

→P.234参照

【問2の答え】

ls /dev

……デバイスファイルは「/dev」ディレクトリにまとめられています。

→P.235参照

【問3の答え】

fdisk /dev/sdb

……実行後は対話形式でいくつか指定する必要があります。

→P.240参照

【問4の答え】

mkfs -t ext4 /dev/sdb1

……「-t」オプションでファイルシステムを指定します。

→P.242参照

【問5の答え】

mount /dev/sdb1/mnt

……実行後は「df -h」コマンドで確認しましょう。

→P.244参照

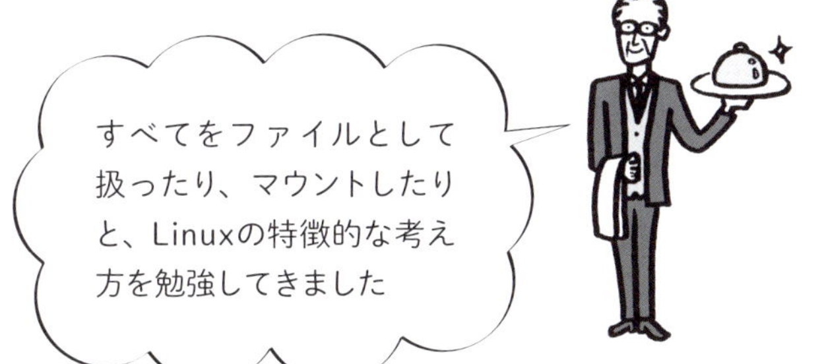

# Linuxが起動するまでの流れを理解

【KeyWord】 ROM BIOS MBR ブートローダ カーネル init ランレベル

【ここで学習すること】 Linuxが起動するまでの流れを確認して、起動の仕組みと順番について学習します。

## Linuxが起動するまでの動きをチェック

ファイルシステムを理解したところで、電源を入れてからLinuxが起動するまでの大まかな動きを確認しておきましょう。
コンピュータは、電源を入れるとすぐにOSが起動するわけではなく、それまでにさまざまな手続きを経ます。

### 1) 電源オン→BIOSの読み込み

電源を入れると、マザーボード上のROMからBIOS（Basic Input/Output system）を読み込みます。BIOSは、PCのハードウェアのチェックや初期化などを行います。

▼BIOSの読み込み

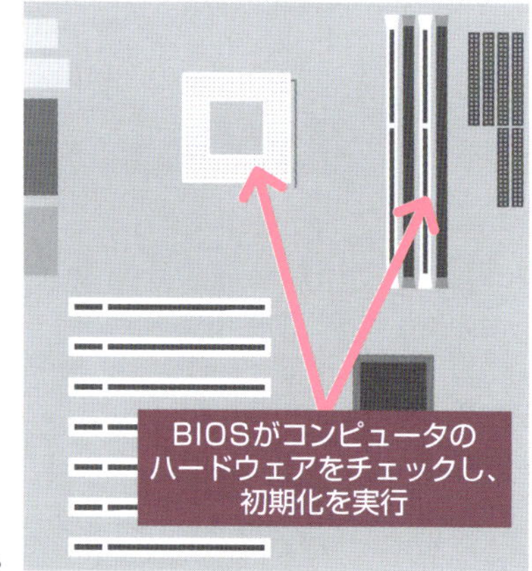


図はパソコン内のマザーボードを表しています。

## 2) MBR読み込み→ブートローダを起動

次に、ハードディスクの先頭部分からMBR（Master Boot Record）というプログラムを探します。MBRを見付けて読み込むと、ブートローダ（Boot Loader）を実行します。
ブートローダはOSを読み込むためのプログラムで、ハードディスクからカーネル（Linux本体）をメモリ上に読みこみ、カーネルに制御を渡します。
Linuxの代表的なブートローダは「GRUB」（GRand Unified Bootloader）や「GRUB2」です。

▼ブートローダの実行

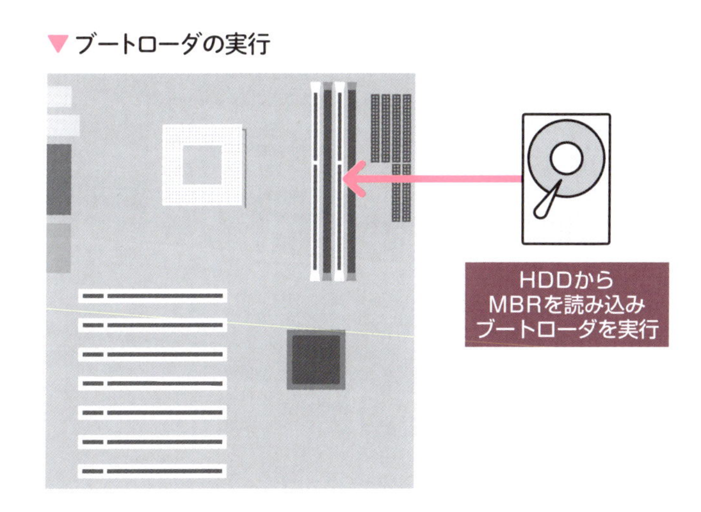


## 3) カーネルによる初期化→「init」プロセスの実行→起動

Linuxのカーネルはメモリの初期化やシステムクロックの初期化など行い、最後に「init」プロセスを実行します。「init」はシステム起動時に最初に立ち上がるプロセスで、システムの初期化スクリプトを実行します。
最後にランレベルに応じた状態で起動し、ログインプロンプトが表示されます。

▼カーネルから「init」が読み込まれて起動！

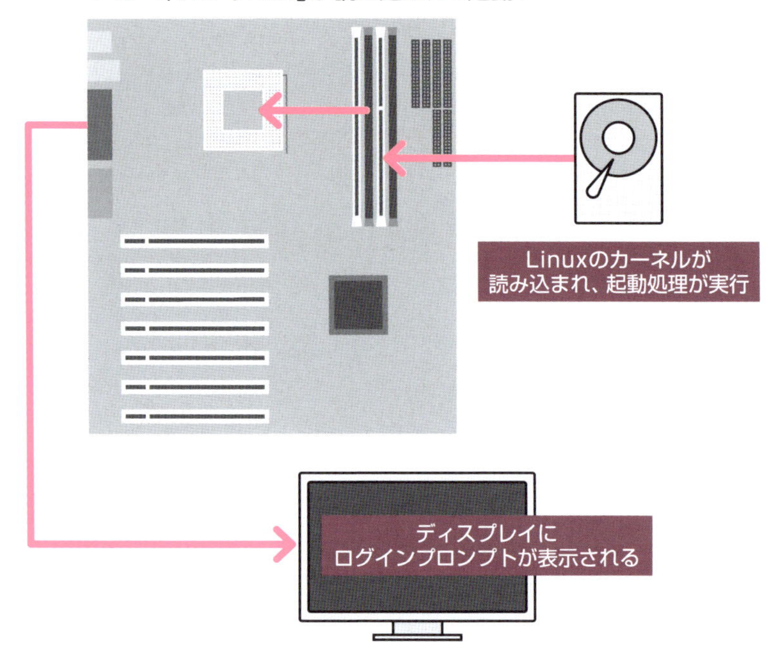


Point 起動までの流れを整理しよう

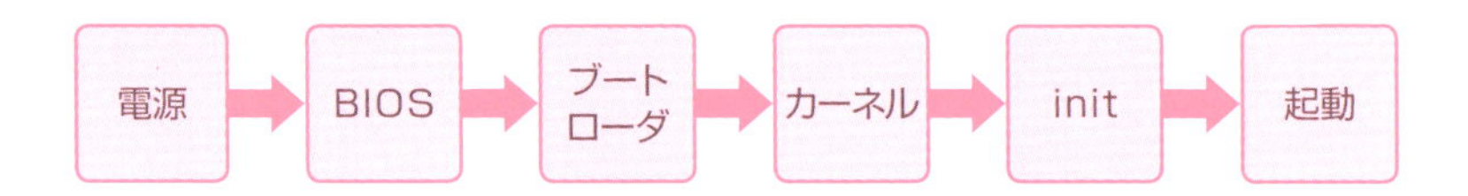


## ランレベルの変更

Linuxでは、設定されているランレベルによって起動時の動作モードが決まります。たとえば、ランレベルの数字が「3」の場合はCUI（Character User Interface）のマルチユーザーモード、「5」の場合はGUI（Graphical User Interface）のマルチユーザーモードで起動します。現在のランレベルは「runlevel」コマンドで確認できます。

▼ コマンド解説

**runlevel** 直前のランレベルと現在のランレベルを表示する

「runlevel」の書式

# runlevel［オプション］

▼ 現在のランレベルを確認するコマンド

```
# runlevel Enter
```

```
[root@localhost ~]# runlevel
N 3
[root@localhost ~]# _
```

現在のランレベル

直前のランレベル

「runlevel」コマンドを実行すると、直前のランレベルと現在のランレベルが表示されます。画面の例では、「N」は以前のランレベルを表しており、ランレベルを変更していないと「N」になります。「N」の右に表示されている「3」が現在のランレベルです。「3」はCUIのマルチユーザーモードを表します。

## Point ランレベルと起動時のシステムについて

ランレベルの変更は「init」または「telinit」コマンドで変更できます。ランレベルは「/etc/inittab」に記述され、ここで起動時の設定を変えることもできます。「/etc/inittab」に書かれているランレベルや設定を元に「init」がサービスを起動する仕組みとして「SysVinit」(CentOS5が利用)、「Upstart」(CentOS6が利用)があります。CentOS7が利用している「systemd」は最新の主要ディストリビュー ションが採用しています。

## Q ここまでの確認問題

【問1】

パソコンの電源を入れるとまず何が実行されるでしょうか。

A. MBRの読み込み　　B. カーネルの読み込み

C. BIOSの読み込み　　D. ブートローダの起動

【問2】

GUIでマルチユーザーモードの場合、ランレベルの数字はいくつを指定すればいいでしょうか。

A. 1　　B. 3

C. 5　　D. 7

【問3】

ランレベルを確認するためのコマンドを記述してください。

## A 確認問題の答え

【問1の答え】 C. BIOSの読み込み

……これによりコンピュータのハードウェアがチェックされ、初期化されます。

→P.248参照

【問2の答え】 C. 5

……CUIのマルチユーザーモードの場合は、ランレベルに「3」を指定します。

→P.250参照

【問3の答え】 runlevel

……ランレベルを変更したい場合は「init」「telinit」コマンドを使います。

→P.251参照

# 第11章

# プロセスやジョブの切り替え

コマンド・プロセス・ジョブの関係を理解し、基本動作を覚えましょう。

プロセスの確認と命令の出し方 ▶ ジョブの確認と切り替え方法

# プロセスの確認と命令の出し方

【KeyWord】 プロセス ps pstree top kill killall

【ここで学習すること】 プロセスの表示と親子関係の確認、終了方法などを学習します。

## プログラムの基本となる単位「プロセス」

Linuxで動いているプログラムの基本となる単位が「プロセス」です。コマンドを実行するには、使いやすいように作業を分割し、プログラムを作業台にあたるメモリに読みこみ、処理します。このメモリに読み込まれたプログラムが「プロセス」です。Linuxはマルチタスクなので、複数のプロセスが並行して動いています。そのため、プロセスに「プロセスID(PID)」という番号を付けて区別しています。
作業を行うたびに多くのプロセスが作られますが、あるプロセスをベースに別のプロセスが作られることもあります。この場合、元になったプロセスを「親プロセス」、新しく作られたほうを「子プロセス」といいます。
プロセスは処理が終われば消えてなくなります。

▼ プロセスのイメージ

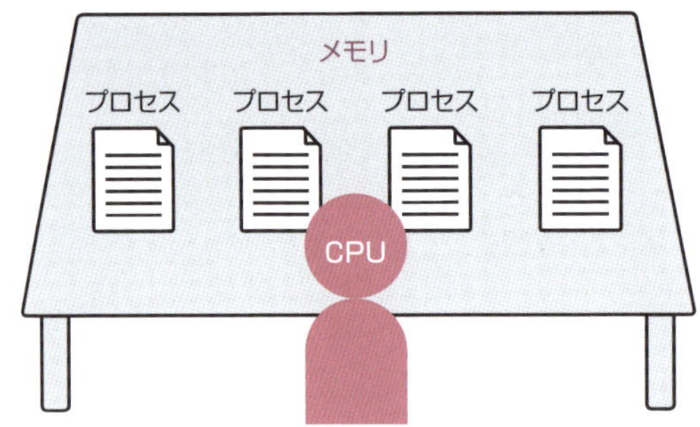


メモリ(机)に読み込まれたプロセス(書類)が頭脳(CPU)に読み込まれて処理されます。Linux内部の処理を擬人化して表すとこの図のようなイメージになります。

## ● プロセスの表示方法

プロセスに関する情報は「ps」(Process Status)コマンドで確認できます。オプションなしで実行すると、ユーザーが起動したプロセスの一覧が表示されます。すべてのプロセスを表示するには「a」「u」「x」という3つのオプションを設定します。これらのオプションに「-」は付きません。

▼ コマンド解説

| ps | 実行中のプロセスを表示する |
|---|---|

**「ps」の書式**

```
$ ps [オプション]
```

**「ps」の主なオプション**

| オプション | 説明 |
|---|---|
| a | すべてのプロセスを表示 |
| u | ユーザー名を含めて実行プロセスを表示 |
| x | 端末から起動されたものではない他のプロセス(デーモンプロセスなど)も表示 |

### Point デーモンプロセスは悪魔ではありません

「デーモン」とは、サーバープログラムなどのように常駐して動くプログラムのことです。動いているのが当たり前で裏方のような働きをするため、バックグラウンドで動くプロセス、ともいわれます。デーモンは悪魔(demon)ではなく「daemon:守護神」という意味です。代表的なデーモンプログラムには、名前の最後に「d」が付いています。

### ▼ ユーザーが現在起動中のプロセスを表示

```
$ ps Enter
```

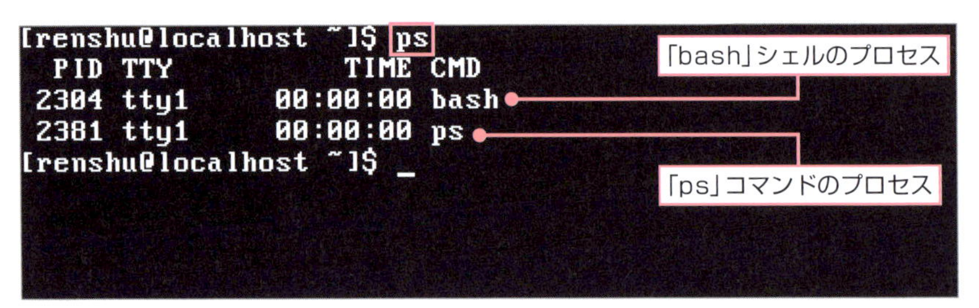


オプションなしで「ps」コマンドを実行すると、実行中の「ps」コマンドのプロセスと、今使っている「bash」シェルの2つのプロセスが確認できます。

### ▼「ps」コマンドで表示される主な項目

PID ………………… プロセスID
TTY………………… プロセスが実行されている端末
TIME ……………… 実行時間
CMD ……………… コマンドまたはプログラム名

「ps」コマンドで表示される主な項目としては、この4つがあります。

### ▼ オプション「au」を付けてプロセスの詳細情報を確認

```
$ ps au Enter
```

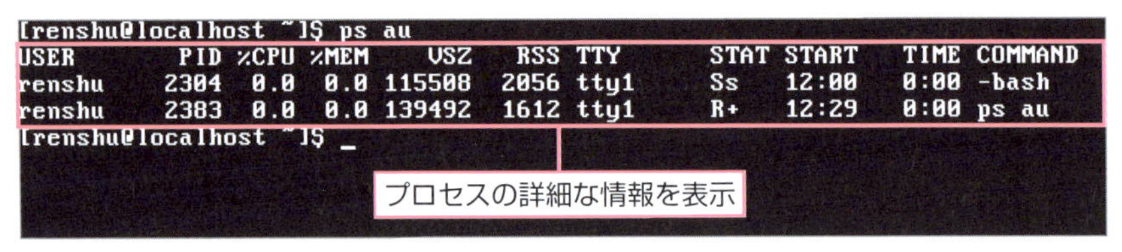


オプション「au」を付けて「ps」コマンドを実行すると、起動中のプロセスのユーザー情報や詳細情報を表示することができます。

▼ オプション「aux」を付けてシステム上で動いているすべてのプロセスを表示

```
$ ps aux [Enter]
```

```
root          564  0.0  0.0      0     0 ?        S<   12:00   0:00 [xfs-conv/sda1]
root          565  0.0  0.0      0     0 ?        S<   12:00   0:00 [xfs-cil/sda1]
root          566  0.0  0.0      0     0 ?        S    12:00   0:00 [xfsaild/sda1]
root          579  0.0  0.0  51204  1724 ?        S<sl 12:00   0:00 /sbin/auditd -n
root          602  0.0  0.0 285288  2860 ?        Ssl  12:00   0:00 /usr/sbin/rsysl
dbus          603  0.0  0.0  34948  1856 ?        Ssl  12:00   0:00 /bin/dbus-daemo
root          613  0.0  0.0  26392  1744 ?        Ss   12:00   0:00 /usr/lib/system
root          614  0.0  0.6 324100 23556 ?        Ssl  12:00   0:00 /usr/bin/python
root          619  0.0  0.0 126324  1692 ?        Ss   12:00   0:00 /usr/sbin/crond
root          621  0.0  0.0  90204  2476 ?        Ss   12:00   0:00 login -- renshu
root          673  0.0  0.1 434896  7764 ?        Ssl  12:00   0:00 /usr/sbin/Netwo
root          753  0.0  0.0  53056  2656 ?        Ss   12:00   0:00 /usr/sbin/wpa_s
polkitd       754  0.0  0.3 522700 11788 ?        Ssl  12:00   0:00 /usr/lib/polkit
root         1136  0.0  0.4 553024 16312 ?        Ssl  12:00   0:00 /usr/bin/python
root         1139  0.0  0.0  82544  3584 ?        Ss   12:00   0:00 /usr/sbin/sshd
root         2049  0.0  0.0  91124  2056 ?        Ss   12:00   0:00 /usr/libexec/po
postfix      2145  0.0  0.0  91228  3876 ?        S    12:00   0:00 pickup -l -t un
postfix      2146  0.0  0.1  91296  3900 ?        S    12:00   0:00 qmgr -l -t unix
renshu       2304  0.0  0.0 115508  2056 tty1     Ss   12:00   0:00 -bash
root         2349  0.0  0.0      0     0 ?        S<   12:17   0:00 [kworker/0:0H]
root         2378  0.0  0.0      0     0 ?        S<   12:23   0:00 [kworker/0:1H]
root         2379  0.0  0.0      0     0 ?        S    12:25   0:00 [kworker/0:0]
root         2384  0.0  0.0      0     0 ?        S    12:30   0:00 [kworker/0:1]
renshu       2386  0.0  0.0 139492  1616 tty1     R+   12:30   0:00 ps aux
[renshu@localhost ~]$ _
```

オプション「aux」を付けて「ps」コマンドを実行すると、端末から起動されたものではない他のプロセス（デーモンプロセスなど）も含め、すべてのプロセスの詳細な情報を表示します。

▼「オプション「au(x)」を付けた「ps」コマンドで表示される主な項目

USER …………………… 実行しているユーザー名
%CPU …………………… CPU使用率
%MEM …………………… メモリ使用率
STAT …………………… プロセス状態
- R　実行中（Running）
- S　スリープ（Sleeping）
- D　スリープ（割り込み不可能）
- T　停止（sTop）
- Z　ゾンビプロセス（Zombie）

「ps」コマンドにオプションを付けると、さまざまな項目を確認することができます。プロセスは処理を終えるとなくなり、PIDも消えるのが正常です。プロセス状態「Z」で表される「ゾンビプロセス」とは、プロセスが終了してもPIDが残ってしまうことです。プログラムミスや強制終了などでゾンビプロセスが発生することがあります。

### 参考 「ps」コマンドのオプション

「ps」コマンドはBSDオプション(「-」を使わない)、UNIXオプション(「-」を使う)、GNUオプション(オプションに「--」をつける)など、さまざまなオプションが用意されています。ここまでに紹介してきた「aux」はBSDオプションです。それ以外にも以下のようなUNIXオプションがあります。

▼「ps」コマンドの主なUNIXオプション

-e……………………… すべてのプロセスを表示
-f ……………………… 詳細情報の表示
-l ……………………… より詳細な情報の表示
-p (PID)…………… 指定したプロセスID (PID) の情報のみ表示

## プロセスの親子関係を確認する

あるプロセスの実行中に他のプロセスを起動したとき、元のプロセスを「親プロセス」、起動されたプロセスを「子プロセス」と呼びます。プロセスの親子関係は「pstree」コマンドで確認することができます。

▼コマンド解説

| pstree | 実行中のプロセスをツリー表示する |
|---|---|

「pstree」の書式

```
$ pstree [オプション]
```

| 「pstree」の主なオプション | |
|---|---|
| -p | PID (プロセスID) を表示する |

▼ 実行中のプロセスを親プロセス子プロセスでツリー表示

```
$ pstree [Enter]
```

```
 ├─master─┬─pickup
 │        └─qmgr
 ├─mission-control──2*[{mission-control}]
 ├─packagekitd──2*[{packagekitd}]
 ├─polkitd──5*[{polkitd}]
 ├─pulseaudio──2*[{pulseaudio}]
 ├─rngd
 ├─rsyslogd──2*[{rsyslogd}]
 ├─rtkit-daemon──2*[{rtkit-daemon}]
 ├─smartd
 ├─sshd
 ├─systemd-journal
 ├─systemd-logind
 ├─systemd-udevd
 ├─tracker-store──7*[{tracker-store}]
 ├─tuned──4*[{tuned}]
 ├─udisksd──4*[{udisksd}]
 ├─upowerd──2*[{upowerd}]
 ├─vmtoolsd──{vmtoolsd}
 └─wpa_supplicant
[renshu@localhost ~]$
```

「pstree」コマンドで実行中のプロセスを一覧表示します。親プロセスと子プロセスがツリー形式で表示されるため、プロセスによって親子関係があるのがわかります。

## ● 実行中のプロセスのリアルタイム表示

実行中のプロセスの状態を知るには「top」コマンドが便利です。このコマンドでプロセスが変化していく様子を表示することができます。初期設定ではCPUの使用率が多い順に表示されます。

▼ コマンド解説

| top | 実行中のプロセスをリアルタイム表示する |
|---|---|

| 「top」の書式 |
|---|
| $ top [オプション] |

▼現在実行しているプロセスをリアルタイム表示

```
$ top Enter
```

```
Tasks: 417 total,   2 running, 415 sleeping,   0 stopped,   0 zombie
%Cpu(s):  0.3 us,  1.7 sy,  0.0 ni, 98.0 id,  0.0 wa,  0.0 hi,  0.0 si,  0.0 st
KiB Mem :  1001332 total,   163140 free,   505080 used,   333112 buff/cache
KiB Swap:  2097148 total,  2048928 free,    48220 used.   299448 avail Mem

  PID USER      PR  NI    VIRT    RES    SHR S %CPU %MEM     TIME+ COMMAND
    4 root      20   0       0      0      0 S  1.3  0.0   0:06.79 kworker/0:0
15015 renshu    20   0  146436   2376   1420 R  0.7  0.2   0:00.11 top
10960 renshu    20   0 1495348 189644  28244 S  0.3 18.9   1:07.02 gnome-shell
13772 root      20   0       0      0      0 S  0.3  0.0   0:01.65 kworker/0:1
    1 root      20   0  126576   5840   1968 S  0.0  0.6   0:02.93 systemd
    2 root      20   0       0      0      0 S  0.0  0.0   0:00.00 kthreadd
    3 root      20   0       0      0      0 S  0.0  0.0   0:00.79 ksoftirqd/0
    7 root      rt   0       0      0      0 S  0.0  0.0   0:00.00 migration/0
    8 root      20   0       0      0      0 S  0.0  0.0   0:00.00 rcu_bh
    9 root      20   0       0      0      0 S  0.0  0.0   0:00.00 rcuob/0
   10 root      20   0       0      0      0 S  0.0  0.0   0:00.00 rcuob/1
   11 root      20   0       0      0      0 S  0.0  0.0   0:00.00 rcuob/2
   12 root      20   0       0      0      0 S  0.0  0.0   0:00.00 rcuob/3
   13 root      20   0       0      0      0 S  0.0  0.0   0:00.00 rcuob/4
   14 root      20   0       0      0      0 S  0.0  0.0   0:00.00 rcuob/5
   15 root      20   0                                   0:00.00 rcuob/6
   16 root      20   0                                   0:00.00 rcuob/7
   17 root      20   0       0      0      0 S  0.0  0.0   0:00.00 rcuob/8
   18 root      20   0       0      0      0 S  0.0  0.0   0:00.00 rcuob/9
```

終了するにはqキーを押す

実行中のプロセスをほぼリアルタイムで確認できます。リアルタイム表示を終了させたい場合はqキーを押します。

## プロセスを終了する

プロセスは作業が終わると消滅しますが、正常に終了されないこともあります。その場合はプロセスを強制終了できます。プロセスをコントロールする信号を「シグナル」といいますが、このシグナルを送るには「kill」コマンドを使います。

▼コマンド解説

| kill | プロセス(ジョブ)を終了させる |
| --- | --- |

**「kill」の書式**

```
$ kill [シグナル名またはシグナルID] [PID]
$ kill -[シグナル名またはシグナルID] [PID]
$ kill -s [シグナル名またはシグナルID] [PID]
```

「kill」コマンドを使ったプロセスの終了にはさまざまな方法があります。ここでは、「su -」を実行してターミナルからもう1つ「bash」を起動し、この「bash」をプロセスIDで指定して「kill」コマンドで終了させてみます。

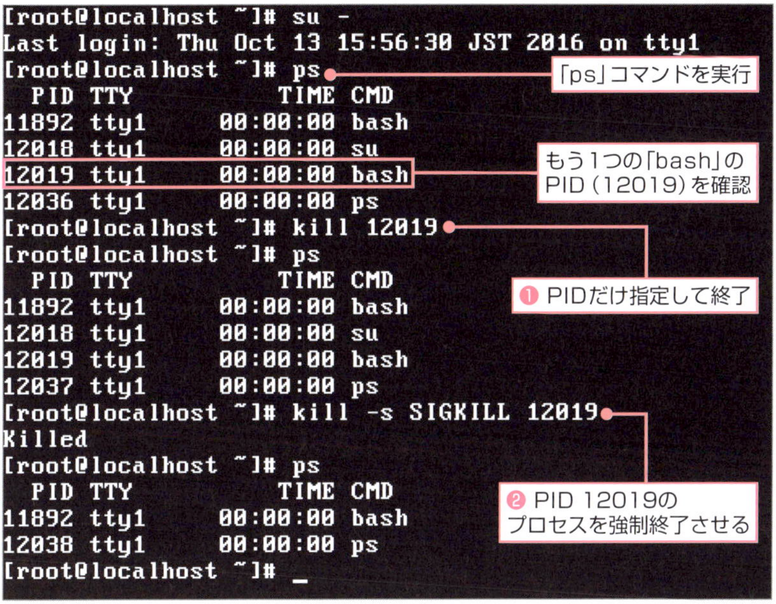
[root@localhost ~]# su -
Last login: Thu Oct 13 15:56:30 JST 2016 on tty1
[root@localhost ~]# ps
PID TTY TIME CMD
11892 tty1 00:00:00 bash
12018 tty1 00:00:00 su
12019 tty1 00:00:00 bash
12036 tty1 00:00:00 ps
[root@localhost ~]# kill 12019
[root@localhost ~]# ps
PID TTY TIME CMD
11892 tty1 00:00:00 bash
12018 tty1 00:00:00 su
12019 tty1 00:00:00 bash
12037 tty1 00:00:00 ps
[root@localhost ~]# kill -s SIGKILL 12019
Killed
[root@localhost ~]# ps
PID TTY TIME CMD
11892 tty1 00:00:00 bash
12038 tty1 00:00:00 ps
[root@localhost ~]# _
「ps」コマンドを実行
もう1つの「bash」の
PID（12019）を確認
❶ PIDだけ指定して終了
❷ PID 12019の
プロセスを強制終了させる

「su -」コマンドを実行し、ターミナルからもう1つ「bash」を起動します。「ps」コマンドを実行すると、もう1つの「bash」のPIDがわかります（画面の例では「12019」）。「exit」を実行しないと起動したままなので、これを「kill」コマンドで終了させてみます。

### ▼❶ PIDだけ指定して終了させる

```
$ kill 12019 Enter
```

特定のシグナル名やシグナル番号を省略すると、デフォルトの「SIGTERM」シグナルが送信されます。

### ▼❷「PID 1777」のプロセスを強制終了させる

```
$ kill -s SIGKILL 12019 Enter
```

❶の方法で終了できない場合は、「SIGKILL」シグナルを使用して強制終了させます。ただし、無理やり終了させるのでファイルが壊れたり、システムに障害が発生する可能性があります。必要なプロセスを終了させないように注意しましょう。

## プロセス名で指定して終了させる

「kill」コマンドを使うには「ps」や「top」コマンドでPIDを調べなければなりません。「killall」コマンドならPIDではなくプロセス名を指定してシグナルを送れます。同じ名前のプロセスが複数動いている場合は、すべてに同じシグナルが送られます。

▼コマンド解説

| killall | プロセス名を指定してプロセスを終了 |
|---|---|

「killall」の書式

```
$ killall [プロセス名]
$ killall -s [シグナル名またはシグナルID] [プロセス名]
```

▼「firefox」のプロセスを指定して終了させる

```
$ killall firefox Enter
```

▼「kill」「killall」コマンドで利用できるシグナル名と対応するシグナルID

| シグナル名 | シグナルID | 説明 |
|---|---|---|
| SIGTERM (TERMinate) | 15 | 通常終了（デフォルト） |
| SIGKILL | 9 | 強制終了 |
| SIGINT (INTerrupt) | 2 | キーボードからの割り込み（Ctrl + C） |
| SIGCONT (CONTinue) | 18 | 停止中のプロセスを再開 |
| SIGSTOP | 19 | 一時停止 |
| SIGHUP (HungUP) | 1 | プロセスや設定の再読み込み |

## Q ここまでの確認問題

【問1】

プロセスはいったんどこに読み込まれたあと、CPUで処理されるでしょうか。

A. メモリ　　B. ハードディスク

C. カーネル　　D. シェル

【問2】

プロセスの親子関係をツリー表示するコマンドはどれでしょうか。

A. ps　　B. ps -aux

C. pstree　　D. top

【問3】

PIDが「1777」のプロセスを強制終了するコマンドはどれでしょうか。

A. kill -15 1777　　B. kill -SIGTERM 1777

C. kill -s SIGTERM 1777　　D. kill -s SIGKILL 1777

## 確認問題の答え

【問1の答え】 A. **メモリ**

……コンピュータの基礎知識なので、しっかり覚えましょう。

→P.254参照

【問3の答え】 C. **pstree**

……「top」コマンドを使うと、現在実行中のプロセスをリアルタイム表示できます。→P.259参照

【問3の答え】 D. **kill -s SIGKILL 1777**

……不用意にプロセスを強制終了すると、システムに不具合が発生する可能性があるので注意しましょう。

→P.261参照

# ジョブの確認と切り替え方法

【KeyWord】 ジョブ　フォアグラウンドジョブ　バックグラウンドジョブ　コマンド&　jobs　Ctrl+Zキー　fg　bg

【ここで学習すること】プロセスとジョブの違いを理解し、ジョブの確認や切り替え方法を学習します。

## ジョブとプロセスの違い

「ジョブ」とは、コンピューター側から考えると1つ以上のプロセスが集まったものを意味しています。使う人からみると、コマンドラインから入力された1回分のコマンドともいえます。

### ▼1回のコマンドで実行されるプロセスの集合が「ジョブ」

左上のように入力したコマンドで1つのプロセスが実行された場合、そのプロセス=ジョブとなります。また、右上のようにパイプを使って複数のコマンドを実行する場合、複数のプロセスで1つのジョブと考えます。

## ●「フォアグラウンドジョブ」と「バックグラウンドジョブ」

ジョブには2種類あります。前面で動く「フォアグラウンドジョブ」と背後で動く「バックグラウンドジョブ」です。

キーボードから入力し、画面で結果が表示される通常の処理はフォアグラウンドジョブとなります。フォアグラウンドジョブに時間のかかるジョブを実行してしまうと、その処理が終わるまでシェルも待ってしまいます。そのため、次のコマンドを入力できず、他の処理が行えなくなってしまいます。

そんなときは、バックグラウンドでジョブを実行させます。これならジョブを裏側で動かしつつ、シェルは次の新しいコマンドを受け付けることができます。フォアグラウンドで動かせるジョブは1つだけですが、バックグラウンドでは複数のジョブを動かすことができます。

たとえばWebブラウザ「firefox」をフォアグランドジョブで実行すると、firefoxが動いている間はシェルも待ってしまうため、プロンプトは表示されません。

### ▼フォアグラウンドジョブで「firefox」を実行する

```
$ firefox Enter
```

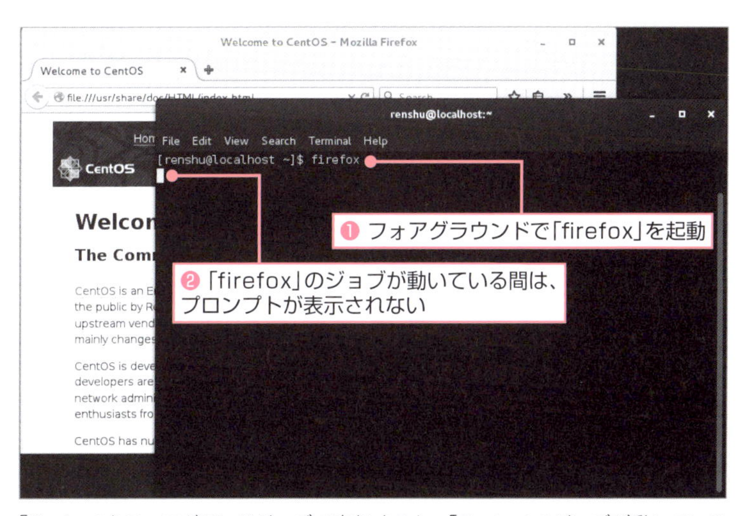


「firefox」をフォアグランドジョブで実行すると、「firefox」のジョブが動いている間はシェルも待ってしまうため、プロンプトは表示されません。

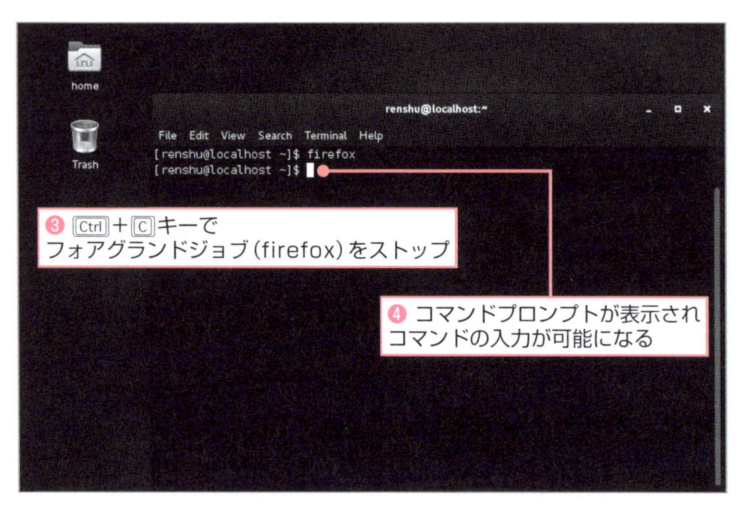


フォアグラウンド処理をストップするショートカットCtrl＋Cキーを押すと、「firefox」が停止しコマンドを入力することができるようになります。

### ▼ バックグラウンドジョブで「firefox」を実行する

```
$ firefox & Enter
```

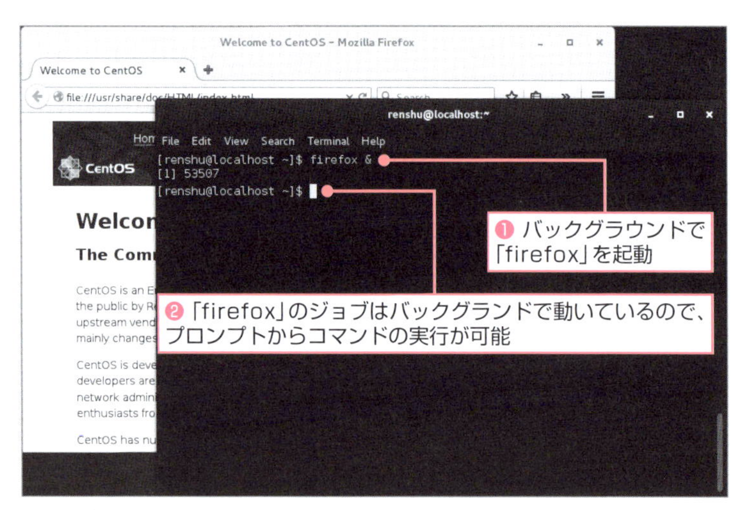


バックグラウンドで処理するにはコマンドの最後に「&」を付けます。「firefox &」と入力すると「firefox」がバックグラウンドで実行され、コマンドプロンプトから別のコマンドを実行させることができます。

### ▼ バックグラウンドで「vi」エディタを起動する

```
$ vi & Enter
```

```
[renshu@localhost ~]$ vi &
[2] 53598
[renshu@localhost ~]$ 
```

バックグラウンドで実行したジョブのジョブ番号 [2]

複数のジョブをバックグラウンドで実行することもできます。「vi」コマンドに「&」を付けて実行し、「vi」エディタをバックグラウンドで起動してみましょう。実行後は「vi」のジョブ番号が表示され、コマンドプロンプトに戻ります。ここからさらに別のコマンドを実行することが可能です。

### ▼ コマンドの実行途中で停止しバックグラウンドジョブにする

```
$ less /etc/passwd Enter
```

```
root:x:0:0:root:/root:/bin/bash
bin:x:1:1:bin:/bin:/sbin/nologin
daemon:x:2:2:daemon:/sbin:/sbin/nologin
adm:x:3:4:adm:/var/adm:/sbin/nologin
lp:x:4:7:lp:/var/spool/lpd:/sbin/nologin
sync:x:5:0:sync:/sbin:/bin/sync
shutdown:x:6:0:shutdown:/sbin:/sbin/shutdown
halt:x:7:0:halt:/sbin:/sbin/halt
mail:x:8:12:mail:/var/spool/mail:/sbin/nologin
operator:x:11:0:operator:/root:/sbin/nologin
games:x:12:100:games:/usr/games:/sbin/nologin
ftp:x:14:50:FTP User:/var/ftp:/sbin/nologin
nobody:x:99:99:Nobody:/:/sbin/nologin
systemd-bus-proxy:x:999:998:systemd Bus Proxy:/:/sbin/nologin
systemd-network:x:998:997:systemd Network Management:/:/sbin/nologin
dbus:x:81:81:System message bus:/:/sbin/nologin
polkitd:x:997:996:User for polkitd:/:/sbin/nologin
abrt:x:173:173::/etc/abrt:/sbin/nologin
unbound:x:996:994:Unbound DNS resolver:/etc/unbound:/sbin/nologin
tss:x:59:59:Account used by the trousers package to sandbox the tcsd daemon:/dev
/null:/sbin/nologin
colord:x:995:993:User for colord:/var/lib/colord:/sbin/nologin
usbmuxd:x:11
/etc/passwd
```

❶ コマンドが実行されている最中にCtrl+Zキーを押す

```
[renshu@localhost ~]$ less /etc/passwd

[3]+  Stopped                 less /etc/passwd
[renshu@localhost ~]$
```

❷ コマンドが一時停止してバックグランドジョブになる

「/etc/passwd」ファイルを「less」コマンドで表示し（フォアグラウンドジョブ）、実行途中でCtrl+Zキーを押すと、ジョブが一時停止してバックグラウンドジョブとなります。Ctrl+Cキーではないので間違えないようにしましょう。

## 実行中のジョブを確認する

現在実行中のジョブは、「jobs」コマンドでリスト表示することができます。バックグラウンドジョブで動いているジョブを確認したい場合に使えます。

▼コマンド解説

| jobs | 実行中のジョブをリスト表示する |
|---|---|

「jobs」の書式

$ jobs [オプション]

▼実行中のジョブを確認する

```
$ jobs Enter
```

```
[renshu@localhost ~]$ jobs
[1]   Running                 firefox &
[2]-  Stopped                 vim
[3]+  Stopped                 less /etc/passwd
[renshu@localhost ~]$ 
```

「jobs」コマンドで実行中のジョブを確認します。

❶ [ ]内がジョブ番号　❷ 後ろの「+」は実行中のジョブ、「-」は直前に実行されたジョブ
❸「Running」は実行中のジョブ、「Stopped」は一時停止中、「Done」は終了を表す

## バックグラウンドジョブとフォアグラウンドジョブを切り替え

バックグラウンドで動いている処理をフォアグラウンドに持ってくるには「fg」コマンドを使います。その逆に、フォアグラウンドで動いている処理をバックグラウンドに持っていくには「bg」コマンドを使います。

▼コマンド解説

| fg | ジョブをフォアグラウンドに切り替える |
|---|---|

「fg」の書式

$ fg %[ジョブ番号]

▼コマンド解説

| bg | ジョブをバックグラウンドに切り替える |
|---|---|

「bg」の書式

$ bg %[ジョブ番号]

▼一時停止している「less /etc/passwd」ジョブをフォアグラウンドで実行する

```
$ fg %3 Enter
```

```
[renshu@localhost ~]$ jobs
[1]   Running                 firefox &
[2]-  Stopped                 vim
[3]+  Stopped                 less /etc/passwd
[renshu@localhost ~]$ fg %3
```

❶「jobs」コマンドでジョブ番号を確認

❷ジョブ番号を指定して「fg」コマンドを実行

```
root:x:0:0:root:/root:/bin/bash
bin:x:1:1:bin:/bin:/sbin/nologin
daemon:x:2:2:daemon:/sbin:/sbin/nologin
adm:x:3:4:adm:/var/adm:/sbin/nologin
lp:x:4:7:lp:/var/spool/lpd:/sbin/nologin
sync:x:5:0:sync:/sbin:/bin/sync
shutdown:x:6:0:shutdown:/sbin:/sbin/shutdown
halt:x:7:0:halt:/sbin:/sbin/halt
mail:x:8:12:mail:/var/spool/mail:/sbin/nologin
operator:x:11:0:operator:/root:/sbin/nologin
games:x:12:100:games:/usr/games:/sbin/nologin
ftp:x:14:50:FTP User:/var/ftp:/sbin/nologin
nobody:x:99:99:Nobody:/:/sbin/nologin
systemd-bus-proxy:x:999:998:systemd Bus Proxy:/:/sbin/nologin
systemd-network:x:998:997:systemd Network Management:/:/sbin/nologin
dbus:x:81:81:System message bus:/:/sbin/nologin
polkitd:x:997:996:User for polkitd:/:/sbin/nologin
abrt:x:173:173::/etc/abrt:/sbin/nologin
unbound:x:996:994:Unbound DNS resolver:/etc/unbound:/sbin/nologin
tss:x:59:59:Account used by the trousers package to sandbox the tcsd daemon:/dev
/null:/sbin/nologin
colord:x:995:993:User for colord:/var/lib/colord:/sbin/nologin
usbmuxd:x:113
:
```

❸指定したジョブ番号のジョブがフォアグラウンドで実行

動いているジョブの一覧を「jobs」コマンドで確認し、バックグラウンドで動いている「less /etc/passwd」のジョブ(ジョブ番号3)を「fg」コマンドでフォアグラウンドでの実行に切り替えます。

▼「firefox」プログラムをバックグラウンドで実行する

```
$ bg %4 [Enter]
```

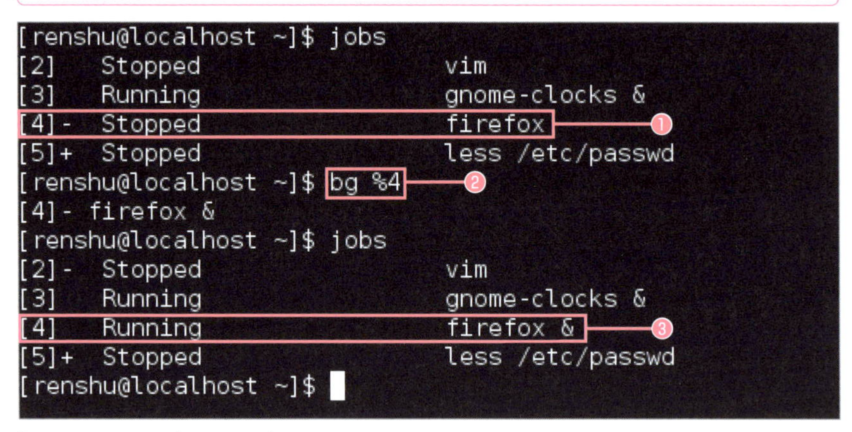
```
[renshu@localhost ~]$ jobs
[2]   Stopped                 vim
[3]   Running                 gnome-clocks &
[4]-  Stopped                 firefox
[5]+  Stopped                 less /etc/passwd
[renshu@localhost ~]$ bg %4
[4]- firefox &
[renshu@localhost ~]$ jobs
[2]-  Stopped                 vim
[3]   Running                 gnome-clocks &
[4]   Running                 firefox &
[5]+  Stopped                 less /etc/passwd
[renshu@localhost ~]$
```

「firefox」のジョブをバックグラウンドで動作させます。

❶「jobs」コマンドで確認すると、「firefox」(ジョブ番号4)が停止(stopped)　❷「bg」コマンドでジョブ番号(4)を指定して実行　❸もう一度「jobs」コマンドで確認すると「firefox」がバックグランドで動作(Running)していることがわかる

### 参考 ジョブに関するコマンドとキーまとめ

ここまで解説してきたジョブの実行や切り替えに使用するコマンドやショートカットキーをまとめました。「jobs」コマンドでフォアグラウンドジョブ、バックグラウンドジョブを確認しながら、ジョブの操作を自在に行えるようになりましょう。

▼ジョブの実行・切り替えに使うコマンド・ショートカット一覧

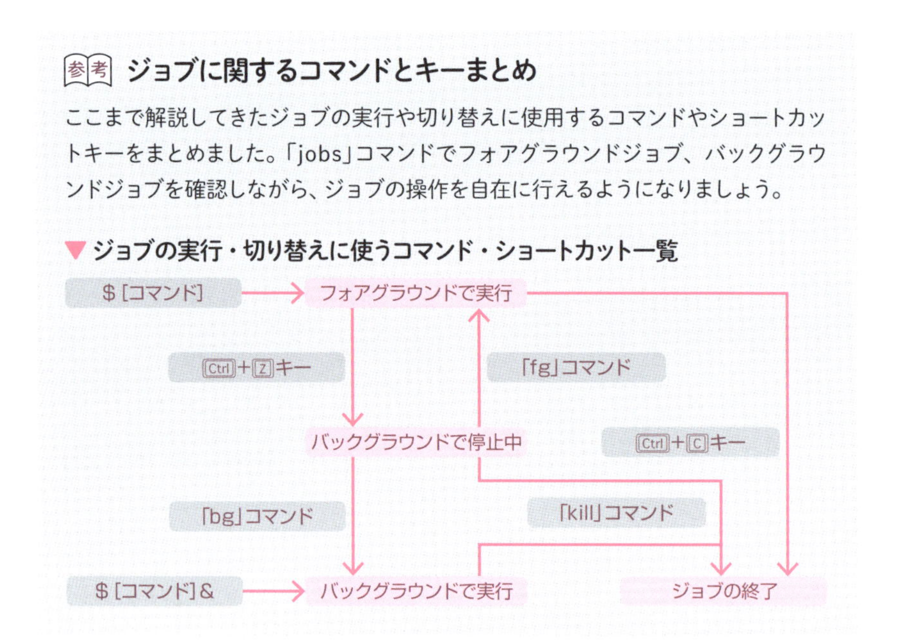

## Q ここまでの確認問題

【問1】

コマンド、ジョブ、プロセスの関係で正しいものはどれでしょうか。

A. ジョブの集合がプロセス

B. コマンドの集合がジョブ

C. コマンドの集合がプロセス

D. プロセスの集合がジョブ

【問2】

フォアグラウンドジョブの処理をストップするショートカットキーはどれでしょうか。

A. Ctrl + C キー

B. Ctrl + D キー

C. Ctrl + Y キー

D. Ctrl + Z キー

【問3】

「firefox」をバックグラウンドジョブで実行するコマンドはどれでしょうか。

A. firefox

B. firefox %

C. firefox &

D. firefox #

【問4】

ジョブ番号「5」のバックグラウンドジョブをフォアグラウンドジョブに切り替えるコマンドはどれでしょうか。

A. fg %5

B. fg &5

C. bg %5

D. bg &5

## A 確認問題の答え

【問1の答え】

D. **プロセスの集合がジョブ**

……プロセスの数＝ジョブの数の場合もあります。

→P.264参照

【問2の答え】

A. **Ctrl＋Cキー**

……Ctrl＋Zキーでコマンドを一時停止してバックグラウンドジョブにできます。

→P.266参照

【問3の答え】

C. firefox &

……「&」を付けないとフォアグラウンドジョブで実行されます。

→P.266参照

【問4の答え】

A. fg %5

……フォアグラウンドジョブをバックグラウンドジョブに切り替えるには「bg」コマンドを使います。「fg」「bg」コマンドの「%」は「fg 5」のように省略できます。

→P.269参照

第12章

# インストールやパッケージを理解

インストールに必要なソフトは「パッケージ」になっています。仕組みを覚えましょう。

# インストールとパッケージ管理

【KeyWord】 パッケージ管理システム パッケージ リポジトリ dpkg apt-get rpm wc yum

【ここで学習すること】インストールに便利なパッケージと、それを管理するパッケージ管理システムについて学習します。

## Linuxにおけるソフトウェアのインストール

Linuxでは、インストールに必要なソフトウェアは「パッケージ」として管理されています。パッケージには、プログラム本体やライブラリ、設定ファイル、仕様書などの文書ファイルがひとまとまりになって入っています。
システムをきちんと動かすには、プログラム同士の依存や競合関係などを考える必要があります。動作に必須のプログラムを事前に用意しておかないと、せっかくインストールしてもソフトウェアは動きません。
こうしたトラブルを防ぐために「パッケージ管理システム」が用意されています。パッケージ管理システムは依存や競合関係をチェックし、必要なものを自動的に選んでインストールしてくれます。
Linuxではディストリビューションで利用できるパッケージやパッケージ管理システムが異なります。ここではシステムのインストール・アップデート・削除に関連する基本的なコマンドを確認しましょう。

パッケージ管理システムを理解するのは大切！

## 2つのパッケージ

インストールに必要なソフトウェアは「パッケージ」として管理され、プログラム本体やライブラリ、設定ファイル、仕様書などの文書ファイルがひとまとまりになって入っています。
パッケージには「RPM」形式と「Debian」形式（「deb」形式）があります。

### ▼ パッケージに含まれるもの

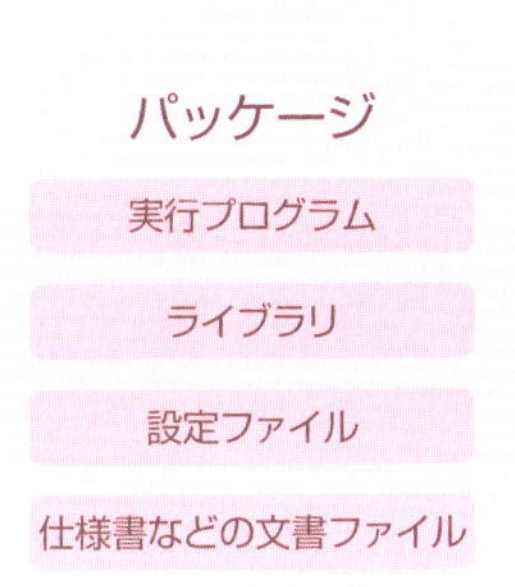


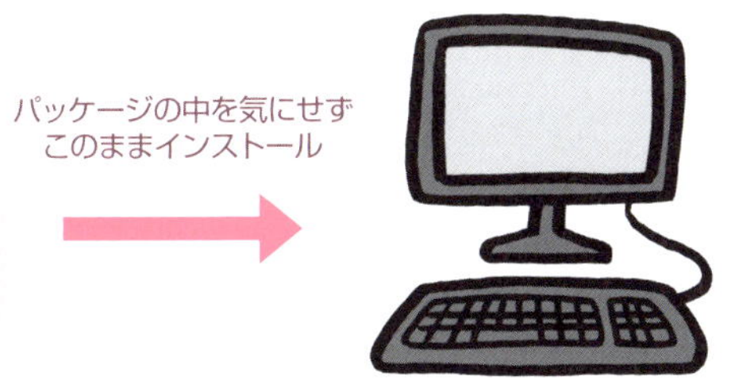


パッケージとは、Linuxのシステムへ導入する際に必要なファイルを1つにまとめたものです。「ライブラリ」は、他のシステムと共通で使えるプログラムの集まりのことです。

## ●「RPM」と「Debian」

Linuxのパッケージには「RPM」形式と「Debian」形式の2つがあり、インストール時には、使用しているLinuxのディストリビューションがどちらのパッケージを利用するのかを確認しなければなりません。

### ▼ 主なディストリビューションが採用しているパッケージ

| | |
|---|---|
| RPM形式（Redhat Package Maneger） | Red Hat社がRed Hat Linuxの配布のために開発した方法。Red Hat Enterprise Linux、CentOS、Fedoraなど多くのディストリビューションが採用している |
| Debian形式 | Debian GNU/Linux、Ubuntuなどで採用されている |

## パッケージ管理システムの役割

パッケージ管理システムは、複数のパッケージの依存や競合状態といった関係をチェックし、あらかじめ必要なものを自動的にインストールし、準備を整えてから目的のパッケージをインストールしてくれます。

### ▼便利なパッケージ管理システム

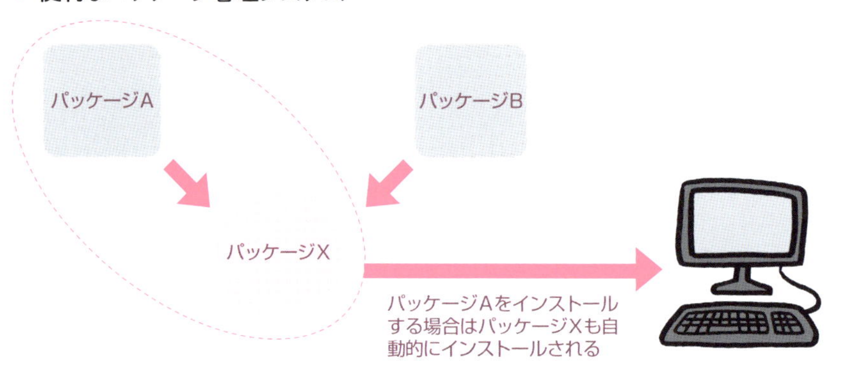


「パッケージX」に含まれるファイルを「パッケージA」と「パッケージB」が利用しています。こうした関係を「パッケージの依存関係」といい、パッケージXがないとAもBも動きません。パッケージAをインストールする場合、パッケージ管理システムはパッケージXを自動的にインストールしてからパッケージAをインストールします。

## パッケージで覚える基本コマンド

パッケージ関係で最初に理解してほしいのは以下の4つの基本コマンドです。コマンドにはさまざまなオプションやサブコマンドがありますが、まずコマンドの名前と違いを覚えてください。

### ▼パッケージで利用するコマンド

| ディストリビューション | 必要なものをまとめてインストール | 必要なものを自分で調べてインストール |
|---|---|---|
| RPM系（RHEL、CentOS、Fedora） | yum | rpm |
| Debian系（Debian、Ubuntu） | apt | dpkg |

CentOSでは「RPM」形式のパッケージを利用するので、基本は「yum」コマンドを使います。「yum」でインストールできない場合は「rpm」コマンドを使います。

## ● パッケージはリポジトリで管理される

Linuxのパッケージは「リポジトリ(repository)」というサーバやディレクトリ上にあるデータベースで管理しています。

### ▼ リポジトリの役割

CentOSでは、RPM形式のパッケージを採用しているため、「YUM」ツールがリポジトリからパッケージを検索します。

## 「yum」の基本

CentOSではインストール時に依存や競合も自動的にチェックできる「yum」(Yellowdog Updater Modified)コマンドを使うのが基本です。アップデートやアンインストールも「yum」を使います。
このコマンドの特徴として、次の2つがあります。

- パッケージの依存や競合をチェックしながらインストール、アップデート、アンインストールすることが可能
- パッケージの名前だけで作業できる

こうした操作は後述する「rpm」コマンドでは行えません。インストールにはまず「yum」を使い、「yum」でインストールできないような場合に「rpm」コマンドを利用するようにしましょう。

## インストールされているパッケージの確認

今インストールされているパッケージと、リポジトリにあるインストール可能なパッケージの確認は、「yum」コマンドにサブコマンド「list」を付けて実行します。

### ▼コマンド解説

| yum | パッケージの確認や取得を行う |
|---|---|

| 「yum」の書式 |
|---|
| $ yum [オプション] [サブコマンド] [パッケージ名] |

| 「yum」で利用できる主なサブコマンド その1 | |
|---|---|
| list | 全パッケージの情報をリスト表示 |
| search [キーワード] | ユーザー名を含めて実行プロセスを表示 |
| info [パッケージ名] | 指定したパッケージの情報を表示 |

| 「yum」で利用できる主なサブコマンド その2（rootユーザーで実行） | |
|---|---|
| install [パッケージ名] | 指定したパッケージをインストール |
| check-update | アップデート対象のパッケージを一覧表示 |
| update [パッケージ名] | 指定したパッケージをアップデート |
| remove [パッケージ名] | 指定したパッケージのアンインストール |

「yum」コマンドは
さまざまなサブコマンドと
組み合わせて使うのね

### ▼ すべてのパッケージ情報をリスト表示

```
$ yum list [Enter]
```

```
yum-plugin-upgrade-helper.noarch          1.1.31-34.el7           base
yum-plugin-verify.noarch                  1.1.31-34.el7           base
yum-plugin-versionlock.noarch             1.1.31-34.el7           base
yum-rhn-plugin.noarch                     2.0.1-5.el7             base
yum-updateonboot.noarch                   1.1.31-34.el7           base
zlib.i686                                 1.2.7-15.el7            base
zlib-devel.i686                           1.2.7-15.el7            base
zlib-devel.x86_64                         1.2.7-15.el7            base
zlib-static.i686                          1.2.7-15.el7            base
zlib-static.x86_64                        1.2.7-15.el7            base
zsh.x86_64                                5.0.2-14.el7_2.2        updates
zsh-html.x86_64                           5.0.2-14.el7_2.2        updates
zziplib.i686                              0.13.62-5.el7           base
zziplib.x86_64                            0.13.62-5.el7           base
zziplib-devel.i686                        0.13.62-5.el7           base
zziplib-devel.x86_64                      0.13.62-5.el7           base
zziplib-utils.x86_64                      0.13.62-5.el7           base
[renshu@localhost ~]$
```

サブコマンド「list」を付けて「yum」コマンドを実行すると、Linuxシステムのすべてのパッケージがリスト表示されます。

### ▼ パイプ機能で「less」と組み合わせてページ単位で表示

```
$ yum list | less [Enter]
```

```
Loaded plugins: fastestmirror, langpacks
Loading mirror speeds from cached hostfile
 * base: ftp.iij.ad.jp
 * extras: ftp.iij.ad.jp
 * updates: ftp.iij.ad.jp
Installed Packages
GConf2.x86_64                             3.2.6-8.el7                  @anaconda
ModemManager.x86_64                       1.1.0-8.git20130913.el7      @anaconda
ModemManager-glib.x86_64                  1.1.0-8.git20130913.el7      @anaconda
NetworkManager.x86_64                     1:1.0.6-27.el7               @anaconda
NetworkManager-adsl.x86_64                1:1.0.6-27.el7               @anaconda
NetworkManager-glib.x86_64                1:1.0.6-27.el7               @anaconda
NetworkManager-libnm.x86_64               1:1.0.6-27.el7               @anaconda
NetworkManager-libreswan.x86_64           1.0.6-3.el7                  @anaconda
NetworkManager-libreswan-gnome.x86_64     1.0.6-3.el7                  @anaconda
NetworkManager-team.x86_64                1:1.0.6-27.el7               @anaconda
NetworkManager-tui.x86_64                 1:1.0.6-27.el7               @anaconda
PackageKit.x86_64                         1.0.7-5.el7.centos           @anaconda
PackageKit-command-not-found.x86_64       1.0.7-5.el7.centos           @anaconda
PackageKit-glib.x86_64                    1.0.7-5.el7.centos           @anaconda
PackageKit-gstreamer-plugin.x86_64        1.0.7-5.el7.centos           @anaconda
PackageKit-gtk3-module.x86_64             1.0.7-5.el7.centos           @anaconda
PackageKit-yum.x86_64
:
```

[F]キーを押して次のページを表示

「yum list」で表示されるパッケージは膨大な数になるので、そのままでは画面がスクロールしてしまいます。「yum list | less」や「yum list | more」などのコマンドを使って1画面ずつ表示すると見やすいでしょう。「yum list | less」の場合は[F]キーでページ送り、[B]キーで前のページに戻ります。

## パッケージの検索

調べたいパッケージ名をキーワードとして検索することができます。「yum」コマンドにサブコマンド「search」を付けてキーワードを指定しましょう。

### ▼ キーワード「vim」に当てはまるパッケージを検索

```
$ yum search vim Enter
```

```
[renshu@localhost ~]$ yum search vim
Loaded plugins: fastestmirror, langpacks
Loading mirror speeds from cached hostfi
 * base: ftp.iij.ad.jp
 * extras: ftp.iij.ad.jp
 * updates: ftp.iij.ad.jp
================================ N/S matched: vim ================================
golang-vim.noarch : Vim plugins for Go
protobuf-vim.x86_64 : Vim syntax highlighting for Google Protocol Buffers
                    : descriptions
vim-X11.x86_64 : The VIM version of the vi editor for the X Window System
vim-common.x86_64 : The common files needed by any version of the VIM editor
vim-enhanced.x86_64 : A version of the VIM editor which includes recent
                    : enhancements
vim-filesystem.x86_64 : VIM filesystem layout
vim-minimal.x86_64 : A minimal version of the VIM editor

  Name and summary matches only, use "search all" for everything.
[renshu@localhost ~]$
```

「vim」に合致するパッケージが確認できる

「yum」コマンドに「search vim」を付けて実行すると、「vim」に関連するパッケージが一覧表示されます。

## パッケージの内容を確認

パッケージの内容を確認するには、「yum」にサブコマンド「info」を付けます。容量やバージョン、ライセンス形態などが表示されます。

### ▼「sendmail」パッケージの情報を表示

```
$ yum info sendmail Enter
```

```
[renshu@localhost ~]$ yum info sendmail
Loaded plugins: fastestmirror, langpacks
Loading mirror speeds from cached
 * base: ftp.iij.ad.jp
 * extras: ftp.iij.ad.jp
 * updates: ftp.iij.ad.jp
Available Packages
Name        : sendmail
Arch        : x86_64
Version     : 8.14.7
Release     : 4.el7
Size        : 722 k
Repo        : base/7/x86_64
Summary     : A widely used Mail Transport Agent (MTA)
URL         : http://www.sendmail.org/
License     : Sendmail
Description : The Sendmail program is a very widely used Mail Transport Agent
            : (MTA). MTAs send mail from one machine to another. Sendmail is not a
            : client program, which you use to read your email. Sendmail is a
            : behind-the-scenes program which actually moves your email over
            : networks or the Internet to where you want it to go.
            :
            : If you ever need to reconfigure Sendmail, you will also need to have
            : the sendmail-cf package installed. If you need documentation on
            : Sendmail, you can install the sendmail-doc package.

[renshu@localhost ~]$
```

「sendmail」パッケージに関する詳細情報を確認

名前やバージョン、インストール済みかどうかなど、指定したパッケージに関する詳しい情報が表示されます。リポジトリにあるパッケージなら、インストールされていなくても調べられます。ちなみに「sendmail」はメールサーバソフトウェアです。

## 「yum」コマンドでインストールとアップデート

システムのインストールや更新、削除を行えるのは管理者だけです。よって、ここからの作業はrootユーザーで行います。

ユーザーの変更は「su」コマンドで切り替えるか、「exit」コマンドで「renshu」からログアウトし、rootユーザーでログインし直します。どちらの方法でもいいので、rootユーザーに変更してインストールとアップデートの操作を試しましょう。

### パッケージのインストール

パッケージをインストールするには、「yum」コマンドにサブコマンド「install」を付けてパッケージ名を指定します。複雑なファイル名を正確に指定しなくても実行できます。依存関係などをチェックし、必要なものを先にインストールしてからパッケージを自動的にインストールしてくれます。

### ▼「emacs」パッケージをインストール

```
# yum install emacs [Enter]
```

```
[renshu@localhost ~]$ su -
Password:
Last login: Fri Oct  7 00:25:40 PDT 2016 on tty4
[root@localhost ~]# yum install emacs
```

❶ rootユーザーに切り替える

❷ コマンドを実行

ここでは「su -」コマンドでrootユーザーに切り替えています。プロンプトが「#」になっていることを確認してからコマンドを実行しましょう。ここではエディタアプリの「Emacs」をインストールします。

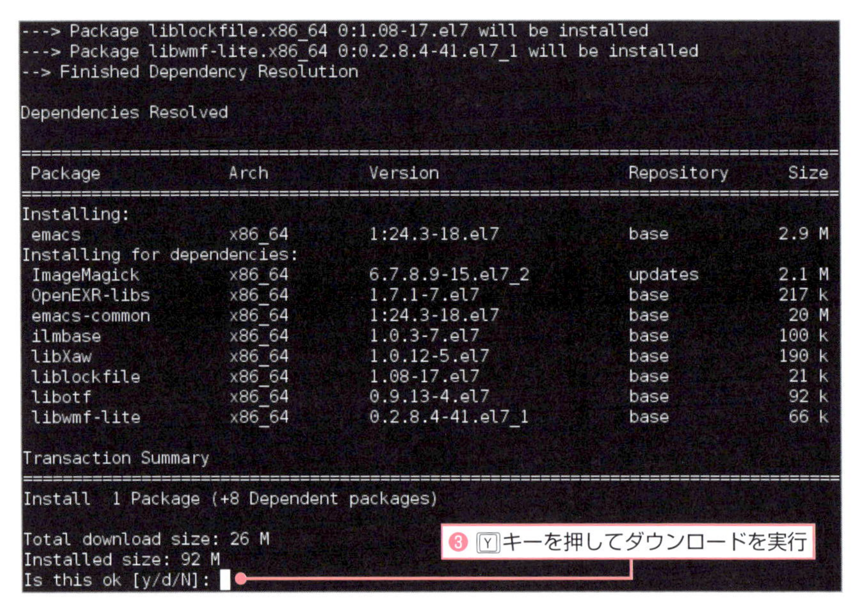


「Emacs」に必要なパッケージが調べられます。ダウンロードサイズとインストールサイズが表示されるので、確認してYキーを押します。

### インストール時はrootユーザーに

Windowsでは、何かインストールしたり、システムに変更を加えようとすると、管理者アカウントのパスワード入力を促すメッセージ（ユーザーアカウント制御画面）が表示されます。Linuxも同様で、システムに手を加えるような操作は管理者アカウントしか行えません。Windowsと異なり、Linuxではあらかじめユーザーを管理者に変更してから操作を行います。

```
Install  1 Package (+8 Dependent packages)

Total download size: 26 M
Installed size: 92 M
Is this ok [y/d/N]: y
Downloading packages:
warning: /var/cache/yum/x86_64/7/base/packages/ilmbase-1.0.3-7.el7.x86_64.rpm: Hea
der V3 RSA/SHA256 Signature, key ID f4a80eb5: NOKEY
Public key for ilmbase-1.0.3-7.el7.x86_64.rpm is not installed
(1/9): ilmbase-1.0.3-7.el7.x86_64.rpm                        | 100 kB  00:00:01
(2/9): OpenEXR-libs-1.7.1-7.el7.x86_64.rpm                   | 217 kB  00:00:01
(3/9): liblockfile-1.08-17.el7.x86_64.rpm                    |  21 kB  00:00:01
Public key for ImageMagick-6.7.8.9-15.el7_2.x86_64.rpm is not installed:00:07 ETA
(4/9): ImageMagick-6.7.8.9-15.el7_2.x86_64.rpm               | 2.1 MB  00:00:02
(5/9): libotf-0.9.13-4.el7.x86_64.rpm                        |  92 kB  00:00:00
(6/9): libXaw-1.0.12-5.el7.x86_64.rpm                        | 190 kB  00:00:01
(7/9): libwmf-lite-0.2.8.4-41.el7_1.x86_64.rpm               |  66 kB  00:00:02
(8/9): emacs-common-24.3-18.el7.x86_64.rpm                   |  20 MB  00:00:08
(9/9): emacs-24.3-18.el7.x86_64.rpm                          | 2.9 MB  00:00:09
--------------------------------------------------------------------------------
Total                                               2.7 MB/s |  26 MB  00:09
Retrieving key from file:///etc/pki/rpm-gpg/RPM-GPG-KEY-CentOS-7
Importing GPG key 0xF4A80EB5:
 Userid     : "CentOS-7 Key (CentOS 7 Official Signing Key) <security@centos.org>"
 Fingerprint: 6341 ab27 53d7 8a78 a7c2 7bb1 24c6 a8a7 f4a8 0eb5
 Package    : centos-release-7-2.1511.el7.c
 From       : /etc/pki/rpm-gpg/RPM-GPG-KEY-CentOS-7
Is this ok [y/N]:
```

❹ Yキーを押してインストールを実行

ダウンロードが完了するとインストールの実行を促されます。Yキーを押して「Emacs」に必要なパッケージのインストールを実行しましょう。

```
  Installing : libXaw-1.0.12-5.el7.x86_64                                  3/9
  Installing : libotf-0.9.13-4.el7.x86_64                                  4/9
  Installing : liblockfile-1.08-17.el7.x86_64                              5/9
  Installing : 1:emacs-common-24.3-18.el7.x86_64                           6/9
  Installing : libwmf-lite-0.2.8.4-41.el7_1.x86_64                         7/9
  Installing : ImageMagick-6.7.8.9-15.el7_2.x86_64                         8/9
  Installing : 1:emacs-24.3-18.el7.x86_64                                  9/9
  Verifying  : OpenEXR-libs-1.7.1-7.el7.x86_64                             1/9
  Verifying  : libwmf-lite-0.2.8.4-41.el7_1.x86_64                         2/9
  Verifying  : liblockfile-1.08-17.el7.x86_64                              3/9
  Verifying  : libotf-0.9.13-4.el7.x86_64                                  4/9
  Verifying  : ilmbase-1.0.3-7.el7.x86_64                                  5/9
  Verifying  : ImageMagick-6.7.8.9-15.el7_2.x86_64                         6/9
  Verifying  : 1:emacs-24.3-18.el7.x86_64                                  7/9
  Verifying  : libXaw-1.0.12-5.el7.x86_64                                  8/9
  Verifying  : 1:emacs-common-24.3-18.el7.x86_64                           9/9

Installed:
  emacs.x86_64 1:24.3-18.el7

Dependency Installed:
  ImageMagick.x86_64 0:6.7.8.9-15.el7_2    OpenEXR-libs.x86_64 0:1.7.1-7.el7
  emacs-common.x86_64 1:24.3-18.el7        ilmbase.x86_64 0:1.0.3-7.el7
  libXaw.x86_64 0:1.0.12-5.el7             liblockfile.x86_64 0:1.08-17.el7
  libotf.x86_64 0:0.9.13-4.el7             libwmf-lite.x86_64 0:0.2.8.4-41.el7_1

Complete!
[root@localhost ~]#
```

❺「emacs」のパッケージがインストールされた

❻ 関連するパッケージもインストールされている

インストールが実行され、Linuxにインストールされたパッケージが表示されます。

## アップデート情報の確認

「yum」コマンドに「check-update」のサブオプションを付ければ、更新可能なパッケージを確認することができます。こちらもrootユーザーで実行しましょう。

### ▼アップデート可能なパッケージを確認

```
# yum check-update Enter
```

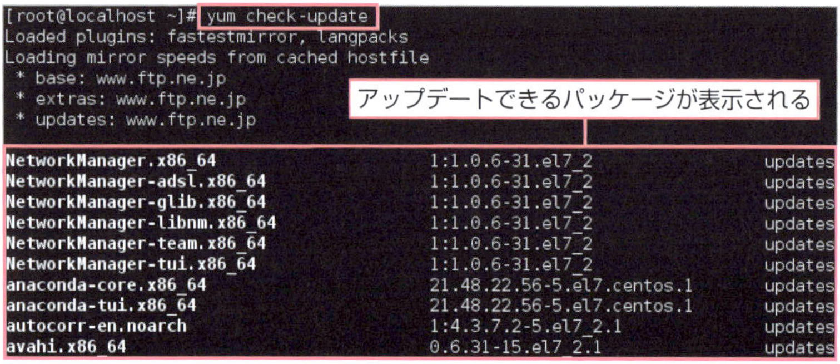

```
[root@localhost ~]# yum check-update
Loaded plugins: fastestmirror, langpacks
Loading mirror speeds from cached hostfile
 * base: www.ftp.ne.jp
 * extras: www.ftp.ne.jp
 * updates: www.ftp.ne.jp

NetworkManager.x86_64                  1:1.0.6-31.el7_2                updates
NetworkManager-adsl.x86_64             1:1.0.6-31.el7_2                updates
NetworkManager-glib.x86_64             1:1.0.6-31.el7_2                updates
NetworkManager-libnm.x86_64            1:1.0.6-31.el7_2                updates
NetworkManager-team.x86_64             1:1.0.6-31.el7_2                updates
NetworkManager-tui.x86_64              1:1.0.6-31.el7_2                updates
anaconda-core.x86_64                   21.48.22.56-5.el7.centos.1      updates
anaconda-tui.x86_64                    21.48.22.56-5.el7.centos.1      updates
autocorr-en.noarch                     1:4.3.7.2-5.el7_2.1             updates
avahi.x86_64                           0.6.31-15.el7_2.1               updates
```

アップデートできるパッケージが表示される

「check-update」を付けて「yum」コマンドを実行すると、アップデートできるパッケージが表示されます。

## パッケージをアップデート

アップデートは指定したパッケージだけアップデートすることもできますし、まとめて全部アップデートすることもできます。「update」サブコマンドの後に名前を指定すると、指定したパッケージだけアップデートします。何も指定しなければ更新可能なすべてのパッケージがアップデートされます。

### ▼「firefox」パッケージをアップデート

```
# yum update firefox Enter
```

```
[root@localhost ~]# yum update firefox
Loaded plugins: fastestmirror, langpacks
Loading mirror speeds from cached hostfile
 * base: www.ftp.ne.jp
 * extras: www.ftp.ne.jp
 * updates: www.ftp.ne.jp
```

❶「firefox」を指定してコマンドを実行

ここでは指定したパッケージ「firefox」だけアップデートしています。

```
  Verifying  : nss-3.21.0-9.el7_2.x86_64                                   4/16
  Verifying  : nss-softokn-freebl-3.16.2.3-14.2.el7_2.x86_64               5/16
  Verifying  : nspr-4.11.0-1.el7_2.x86_64                                  6/16
  Verifying  : nss-tools-3.21.0-9.el7_2.x86_64                             7/16
  Verifying  : firefox-45.4.0-1.el7.centos.x86_64                          8/16
  Verifying  : firefox-38.3.0-2.el7.centos.x86_64                          9/16
  Verifying  : nss-util-3.19.1-4.el7_1.x86_64                             10/16
  Verifying  : nss-tools-3.19.1-18.el7.x86_64                             11/16
  Verifying  : nss-softokn-freebl-3.16.2.3-13.el7_1.x86_64                12/16
  Verifying  : nss-softokn-3.16.2.3-13.el7_1.x86_64                       13/16
  Verifying  : nss-3.19.1-18.el7.x86_64                                   14/16
  Verifying  : nss-sysinit-3.19.1-18.el7.x86_64                           15/16
  Verifying  : nspr-4.10.8-2.el7_1.x86_64                                 16/16

Updated:
  firefox.x86_64 0:45.4.0-1.el7.centos

Dependency Updated:
  nspr.x86_64 0:4.11.0-1.el7_2
  nss.x86_64 0:3.21.0-9.el7_2
  nss-softokn.x86_64 0:3.16.2.3-14.2.el7_2
  nss-softokn-freebl.x86_64 0:3.16.2.3-14.2.el7_2
  nss-sysinit.x86_64 0:3.21.0-9.el7_2
  nss-tools.x86_64 0:3.21.0-9.el7_2
  nss-util.x86_64 0:3.21.0-2.2.el7_2

Complete!
[root@localhost ~]#
```

❷「firefox」のパッケージがアップデートされた

アップデートの途中で確認を促されるのでYキーを押してアップデートを実行しましょう。「firefox」と関連するパッケージのアップデートが実行されます。

### システムの自動的なアップデート

「yum update」はコマンドを実行しないとアップデートしません。CentOSに「yum-cron」パッケージをインストールすると、自動的にシステム全体をアップデートするように設定を変更することもできます。

## パッケージのアンインストール

パッケージをアンインストールする場合も依存関係を調べ、関連性のあるものは自動的に削除してくれます。アンインストールを実行するには、「yum」コマンドにサブオプション「remove」を付けてパッケージ名を指定します。

▼「emacs」パッケージをアンインストール

```
# yum remove emacs [Enter]
```

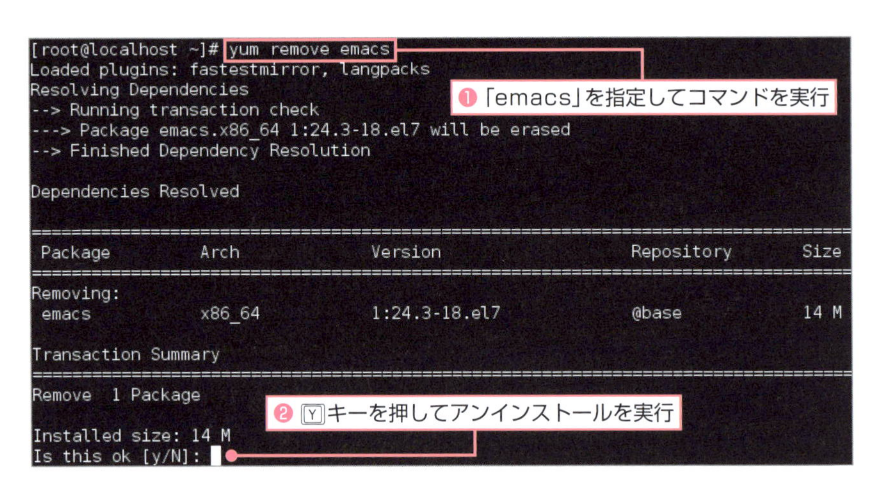


パッケージ名「emacs」を指定してアンインストールします。ファイルや関連性のあるパッケージが表示され、確認メッセージが表示されます。Yキーを押してアンインストールが実行します。

## 参考 「yum」に関するその他のサブコマンド

「yum」に関するサブコマンドは、ここまで紹介してきたもの以外にも用意されています。その他の主要なサブコマンドを紹介しましょう。

repolist …………………………… リポジトリ一覧を表示
groupinstall ……………………… グループを指定してインストール
groupupdate ……………………… グループを指定してアップデート
upgrade…………………………… システム全体のバージョンアップ
downloader［パッケージ名］…… 指定したパッケージをダウンロード

## Point アップデートプログラム置き場を指定する

更新プログラムも「リポジトリ（repository）」からダウンロードします。「yum」コマンドが参照するリポジトリの場所は「/etc/yum.conf」ファイルで指定します。通常はここを変更する必要はありませんが、社内ネットワークやDVDドライブなど、インターネット上以外の場所からインストールする場合は、書き換える必要があります。

## 「rpm」の基本

「RPM」(RPM Package Manager)形式のパッケージは「rpm」コマンドで操作できます。「yum」コマンドと同じように、インストールやアップデート、アンインストールに関する操作が行えます。インストールに関する操作は「yum」でほぼ解決できますが、「rpm」コマンドでないとできないこともあります。また、LPICには両方とも出題されるので、しっかり理解しておきましょう。
ここでは「rpm」ファイルの構造の確認と、「rpm」コマンドを使ったインストール済みファイルの一覧表示について確認します。
その他の「インストール」「すべてのファイルのアップデート」「インストール済みファイルのみのアップデート」「アンインストール」については、コマンドだけ整理しておきます。

### コマンド解説

| rpm | RPMパッケージの確認や取得を行う |
|---|---|

「rpm」の書式

```
$ rpm [オプション] [パッケージファイル名]
```

「rpm」の主なオプション

| オプション | 説明 |
|---|---|
| -qa | インストール済みのすべてのパッケージを表示 |
| -U [パッケージファイル名] | パッケージファイルをアップデート(なければ新規インストール) |
| -F [パッケージファイル名] | パッケージファイルをアップデート(すでにあるものだけ) |
| -v | 詳細情報の表示(verbose) |
| -h | 進行状況の表示(hash状況に応じて50個の"#"を表示) |
| -e [パッケージ名] | パッケージファイルをアンインストール |

## ●「rpm」とパッケージファイル名

「yum」はパッケージ名を指定すればインストールできましたが、「rpm」にはパッケージファイル名を指定しなければならないコマンドがあります。
そのパッケージファイル名にはルールがあります。

### ▼パッケージファイル名の読み方

パッケージファイル名はこのように表記されています。

❶ パッケージ名「karnel」 ❷ バージョン「3.10.0」 ❸ リリース「327.el7」(「el7」は「Enterprise Linux7」) ❹ CPU アーキテクチャ 「x86_64」(64ビットで動くパッケージを意味する) ❺ 拡張子(サフィックス:suffix)「rpm」

**Point パッケージファイルの拡張子**

RPM形式のパッケージファイルでは、拡張子は「.rpm」になります。Debian形式の場合、拡張子は「.deb」になるので覚えておきましょう。

## ●インストール済みパッケージの検索

「rpm」コマンドでインストール済みのパッケージファイルを一覧表示するには、オプション「-qa」を付けて実行します。

### ▼インストール済みのパッケージファイルを一覧表示

```
$ rpm -qa Enter
```

```
khmeros-base-fonts-5.0-17.el7.noarch
liboauth-0.9.7-4.el7.x86_64
rtkit-0.11-10.el7.x86_64
libss-1.42.9-7.el7.x86_64
nm-connection-editor-1.0.6-2.el7.x86_64
libsysfs-2.1.0-16.el7.x86_64
libuser-python-0.60-7.el7_1.x86_64
qemu-img-1.5.3-105.el7.x86_64
mesa-libglapi-10.6.5-3.20150824.el7.x86_64
gtk-vnc2-0.5.2-7.el7.x86_64
man-pages-overrides-7.2.4-1.el7.x86_64
libmspub-0.1.2-1.el7.x86_64
libvirt-daemon-config-network-1.2.17-13.el7.x86_64
ca-certificates-2015.2.4-71.el7.noarch
[renshu@localhost ~]$
```

インストールされている
パッケージファイル名が
一覧表示された

「-qa」オプションを付けて「rpm」コマンドを実行すると、インストール済みのパッケージファイルが一覧表示されます。膨大な数になるので、必要に応じてパイプ機能で「less」や「more」コマンドを使い、ページ単位での表示で確認しましょう。

## インストールに関する基本の「rpm」コマンド

インストールやアップデート、アンインストールを実行する場合は、オプションを同時に複数指定することで作業状況を表示することができます。これらの作業はrootユーザーで行います。

### ▼ 状況を表示しながらインストール

```
# rpm -ivh [パッケージファイル名] Enter
```

### ▼ 状況を表示しながら対象となるパッケージをすべてアップデート

```
# rpm -Uvh [パッケージファイル名] Enter
```

対象となるパッケージが存在しない場合は新しくインストールします。

### ▼ 状況を表示しながらすでにインストールされているものだけアップデート

```
# rpm -Fvh [パッケージファイル名] Enter
```

対象となるパッケージが存在しない場合は何もしません。

### ▼ パッケージをアンインストール

```
# rpm -e [パッケージ名] Enter
```

## その他の「rpm」コマンドのオプション

「rpm」コマンドには、ここまで紹介してきたもののほかにも指定できるオプションがあります。その他の主要なオプションを紹介しましょう。

### インストール(-i)とアップグレードモード(-U、-F)のオプション

--nodeps ………パッケージの依存関係を無視してインストール
--force …………既存のファイルを上書き
--oldpackage …古いパッケージに戻す
--test ……………インストールせずチェックを行う

### 検索モード(-q)のオプション

-a…………………インストール済みのすべてのパッケージを表示(--all)
-i …………………指定したパッケージの詳細情報を表示(--info)
-l …………………指定したパッケージに含まれるファイルを一覧表示(--list)

### インストールファイルを表示

```
# rpm -ql [パッケージ名] Enter
```

パッケージ内のファイルを一覧表示します。パッケージ内のファイルを表示する機能は「yum」コマンドにはないので「rpm」を使います。

### アンインストールモード(-e)のオプション

--nodeps ………依存関係を無視してアンインストール
--allmatches …バージョンに関係なく、パッケージ名が同じならすべて削除

### 同じ名前でバージョンの異なるパッケージを削除

```
# rpm -e --allmatches [パッケージ名] Enter
```

## 参考 Debian系のパッケージ管理のコマンドとオプションの紹介

Debian系も「APT」(Advanced Packaging Tool)というパッケージ管理システムがあります。使うコマンドは「apt-get」(またはaptitude)で、依存関係を調整しながら最新パッケージのインストール、アップグレードを行うことができます。

### ▼コマンド解説

| apt-get | パッケージのインストール、アップグレードを行う |
|---|---|

**「apt-get」の書式**

```
# apt-get [オプション][サブコマンド][パッケージ名]
```

### ▼パッケージをインストール

```
# apt-get install [パッケージ名] Enter
```

### ▼すべてを最新にアップグレード

```
# apt-get upgrade Enter
```

### ▼パッケージをアンインストール

```
# apt-get remove [パッケージ名] Enter
```

### ▼パッケージ(インストールされていないものも含む)を検索

```
# apt-cache search [パッケージ名] Enter
```

Debian系ディストリビューションでは、パッケージ管理にdeb形式が使われます。このパッケージを扱うためには「dpkg」(package manager for Debian)コマンドを使用しますが、「dpkg」コマンドでインストールを行うと依存関係などの解決ができません。そこで「APT」ツールが作られました。「apt-get」コマンドなら依存関係などを意識せずにインストールできます。さらに、このコマンドと同じ使い方で高機能な「aptitude」コマンドも用意されています。

### 参考 パッケージ管理システムのメリット

パッケージ管理システムのメリットは2つあります。
1つ目は「RPM」や「deb」パッケージを使うことで、システムが必要とする実行ファイルや設定ファイルを自分で用意しなくてもすむこと。
2つ目は「yum」や「apt」を使うことでバージョンの違いや必要なプログラムの関係性を調整しなくても済むことです。
ただしパッケージがまだ用意されていないような新バージョンのシステムなどは、自分で実行できるファイルに変換しなければなりません。
おおまかな手順としては、

1）元になるソースコード（人の書いたプログラムファイルです）を用意する
2）コンピュータのシステムが理解し、実行可能なバイナリファイルに変換する（コンパイル[※1]）
3）準備ができたら「make」でコンパイルを実行する
4）コンパイルできたらプログラム類を必要なディレクトリに「make install」でインストールする

というような流れになりますが、ここまでの操作には、実際はさまざまなオプション指定が必要です。
また、インストール前にはプログラムの依存関係も調べなければなりません。Aを動かすためにXの一部が必要な場合、最初にXをインストールしておかないとAをインストールしてもうまく動きません。Xがインストール済みでも、バージョンの違いなどで動かないこともあります。
こうした手間を省く意味でも必要なプログラムや設定ファイル、文書などをまとめてパッケージにしておくと便利なのです。

※1：この変換作業を「コンパイル」といいます。その際は「Makefile」というコンパイルに必要な設定や手順をまとめたファイルに従って行われます。このファイルがない場合は「configure」というスクリプトファイルを実行して作成します。

## Q ここまでの確認問題

【問1】

パッケージを管理しているデータベースを何といいますか。

【問2】

インストール可能なパッケージを一覧表示するコマンドを記述してください。

【問3】

「emacs」パッケージをインストールするコマンドを記述してください。

【問4】

「firefox」パッケージをアップデートするコマンドを記述してください。

【問5】

インストール済みのパッケージファイルを一覧表示する際、「rpm」コマンドのオプションはどれを指定するでしょうか。

A. -qa　　B. -ivh
C. -Uvh　　D. -e

## A 確認問題の答え

【問1の答え】 **リポジトリ（repository）**

……リポジトリはサーバやディレクトリ上にあるデータベースで管理しています。

→P.277参照

【問2の答え】 **yum list**

……「yum list | less」といったコマンドを使えば、リストがページごとに閲覧できます。

→P.279参照

【問3の答え】 **yum install emacs**

……パッケージのインストール時はrootユーザーに切り替えましょう。

→P.282参照

【問4の答え】 **yum update firefox**

……アップデート可能なパッケージを事前に調べておきましょう。

→P.284参照

【問5の答え】 A. **-qa**

……インストールやアップデートなどの方法も覚えておきましょう。

→P.288参照

第13章

# ネットワークの世界について知る

ネットワークの仕組みを知ることも必須です。ここではその初歩を解説しましょう。

# ネットワークのしくみとコマンドを確認

【KeyWord】 プロトコル IPアドレス OSI参照モデル TCP/IPモデル TCP IP UDP ICMP ネットワーク部とホスト部 ネットワークのクラス CIDER ネットワークアドレス ブロードキャストアドレス グローバルIPアドレス プライベートIPアドレス NATやNAPT DHCP ポート番号 ウェルノウンポート DNS

【ここで学習すること】ネットワークの基礎知識とネットワーク関連の簡単なコマンド、設定ファイルとその内容について学習します。

## ▼ 通信するためのルール「プロトコル」

ネットワークはWebやメールなど、他のコンピュータとの通信に欠かせません。Linuxは、ネットワークで接続された他のコンピュータにさまざまなサービスを提供するサーバOSとして利用されています。
そのため、ここではネットワークの基礎知識について簡単に整理しましょう。

### ● ファイルの内容を表示する

ネットワークの仕組みは、郵便の仕組みとよく似ています。
通信には住所にあたる「IPアドレス」が使われます。データを送ることができるのは、郵便物と同じように「内容物（データ）」を「梱包」して「宛先」を決め、どういった「交通手段」で送るのか、といった基本ルールがあるからです。これを「OSI(Open System Interconnection）参照モデル」といいます。OSI参照モデルで決められたルールを「プロトコル」といいます。
プロトコルをベースに通信するので、異なるマシンや異なるソフトウェア、異なる通信手段でもデータが届くのです。

▼OSI参照モデルと「TCP/IP」プロトコル

| OSI参照モデル | TCP/IPモデル | [参考]郵便物の配達でのイメージ |
|---|---|---|
| 7.アプリケーション層 | アプリケーション層 | 郵便物の内容を決めて宛先はどうやって書くか、などを決める |
| 6.プレゼンテーション層 | | |
| 5.セッション層 | | |
| 4.トランスポート層 | トランスポート層(TCP) | 送る相手を間違えないように確認 |
| 3.ネットワーク層 | インターネット層(IP) | 遠くの相手に運ぶ方法を選ぶ |
| 2.データリンク層 | インタフェース層 | どうやって運ぶかを考え |
| 1.物理層 | | 担当するエリアへ配達 |

OSI参照モデルには7つの階層があります。日本の郵便ルールと他の国の郵便ルールが多少違っても、郵便物はきちんと届くように、通信方法にもいくつか種類があります。そのなかでインターネットでも使われている通信ルールが「TCP/IP (Transmission Control Protocol/Internet Protocol)」です。TCPとIPは別々のプロトコルですが、関連するプロトコルをまとめて「TCP/IP」と総称しています。

## 「TCP/IP」の基本を理解しよう

「TCP/IP」では、通信するデータは「パケット」という単位に分割して送られます。TCPは、相手にデータが正しく届いていることを確認しながら通信します。途中でなくなったパケットがあれば再送したり、パケットの順番を整理する機能も持っています。

IPは、住所にあたる「IPアドレス」を割り当て、そのアドレスを元にどのネットワークを経由してパケットを送るかを選んだり、迷子のパケットを破棄する機能などを持っています。

TCP/IPにはこれ以外にも、通信の信頼度より伝送速度を優先して送る「UDP」(User Datagram Protocol)や、エラーメッセージや通信状況などを確認するための「ICMP」(Internet Control Message Protocol)など、さまざまなプロトコルがあります。

まずは「TCP/IP」プロトコルの役割を理解することが重要です

## 通信先を指定する「IPアドレス」

通信の宛先に使われるのが「IPアドレス」です。IPアドレスは32ビットの「0」と「1」からなる2進数で表します。

▼ IPアドレスの例

11000000.10101000.10000000.00000001

コンピュータ側からみると、0はオフ、1はオンと考えればわかりやすいですが、人から見るとわかりづらいので、8ビットずつ区切って10進数にします。
まずは先頭の8ビット（11000000）を取り出して計算してみましょう。
IPアドレスに2のべき乗をかけ、それらの数字を足すと10進数に変更できます。

▼ IPアドレスの例

つまりは、2進数の「1」の数字のところだけ2のべき乗をかけて足し算すればいいことになります。
残りも同じように計算すると、

▼ 残りの部分も10進数に変換

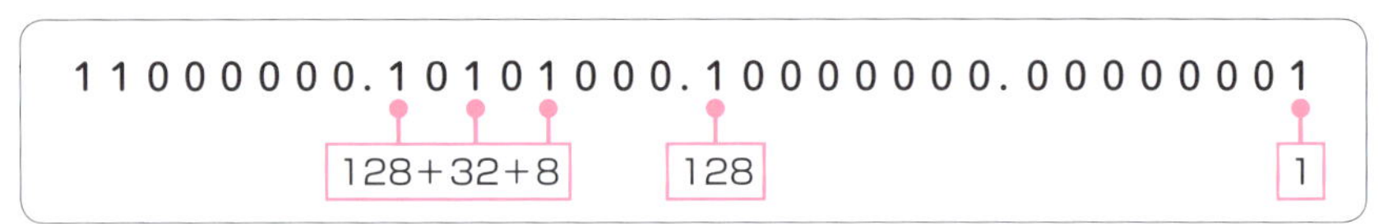


となります。つまり、このIPアドレスを10進数で表すと、

▼ 10進数に変換したIPアドレス

| 192 | . | 168 | . | 128 | . | 1 |
|---|---|---|---|---|---|---|

となるのです。

### 参考 IPアドレスの計算

IPアドレスは2進数を使います。ここまで説明してきたように計算を行えば、2進数は10進数に変換できます。
では、32ビットではIPアドレスが「いくつ用意できるか」考えてみましょう。
たとえば2ビットなら

| | |
|---|---|
| 0 | 0 |
| 0 | 1 |
| 1 | 0 |
| 1 | 1 |

の4パターンが考えられます。これは2の2ビット乗で計算できます。これを元に考えると、32ビットなら2の32乗で約43億通りになります。
現在は一人でスマホやPCなど複数台持つことも多く、それだけたくさんのIPアドレスが必要になります。今は使えるIPアドレスを工夫してやりくりしていますが、不足するIPアドレスを補うため、128ビットのIPv6への対応も進みつつあります。

### Point 「IPv6」に関する基礎知識

「IPv6」は128ビットのアドレスを持ちます。IPv4とは異なり、数値は16ビットごとに「:（コロン）」で区切られ、アドレスは0からfまでの数字と文字を使う16進数で表されます。
IPv6のアドレス例：2001:0db8:1234:5678:90ab:cdef:0000:0001
IPv6のアドレス表記には２つのルールがあります。1つ目は「:」で区切られた部分がすべて「0」となるフィールドが2つ以上続く場合、「0」を省略して「::」と表記できます。ただし、省略できるのは1つのIPアドレスで1回です。2つ目は「:」で区切られた中で先頭から連続する0を省略して表記することができます。
IPv6に関する用語や考え方も必ず理解しておきましょう。

## IPアドレスのルール1「ネットワーク部」と「ホスト部」

電話番号や郵便番号にルールがあるように、IPアドレスにもルールがあります。番地にあたるのが「ネットワーク部」、建物にあたるのが「ホスト部」です。ネットワーク部とホスト部の区別には「サブネットマスク」という数値を使い、ネットワーク部に「1」、ホスト部に「0」を割り当ててわかるようにしています。

▼ネットワーク部とホスト部の割り当て

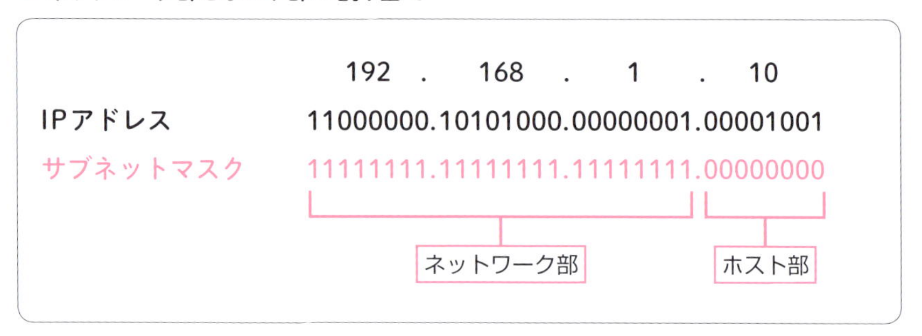


最初の24ビット分がネットワーク部、残り8ビット分がホスト部になります。上のネットワーク部とホスト部の役割を住所で表すと、「192.168.1番地の10ビルディング」のようなイメージです。

## IPアドレスのルール2「クラス」と「CIDER（サイダー）」

ネットワークの大きさは、企業で使う大規模なものから家庭で使う2～3台の小規模なものまでさまざまです。IPアドレスを効率よく割り当ててネットワークを管理するために、IPアドレスには「クラス」という考え方があります。クラスはネットワークを分類するためのもので、利用できるのはクラスAからクラスCです。

▼クラスA

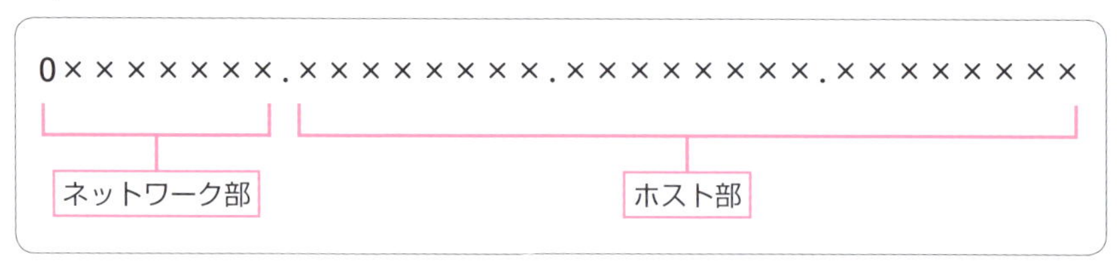


上位8ビットがネットワーク部、先頭は「0」から始まります。

▼ クラスB

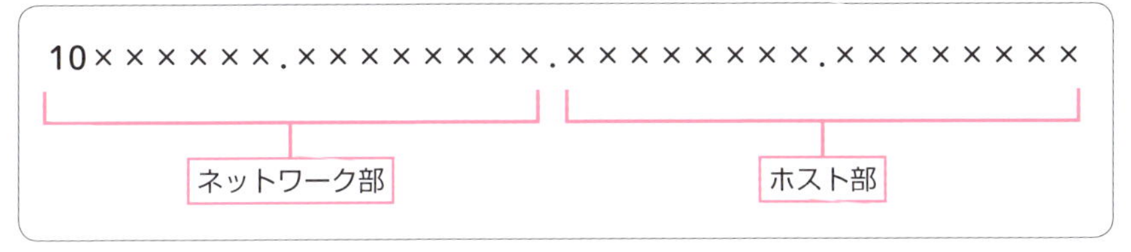


上位16ビットがネットワーク部、先頭は「10」から始まります。

▼ クラスC

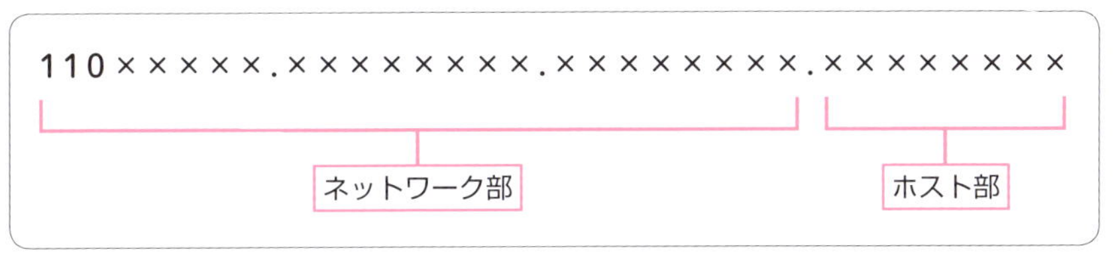


上位24ビットがネットワーク部、先頭は「110」から始まります。

クラスAを見ると、ネットワーク部が8ビットと少なく、ホスト部が24ビットと多くなっています。これはネットワーク名として使えるアドレスは「$2^8$」と少ないけれど、そこに所属するコンピュータ用のアドレスは「$2^{24}$」と多くとれることを意味します。そこでクラスAは大規模ネットワーク、クラスBは中規模、クラスCが小規模ネットワーク用になります。
ただし、この分類ではIPアドレスにムダがでます。そこで「CIDER」(Classless Inter-Domain Routing：サイダー)といってクラスにとらわれずにネットワークを分ける仕組みが生みだされました。
たとえば、ネットワークにつなぐコンピュータが4台しかないのに、クラスCを割り当てると、ホスト部が8ビットなので$2^8$-2=254台になり、250個のアドレスがムダになります※1。CIDERを使えば、ネットワーク部を29ビット、ホスト部を3ビット($2^3$-2=6台)にし、ムダなくIPアドレスを割り当てることができます。
ネットワーク部は「プレフィックス」で表すことができます。これはネットワーク部のビット数を「192.168.1.128/29」のようにIPアドレスの最後に指定します。

※1：なぜ2台分引くかは、次ページの図を参照してください。

▼ CIDERを使ったネットワーク部29ビット、ホスト部3ビットの場合の例

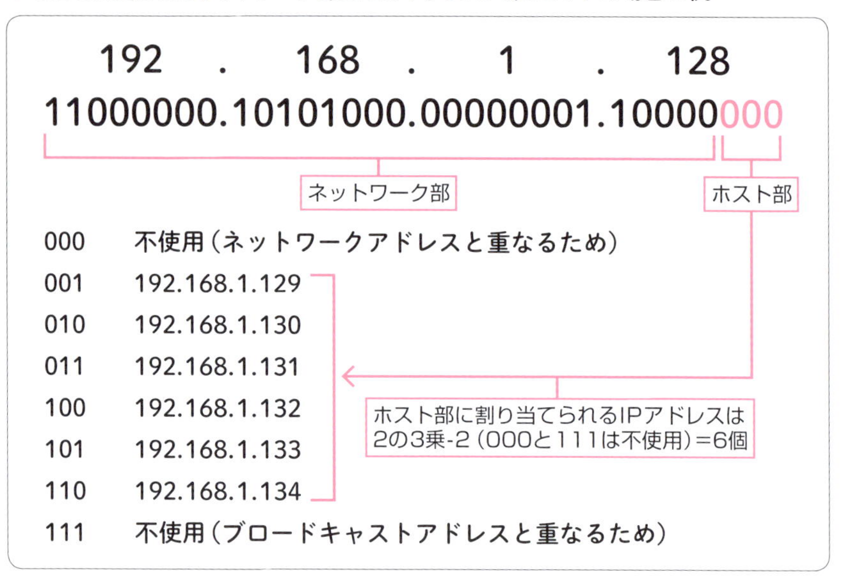


### Point 同じネットワークとルーター

「ネットワーク部が同じ」ということは同じ町内に所属することと同様です。ネットワークでは、同じネットワークに属していれば自由に通信できますが、異なるネットワークと通信するにはネットワークの境界にある「ルーター」を経由しないと通信できません。家庭のブロードバンドルーターも、家の中のネットワークと外のインターネットをつないでいます。

## ● ネットワークアドレスとブロードキャストアドレス

ネットワークを1つの町と考えた場合、あらかじめ町の名前を表すアドレスの「ネットワークアドレス」と、町内のメンバー全員に送信するための特別なアドレス「ブロードキャストアドレス」が用意されています。ネットワークアドレスはホスト部のビットが「すべて0」、ブロードキャストアドレスは「すべて1」のアドレスです。
ネットワークアドレスとブロードキャストアドレスは使い方が決まっているため、このIPアドレスをコンピュータに割り当てることはできません（上の図参照）。
IPアドレスでホストが3ビット割り当てられている場合、000と111は使えないので、使えるアドレスは2の3乗-2＝6個になります。

## ● グローバルIPアドレスとプライベートIPアドレス

企業や組織、通信事業者がインターネットで使うIPアドレスは、重複しないように「ICANN」(the Internet Corporation for Assigned Names and Numbers)という組織によって管理され、割り当てられています。これは世界に1つしかないアドレスであり、「グローバルIPアドレス」といいます。
これに対して、電話の内線番号のように社内や組織内のネットワーク限定で使えるIPアドレスを「プライベートIPアドレス」といいます。
内線電話から外に電話がかけられるように、プライベートIPアドレスを使うコンピュータからインターネットに接続できるのは、プライベートIPアドレスをグローバルIPアドレスに変換する仕組みがあるからです。この仕組みはネットワークアドレス変換「NAT:Network Address Translation」や「NAPT：Network Address Port Translation」といい、変換はルーターで行われます。

▼ルーターによりグローバルIPとプライベートIPを変換

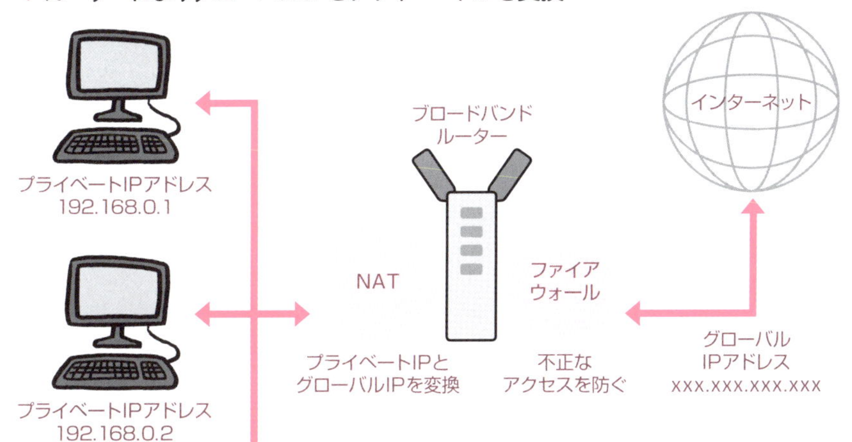


ルーターのNAT機能により、グローバルIPとプライベートIPが変換され、ネットワーク内の機器にはそれぞれプライベートIPが割り振られます。ルーターを通して外部のインターネットとやり取りする際には、グローバルIPが使用されます。ルーターのファイアウォール機能により、グローバルIPアドレスへの不正なアクセスは防がれ、プライベートIPアドレスが割り振られている機器に届くことはありません。

企業や組織内で使うプライベートIPアドレス（ローカルアドレス）は、外からの攻撃を防ぐファイアウォールの内側のネットワークでのみ自由に使うことができます。プライベートIPアドレスの範囲はクラスごとに決められています（IPv4の場合）。この範囲を覚えておきましょう。

▼ **プライベートIPアドレスの範囲**

| | |
|---|---|
| **クラスA** ………… | 10.0.0.0～10.255.255.255（10.0.0.0/8） |
| **クラスB** ………… | 172.16.0.0～172.31.255.255（172.16.0.0/12） |
| **クラスC** ………… | 192.168.0.0～192.168.255.255（192.168.0.0/16） |

これらのアドレスをインターネットに接続するときにグローバルアドレスに変換します。プライベートアドレスの範囲は「RFC1918※1」で決められています。

## ● IPアドレスを自動的に割り振る「DHCP」

TCP/IPで通信を行うには、ネットワーク内のホスト（マシン）がすべて異なるIPアドレスを持っている必要があります。マシンが増えたり減ったりするたびにIPアドレスの登録や削除を管理するのは大変ですが、これを自動的に行う仕組みがDHCP（Dynamic Host Configuration Protocol）です。
DHCPは、ホストがネットワークに接続されると、IPアドレスの割り当てやサブネットマスクの設定を行います。家庭で使っているルーターの大半はDHCPサーバー機能を持っており、プライベートIPアドレスを自動的に割り当ててくれます。
インターネットへの接続サービスを行うプロバイダや、無料で接続できる無線LANのアクセスポイント（Hotspot）でも、自動的にIPアドレスを割り当てています。

※1：RFC（Request For Comments）とは、IETF（Internet Engineering Task Force）というインターネット技術に関するルールを標準化する団体が発行している文書のことです。
※2：サーバとクライアントでファイルを送受信するためのプロトコルです。
※3：リモートコンピュータとの通信を暗号化するためのプロトコルです。

## データの出入り口となる「ポート番号」

コンピュータではメールやネットなど、複数のサービスが動いているため、住所にあたるIPアドレスだけではデータのやり取りが正しく行えません
他のコンピュータと通信するには「ポート」というデータの出入り口の指定が必要です。たとえば、Webページのデータは80番ポートを経由してやり取りします。
ポート番号はプロトコルによって決まっており、このポートのことを「ウェルノウンポート（wll-known port）」といいます。
普段はあまりポート番号を意識することはありませんが、代表的なものは必ず覚えておきましょう。

▼代表的なポート番号

| ポート番号 | サービス | 説明 |
|---|---|---|
| 20 | FTP（File Transfer Protocol）※2 | FTPのデータ伝送 |
| 21 | FTP | FTPの制御情報 |
| 22 | ssh（Secure Shell）※3 | ssh接続 |
| 23 | telnet※4 | telnet接続 |
| 25 | SMTP（Simple Mail Transfer Protocol） | 電子メール（送信） |
| 53 | DNS（Domain Name System） | 名前解決 |
| 80 | HTTP（Hypertext Transfer Protocol）※5 | Web接続 |
| 110 | POP3（Post Office Protocol） | 電子メール（受信） |
| 123 | NTP（Network Time Protocol）※6 | NTPサービス |
| 443 | HTTPS（HTTP Secure）※7 | SSLによるHTTP接続 |

ウェルノウンポートの0番から1023番までは予約されています。

---

※4：ネットワークにつながった機器を遠隔操作するためのプロトコルです。
※5：Webサーバとデータをやり取りするためのプロトコルです。
※6：インターネット経由で正確な時間を取得するためのプロトコルです。
※7：WebサーバーとPC間の通信を暗号化するプロトコルです。

### Point IPアドレスと名前解決

通信の宛先はIPアドレスで行います。といってもWebサイトを表示するためにIPアドレスしか使えないのでは不便です。そこで、人間用には「ドメイン名」が用意されています。ドメイン名とは「https://www.google.co.jp/」や「https://book.mynavi.jp/」のように、IPアドレスではなく、会社名や製品名などの特徴を入れられるわかりやすい名前のことです。この「ドメイン名」と「IPアドレス」を対応付け、電話帳のように調べられるのが「DNS(Domain Name System」です。DNSは「ネームサーバー」や「DNSサーバー」と呼ばれるサーバーに用意され、ドメイン名からIPアドレスを調べたり、IPアドレスからドメイン名を問い合わせることができます。

## ネットワーク関連の基本コマンド

ネットワークを扱ううえで必要なコマンドはいくつかありますが、ここでは基本的なコマンドをピックアップして紹介していきます。

### ● ネットワークの状況やIPアドレスを確認する「ifconfig」

IPアドレスの確認やネットワークインターフェースの設定・表示に使われるのが「ifconfig」コマンドです。「ifconfig」コマンドに「-a」オプションを付けると、すべてのネットワークインターフェースを表示します。

▼コマンド解説

| ifconfig | ネットワークインターフェースを確認・設定 |
|---|---|

「ifconfig」の書式

```
$ifconfig [ネットワークインターフェース名] [オプション]
```

| 「pstree」の主なオプション | |
|---|---|
| -a | すべてのネットワークインターフェースを表示 |

▼ネットワークインターフェースの状況を表示

```
$ ifconfig Enter
```

## CentOS7の標準ネットワーク管理コマンド「ip」

「ip」コマンドはCentOS7での標準ネットワーク管理コマンドです。「ifconfig」や「route」などのプログラムの機能をすべて含んでいます。

▼「ifconfig」と同様「ip」コマンドでネットワークインターフェースの情報を表示

```
$ ip -s link show Enter
```

## ネットワークがつながっているかを確認「ping」

ネットワークがきちんとつながっているかを確認するときに「ping」を使います。指定したホストやIPアドレスから返事が返ってくれば、ネットワークはつながっています。「ping」は止めない限りずっと通信状況を確認するためのICMPパケットを送り続けてしまいます。あらかじめ回数を「-c」オプションで指定するか、Ctrl＋Cキーで強制終了します。「ping」コマンドは「ping -c [回数] [接続先のホスト名かIPアドレス]」で指定します。

▼「google.co.jp」に対してパケットを5回送信

```
$ ping -c 5 google.co.jp Enter
```

## 接続状況やルートの確認「netstat」

「netstat」コマンドは、接続状況やルーティング情報など、ネットワーク接続に対するさまざまな状況を調べられるコマンドです。開いているポート番号を知ることは、セキュリティ上の問題を確認し、Linux上でどのようなサービスが動いているかを知る手がかりになります。

▼ネットワーク接続に対するさまざまな状況を表示

```
$ netstat Enter
```

### パケットをトレースして表示「traceroute」

指定したホストまでのパケットが通過する経路を表示させたい場合、「traceroute」コマンドを使います。
「traceroute」は「traceroute [IPアドレスまたはホスト名]」で指定します。

▼「book.mynavi.jp」までのパケット通信の経路を表示

```
$ traceroute book.mynavi.jp Enter
```

## ネットワークに関する設定ファイルを確認する

ネットワークの設定を変更するには、コマンドを使うか「/etc」以下の設定ファイルに記述します。設定はファイルに記述すれば残せますが、コマンドだと再起動すると消えてしまいます。
設定ファイルはディストリビューションやバージョンにより異なる場合もあります。設定を変更する場合はrootユーザーに切り替えます。
編集には「vi」などのエディタや専用コマンドを使います。ただし、CentOS7では「vi」でファイルを直接編集するより「nmtui」や「nmcli」といったコマンドラインツールでの編集が推奨されています。
ここでは2つの設定ファイルの表示して、内容を確認してみましょう。

### IPアドレスとホスト名の対応を記述した設定ファイル

「/etc/hosts」は、IPアドレスとホスト名の対応を記述するファイルです。このファイルを確認すると、ホスト名からIPアドレスを、IPアドレスからホスト名を調べることができます。項目にはIPアドレス、ホスト名、ホストの別名（エイリアス）をスペースで区切って記述します。エイリアスは省略できます。

▼「/etc/hosts」ファイルの内容を確認

```
# cat /etc/hosts Enter
```

## ● ネットワークインターフェースの設定ファイル

「/etc/sysconfig/network-scripts」ディレクトリには、さまざまなネットワークインターフェースの設定ファイルが入ります。たとえばネットワークインターフェースが「enp0s5」の場合、設定ファイル名は「ifcfg-enp0s5」になります（ネットワークインターフェースは「ifconfig」などで調べられます）。IPアドレスを固定で割り当てたい場合などには、このファイルを編集しましょう。

```
[root@localhost ~]# ifconfig
eno16777736: flags=4163<UP,BROADCAST,RUNNING,MULTICAST>  mtu 1500
        inet                    netmask 255.255.255.0  broadcast
        inet6 fe80::20c:29ff:fe64:1e8  prefixlen 64  scopeid 0x20<link>
        ether 00:0c:29:64:01:e8  txqueuelen 1000  (Ethernet)
        RX packets 345429  bytes 488679900 (466.0 MiB)
        RX errors 0  dropped 0  overruns 0  frame 0
                                 279 (8.8 MiB)
                                 ns 0  carrier 0  collisions 0
```

ネットワークインターフェースを確認

「ifconfig」コマンドを実行して、ネットワークインターフェースを調べます。この画面では「eno16777736」になります。

### ▼ ネットワーク接続設定ファイルの内容を確認

```
# cat /etc/sysconfig/network-scripts/ifcfg-eno16777736 Enter
```

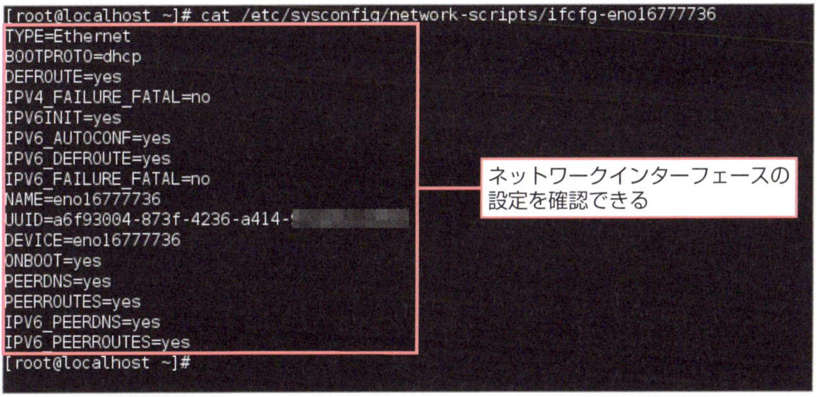

```
[root@localhost ~]# cat /etc/sysconfig/network-scripts/ifcfg-eno16777736
TYPE=Ethernet
BOOTPROTO=dhcp
DEFROUTE=yes
IPV4_FAILURE_FATAL=no
IPV6INIT=yes
IPV6_AUTOCONF=yes
IPV6_DEFROUTE=yes
IPV6_FAILURE_FATAL=no
NAME=eno16777736
UUID=a6f93004-873f-4236-a414-
DEVICE=eno16777736
ONBOOT=yes
PEERDNS=yes
PEERROUTES=yes
IPV6_PEERDNS=yes
IPV6_PEERROUTES=yes
[root@localhost ~]#
```

ネットワークインターフェースの設定を確認できる

「cat」コマンドで「/etc/sysconfig/network-scripts/」ディレクトリにある設定ファイル「ifcfg-eno16777736」を開きます。ネットワークインターフェースに関する設定が表示され、確認することができます。たとえば「BOOTPROTO」は「dhcp」になっていますが、これを「static」に変更して固定IPアドレスに変更することもできます。

# Linuxの学習環境を構築しよう

Windows PC(またMac)にLinux(本書ではCentOS)を使える環境を構築し、各コマンドを自分の手で試しながら学習していくための準備を整えましょう。

## Linux環境を用意するには

LPICの基礎を学ぶためには、本書で解説しているコマンドを実際にLinux上で実行して、その結果を確認することが重要です。とはいえ、現状のコンピューター環境はWindows PC(またはMac)のみで、Linuxマシンは用意していないという人が多いかと思います。
Linux環境を用意するとなると、

1) Linux用に別のコンピューターを1台用意する
2) 現在使っているコンピューター上で、CDやDVDなどのメディアからLinuxを直接起動して動かす
3) Windows PCやMacに、別のコンピューターを仮想的に作成するソフトウェアをインストールし、そこにLinuxをインストールする

といった方法が考えられます。
ここでは、3)の仮想環境を作り、そこにLinuxをインストールする方法を紹介します。仮想環境上なら、元のWindowsやMacの環境にすぐ切り替えることもできますし、失敗してLinuxが動かなくなったとしても、インストールし直せば何度でもやり直せます。
すでにあるマシンに、別のマシン環境を作ることができるプログラムを「仮想化ソフトウェア」といいます。そうしたプログラムの1つが「VirturalBox」です。

## Windows PCに「VirtualBox」をインストール

ここではWindows PCに「VirtualBox」インストールしてLinux (CentOS) の環境を構築してみましょう。まずは「VirtualBox」をダウンロードします。検索サイトで「Virtualbox」と入力すれば公式サイトを見付けることができます。

**公式サイト：https://www.virtualbox.org/**

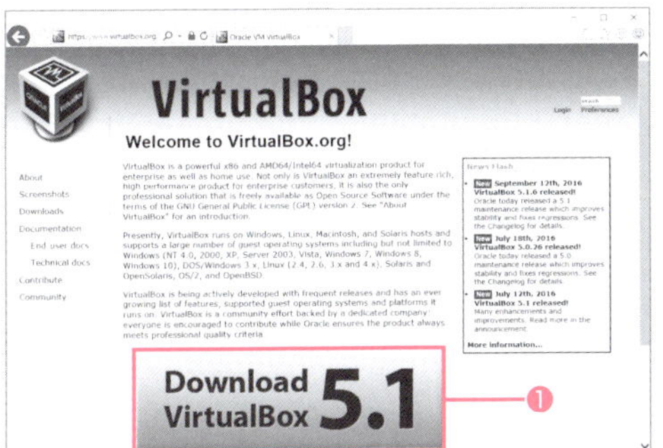


「VirtualBox」の公式サイトを表示したら、[Download VirtualBox] ボタンをクリックします❶。

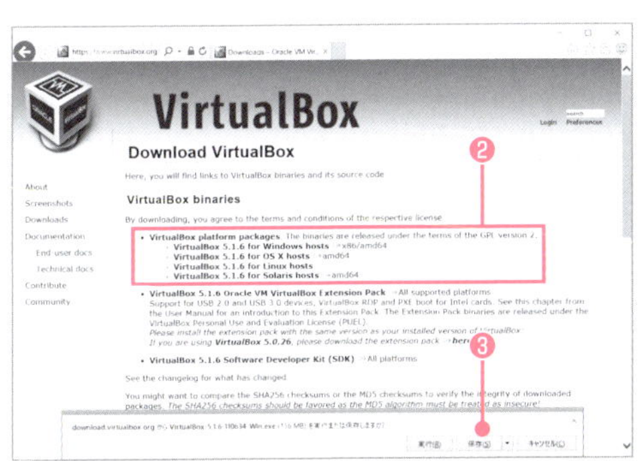


画面が切り替わったら、リストから今使っているOSを選びます。Windowsなら「VirtualBox for Windows hosts x86/amd64」をクリックし❷、ダウンロードします。[保存] ボタンをクリックすると❸、「ダウンロード」フォルダにファイルが保存されます。

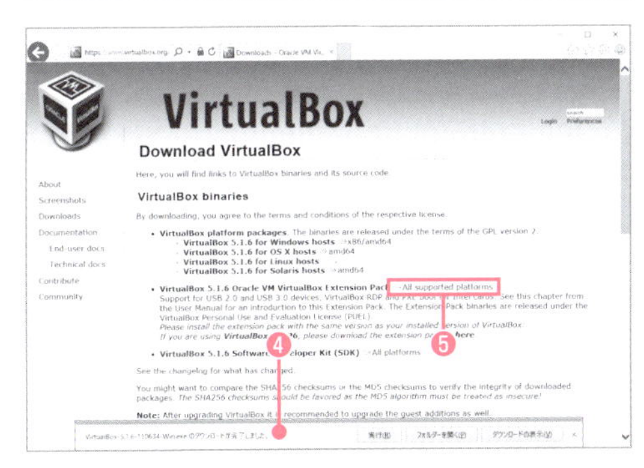


[ダウンロードが完了しました] というメッセージが表示されたら❹、同じ画面から「VirtualBox Extension」もダウンロードしましょう。[All supported platforms] をクリックします❺。

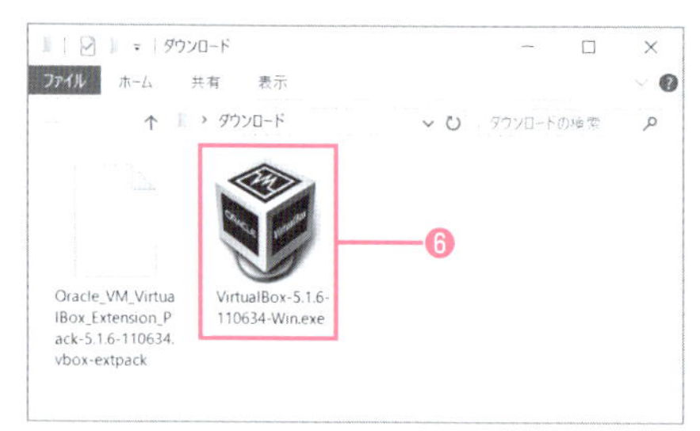


「ダウンロード」フォルダを開いたら、「VirtualBox-5.1.2-108956-Win.exe」をダブルクリックします❻。ファイル名は変わる可能性があります。

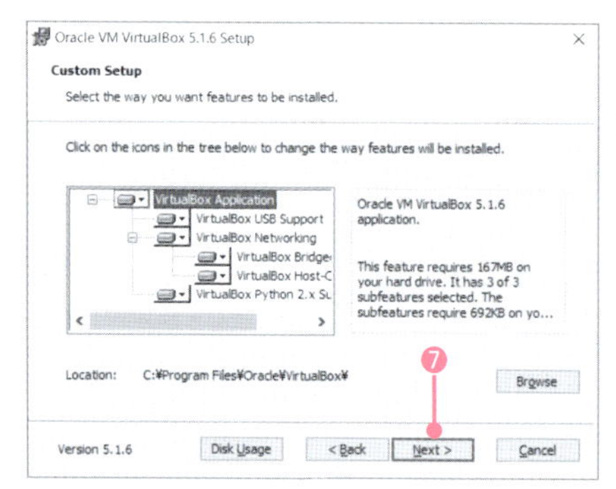


ウィザードが起動したら、[Next>]ボタンをクリックします。インストール場所を設定する画面が表示されますが、ここは特に変更せずに、[Next>]ボタンで先に進みましょう❼。

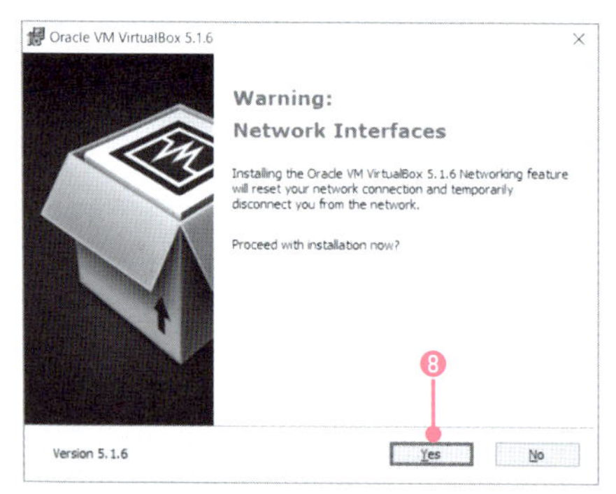


ショートカットアイコンの設定についての質問もそのまま特に変更せず、[Next>]をクリックします。ネットワークに関する警告画面が表示され、ネットワークが一時的に切れますが、インストールが終われば元に戻るので、そのまま[Yes]ボタンをクリックします❽。

[Install]ボタンをクリックすると❾、インストールが始まります。ユーザーアカウント制御のダイアログボックスが表示されたら[はい]を選択してインストールを継続しましょう。

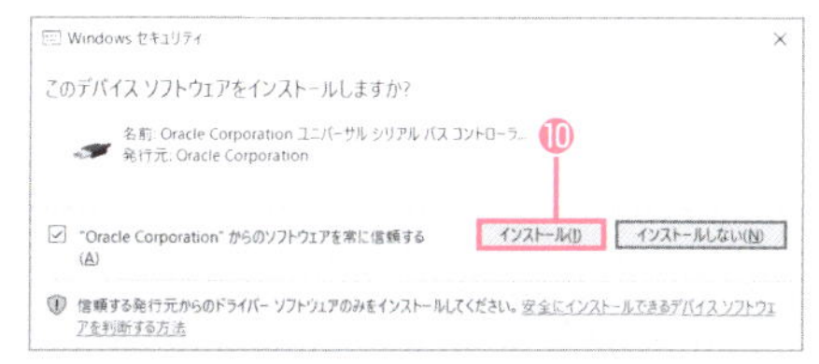


環境によってはこのような画面が表示される場合があります。この場合、[インストール]ボタンをクリックしてインストールを続けます⑩。

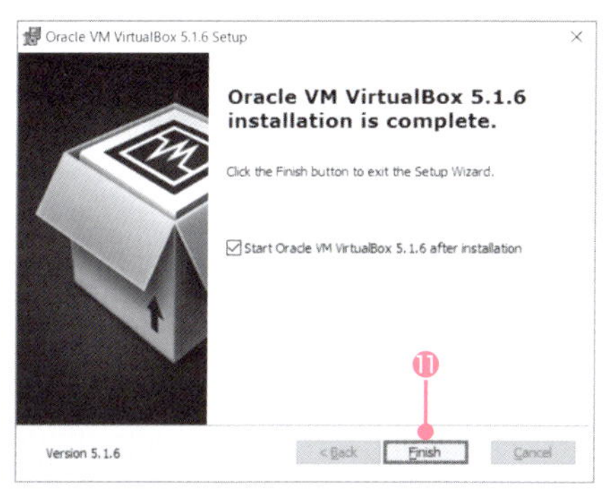


インストールが終了すると、左のような画面が表示されます。[Finish]ボタンをクリックすると⑪、「VirtualBox」が起動します。

## 「Extension Pack」のインストール

VirtualBoxが起動したら、一度[×]ボタンをクリックして終了します。先ほどダウンロードしておいた「Extension Pack」をインストールしましょう。

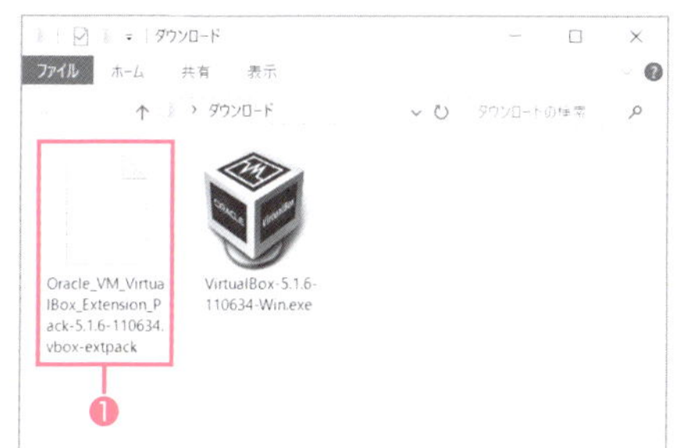


「ダウンロード」フォルダの「Oracle_VM_VirturalBox_Extension_Pack」をダブルクリックし❶、画面の指示に沿ってインストールを実行します。

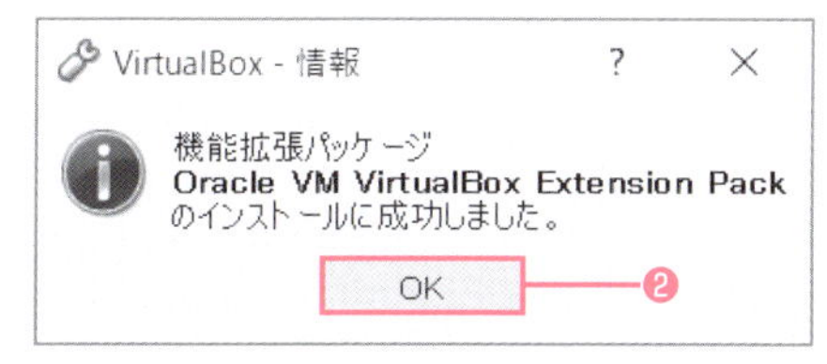


「インストールに成功しました」画面が表示されたら[OK]ボタンをクリックします❷。これで「VirturalBox」のインストールは完了です。

## 本書練習用「CentOS」のセットアップ

本書の練習用に「CentOS」を用意してありますので、Webサイトからダウンロードしてください。ファイル名は「CentOS_renshu.zip」になります。ダウンロードが完了したら、「CentOS_renshu.zip」ファイルを右クリックして[すべて展開]を選んで解凍します。ファイルを解凍したら「VirtualBox」を起動しましょう。

**本書の練習用CentOSダウンロードページ：**
**https://book.mynavi.jp/supportsite/detail/9784839953201.html**

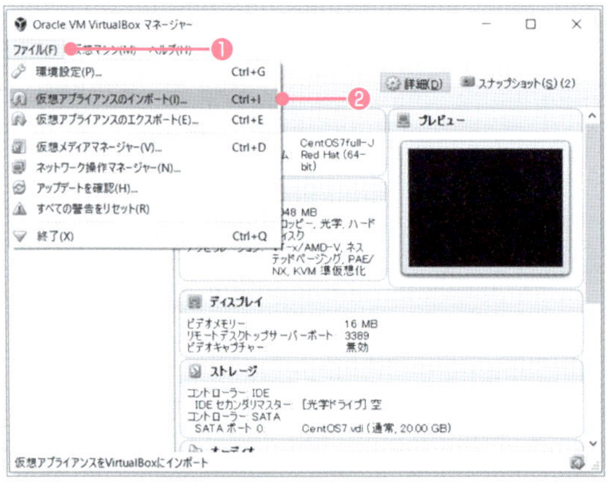


「VirtualBox」が起動したら、[ファイル]メニューから❶、[仮想アプライアンスのインポート]を選びます❷。

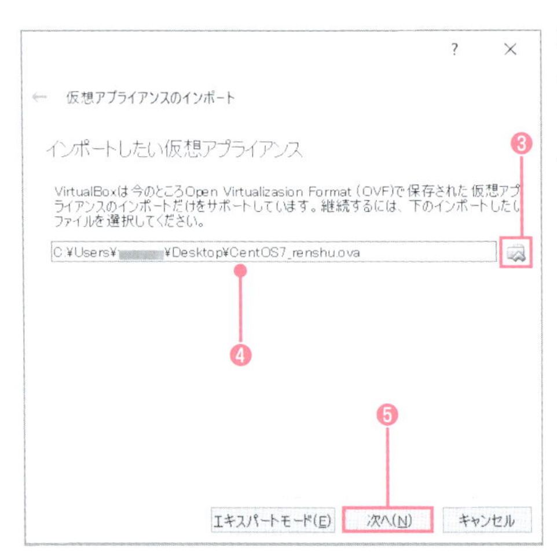


「インポートしたいアプライアンス」画面に切り替わったら、入力欄右のフォルダのアイコンをクリックし❸、解凍したファイルの「CentOS_renshu.ova」を選び❹、[次へ]をクリックします❺。

画面が切り替わったら［インポート］ボタンをクリックして❻、「CentOS」のインポートを実行します。

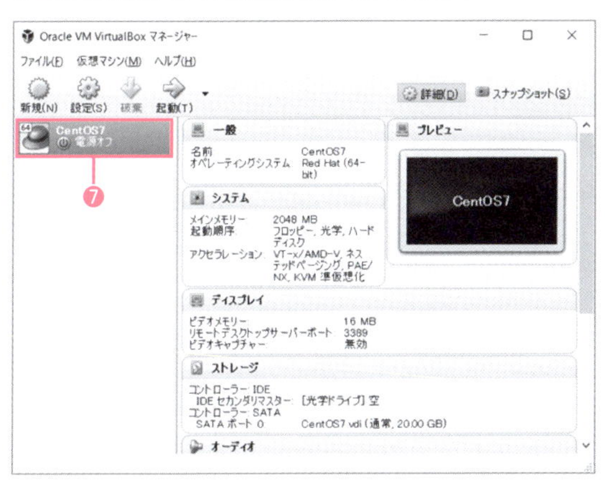


インポートが終わると「Virtural Box」の画面左側に仮想マシンが表示されます。仮想マシンを起動するには、表示された仮想マシンをダブルクリックします❼。仮想マシンが起動したらログインします。ログインのユーザー名は「renshu」、パスワードは「lpic5555」で設定しています。

## 参考 「VirturalBox」の基本操作

「VirturalBox」のウィンドウをクリックすると、キーボードもマウスも仮想環境に対応します。元の環境に戻すには右側のCtrlキーを押します。このキーのことを「ホストキー」といい、仮想環境と元のOSの切り替えなどに使います。

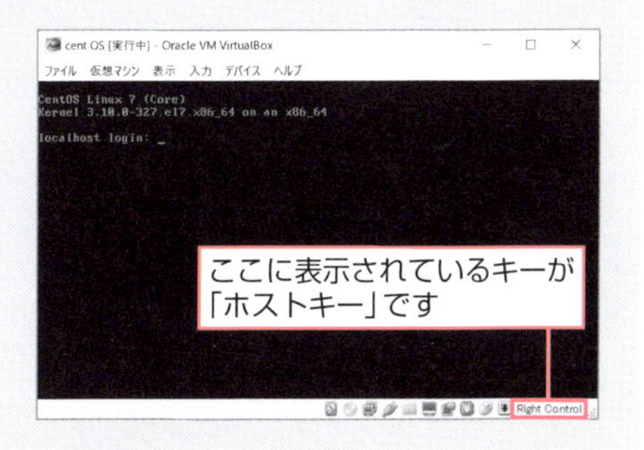

## 記号・数字


'' …… 142
# …… 030
$ …… 030、148
& …… 266
* …… 118、119、147
. …… 055、147
.. …… 055
/ …… 051、054
? …… 118、119、147
[ ] …… 118、119、148
^ …… 148、149
{ } …… 118、120
| …… 148、158
~ …… 052、055
\ …… 118、120、147
+ …… 147
101試験 …… 005、006
102試験 …… 005、007
2進数 …… 205、298


## A～G


aliasコマンド …… 180
apt-getコマンド …… 291
aptコマンド …… 276
bash …… 114
bgコマンド …… 269
BIOS …… 248
boot …… 058、231
bunzip2コマンド …… 192
bzip2コマンド …… 192
calコマンド …… 038、039、156
catコマンド …… 125、157、183、190、215、219、221、308、309
cdコマンド …… 069
CentOS …… 017、026、275、310、314
chgrpコマンド …… 205、226
chmodコマンド …… 201、202、205、224、225
CIDER …… 301
clearコマンド …… 118
cpコマンド …… 076、078
CUI …… 018、029、250
dateコマンド …… 156
Debian …… 275、291
Debian GNU/Linux …… 017、275
dfコマンド …… 243
DHCP …… 304
dmesgコマンド …… 238
DNS …… 306
dpkgコマンド …… 276、291
duコマンド …… 244
echoコマンド …… 164、175、200
egrepコマンド …… 147
Emacsエディタ …… 085
envコマンド …… 173
exitコマンド …… 031、032
exportコマンド …… 165
ext4 …… 234
FAT32 …… 234
fdiskコマンド …… 239
Fedora …… 017、275
fgコマンド …… 268
FHS …… 230
fileコマンド …… 129、197
findコマンド …… 140
FSF …… 019
GID …… 219
GNU ZIP …… 192
GNUプロジェクト …… 019
grepコマンド …… 145、159
groupaddコマンド …… 218
groupdelコマンド …… 222
groupsコマンド …… 217
GRUB2 …… 249
GUI …… 018、027、250
gunzipコマンド …… 192、193
gzipコマンド …… 192、193

## H〜N


headコマンド ………… 129
historyコマンド ………… 116、158
idコマンド ………… 209
ifconfigコマンド ………… 306、309
init ………… 249
initコマンド ………… 251
IPv6 ………… 299
IPアドレス ………… 296、298、304
ipコマンド ………… 307
iノード ………… 186、189
jobsコマンド ………… 268
killallコマンド ………… 262
killコマンド ………… 260
KNOPPIX ………… 017
lessコマンド ………… 126、128
Linux ………… 014、019、248、310
lnコマンド ………… 187
LPI ………… 004、008
LPIC ………… 004
lsコマンド ………… 037、038、067、189、200、203、235、238
makeコマンド ………… 292
manコマンド ………… 136
MBR ………… 249
media ………… 058、231
mkdirコマンド ………… 062、203
mkfsコマンド ………… 242
mnt ………… 231
moreコマンド ………… 128
mountコマンド ………… 243
mvコマンド ………… 079
NAPT ………… 303
NAT ………… 303
netstatコマンド ………… 307
nlコマンド ………… 137
NTFS ………… 234


## O〜Y


OS ………… 014、016、018
OSI参照モデル ………… 296、297
passwdコマンド ………… 032、213
pasteコマンド ………… 137
PATH ………… 163、174
PID ………… 254、261
pingコマンド ………… 307
PS1 ………… 163
pstreeコマンド ………… 258
psコマンド ………… 115、255、258
pwdコマンド ………… 061
Red Hat Enterprise Linux ………… 017、275
ReiserFS ………… 234
rmdirコマンド ………… 063、066
rmコマンド ………… 065、066、189
root ………… 024、042、058、209、210、212、231、282
RPM ………… 275
rpmコマンド ………… 276、287
runlevelコマンド ………… 251
setコマンド ………… 171
shutdownコマンド ………… 031、042
sortコマンド ………… 132
sudoコマンド ………… 212
suコマンド ………… 210
tailコマンド ………… 130
tarコマンド ………… 192、195
TCP/IP ………… 297
telinitコマンド ………… 251
topコマンド ………… 259
touchコマンド ………… 075
tracerootコマンド ………… 308
typeコマンド ………… 175
Ubuntu ………… 017、275
UID ………… 163、209
umountコマンド ………… 245
unaliasコマンド ………… 181
UNIX ………… 019
unsetコマンド ………… 170
USBメモリ ………… 239
useraddコマンド ………… 032、212、220
userdelコマンド ………… 216

dコマンド …… 220
…… 234
VFS …… 234
vimエディタ …… 084
Vine Linux …… 017
VirtualBox …… 026、239、311、314
viエディタ …… 084、094、106
viコマンド …… 086
wcコマンド …… 134
wheelグループ …… 212
whereisコマンド …… 177
whichコマンド …… 176
XFS …… 234
yumコマンド …… 276、277、280

## ● あ～な行

アーカイブ …… 192、195
アクセス権 …… 199、200、205、217
圧縮 …… 192
アップデート …… 284
アプリケーション …… 014、016
アンインストール …… 285
アンマウント …… 235、245
一般ユーザー …… 024、208
インストール …… 274、281、289、291
ウェルノウンポート …… 305
エイリアス …… 180
エディタ …… 084
オープンソースソフトウェア …… 019
オプション …… 038、040、181
親ディレクトリ …… 051
親プロセス …… 254、258
カーソル …… 093
カーネル …… 014、016、114、231、238、249
解凍 …… 192
外部コマンド …… 023、174
書き込み …… 199
拡張子 …… 023
拡張正規表現 …… 147
拡張パーティション …… 237
仮想環境 …… 310
画面のクリア …… 118
カレントディレクトリ …… 051、061、163
環境設定ファイル …… 183
環境変数 …… 162、164、169、173
管理者ユーザー …… 024、208
キーボード …… 154
起動 …… 238、248
行番号 …… 110
切り取り …… 099
クライアント …… 015
クラス …… 300
グループ …… 199、217、220
グローバルIPアドレス …… 303
検索 …… 107、140、145、280、288
コピー …… 102
子プロセス …… 254、258
コマンド …… 036、116、118、163、174、231、270
コマンドモード …… 087
コマンドライン …… 030
コンパイル …… 292
コンピュータ名 …… 163
サーバ …… 015、296
再帰的 …… 065
再起動 …… 043
サブグループ …… 217
サブディレクトリ …… 051
サブネットマスク …… 300
シェル …… 014、016、114、118、162
シェル変数 …… 162、165
シグナル …… 262
システムユーザー …… 024、208
実行 …… 199
周辺装置 …… 235
終了 …… 031、042
所有グループ …… 224、226
所有者 …… 199、205、224
シンボリックリンク …… 187、189
スーパーユーザー …… 024、231
正規表現 …… 147
絶対パス …… 054

設定ファイル …… 231
相対パス …… 054
ソースコード …… 019、231
ソフトウェア …… 274
置換 …… 108
ディストリビューション …… 017
ディスプレイ …… 154、159
ディレクトリ …… 022、046、050、058、067、163、186、199、205、230
デーモン …… 255
テキストファイル …… 047
デバイスドライバ …… 014
デバイスファイル …… 047、231、235、236
ドライブ名 …… 022
内部コマンド …… 023、174
入力モード …… 087、090
ネットワーク …… 296、306
ネットワークアドレス …… 302
ネットワークインターフェース …… 309
ネットワーク部 …… 300


## ● は～わ行


パーティション …… 237
ハードディスク …… 237、238
ハードリンク …… 187、189
パーミッション …… 201
バイナリファイル …… 047
パイプ …… 158
パス …… 023、054、174、176
パスワード …… 213
バックグラウンドジョブ …… 265、268
パッケージ …… 274、278、288
パッケージ管理システム …… 274、276、292
貼り付け …… 100
引数 …… 037、040
標準エラー出力 …… 154
標準出力 …… 154、159
標準入力 …… 154
ファイル …… 047、048、075、145、159、186、192、199、205、233
ファイルシステム …… 232、234、242
ファイルディスクプリタ …… 155
ファイル名 …… 117、232
ブートローダ …… 249
フォアグラウンドジョブ …… 265、268
フォーマット …… 241、242
プライベートIPアドレス …… 303
プライマリグループ …… 217、221
フリーソフトウェア …… 019
ブロードキャストアドレス …… 302
プログラム …… 163、254
プロセス …… 254、259、262、264
プロセスID …… 250、254、261
プロトコル …… 296
プロンプト …… 030、163
変数 …… 163、164、170
ポート番号 …… 305
ホームディレクトリ …… 052、163、211、213、231
ホスト部 …… 300
マウント …… 022、235、243
マウントディレクトリ …… 231
マニュアル …… 136
マルチユーザー …… 026、250
メモリ …… 249、254
モーダルエディタ …… 085
モードレスエディタ …… 085
ユーザー …… 024、163、208、212、215、220、224
ユーザーID …… 163、209
読み取り …… 199
ライブラリ …… 231
ランレベル …… 250
リダイレクト …… 155、156
リポジトリ …… 277、286
ルートディレクトリ …… 051
ログアウト …… 031、118
ログイン …… 027
論理パーティション …… 237
ワイルドカード …… 118、142

ナ　Akaboshi Lina
修や大学・専門学校等で、コンピュータ関連の基礎や実務の教育に携わる。また、基
本情報処理やセキュリティ、Linuxなどの資格試験対策、学習教材開発や書籍執筆なども行う。

（問い合わせ）
本書の内容に関するご質問は下記のメールアドレスおよびファクス番号まで、書籍名を明記のうえ書面にてお送りください。電話によるご質問には一切お答えできません。また、本書の内容以外についてのご質問にもお答えすることができませんので、あらかじめご了承ください。

e-mail：book_mook@mynavi.jp
FAX：03-3556-2742

# やさしく教えるLPICレベル1 基礎講座

2016年11月1日 初版第1刷発行

●著者……………………… 赤星リナ
●編集……………………… 朝岳健二
●発行者…………………… 滝口直樹
●発行所…………………… 株式会社マイナビ出版
〒101-0003
東京都千代田区一ツ橋2-6-3　一ツ橋ビル2F
TEL　0480-38-6872（注文専用ダイヤル）
TEL　03-3556-2731（販売部）
TEL　03-3556-2736（編集部）
URL　http://book.mynavi.jp

●装丁・本文デザイン… 納谷祐史、川嶋章浩
●イラスト……………… 村山宇希
●DTP　………………… 納谷祐史、川嶋章浩
●印刷・製本…………… 株式会社大丸グラフィックス

ISBN978-4-8399-5320-1

定価はカバーに記載してあります。乱丁・落丁本はお取り替えいたします。乱丁・落丁のお問い合わせは「TEL 0480-38-6872（注文専用ダイヤル）、電子メール：sas@mynavi.jp」までお願いいたします。